Android

软件开发教程

第3版·微课版

张雪梅　高凯　陶秋红　编著

清華大学出版社
北　京

内 容 简 介

本书是面向 Android 初学者的教程，书中介绍了设计开发 Android 系统应用程序的基础理论和实践方法。全书共 11 章，内容涵盖 Java 语言与面向对象编程基础、XML 基础、开发环境搭建、Android 应用程序的基本组成、事件处理机制和常用 UI 控件、Fragment、异步线程与消息处理、Intent、Service、BroadcastReceiver、数据存取机制、多媒体和网络应用、地图应用等。本书注重理论与实践相结合，采用 Android Studio 2020.3.1.26 开发环境，配有丰富的示例程序，讲解深入浅出，可以使读者能够在较短的时间内理解 Android 系统框架及其应用的开发过程，掌握 Android 应用程序的设计方法。本书提供所有程序的源代码和电子课件，并配有微课视频。

本书可作为普通高等学校计算机、通信、电子信息类本专科及各类培训机构 Android 软件开发课程的教材，也可作为 Android 程序设计爱好者的自学用书。

图书在版编目(CIP)数据

Android 软件开发教程：微课版/张雪梅，高凯，陶秋红编著. —3 版. —北京：清华大学出版社，2022.6 (2023.12 重印)

ISBN 978-7-302-60039-8

Ⅰ. ①A… Ⅱ. ①张… ②高… ③陶… Ⅲ. ①移动终端－应用程序－程序设计－教材 Ⅳ. ①TN929.53

中国版本图书馆 CIP 数据核字(2022)第 021637 号

责任编辑：白立军　杨　帆
封面设计：杨玉兰
责任校对：李建庄
责任印制：丛怀宇

出版发行：清华大学出版社
网　　址：https://www.tup.com.cn，https://www.wqxuetang.com
地　　址：北京清华大学学研大厦 A 座　　**邮　　编**：100084
社 总 机：010-83470000　　**邮　　购**：010-62786544
投稿与读者服务：010-62776969，c-service@tup.tsinghua.edu.cn
质量反馈：010-62772015，zhiliang@tup.tsinghua.edu.cn
课件下载：https://www.tup.com.cn，010-83470236

印 装 者：三河市龙大印装有限公司
经　　销：全国新华书店
开　　本：185mm×260mm　　**印　　张**：21　　**字　　数**：488 千字
版　　次：2015 年 5 月第 1 版　2022 年 6 月第 3 版　　**印　　次**：2023 年 12 月第 3 次印刷
定　　价：69.00 元

产品编号：090264-01

前 言

随着移动互联时代的来临，智能手机及其客户端 App 成为广大用户接入和使用互联网的主要设备和方式之一。由谷歌公司推出的 Android 系统自 2007 年问世以来，得到了全球众多厂商和运营商的支持，迅速成为智能手机的主流操作系统，占据了大部分的市场份额。因此，基于 Android 的移动 App 开发日益受到广大开发者的关注，一些大学和培训机构也相继开设了基于 Android 的软件技术培训课程。这不仅合乎时代发展需要，而且有助于学生日后就业，更能满足国内外日益增长的专业需求。

本书在作者撰写的《Android 软件开发教程》(第 2 版)的基础上，采纳了部分任课教师和教材使用者的意见，调整了不适于初学者的部分内容，增加了约束布局、地图应用等内容。同时结合 Android 软件开发的最新发展，删除了过时的内容，修改了示例程序的代码，在 Android Studio 2020.3.1.26 开发环境下重新进行了调试。Android Studio 2020.3.1.26 是 2021 年 11 月发布的 IDE 版本，其安装文件为 android-studio-2020.3.1.26-windows.exe，模拟器版本为 Android 12.0(API 31)。

作为一本面向初学者的教材，本书延续第 2 版的写作风格，注重讲解的深入浅出和易学易懂，对于一些较难理解的理论，尽可能使用图示加以说明。对每个知识点都配有示例程序，并力求示例程序短小精悍，既能帮助读者理解知识，又具有启发性和实用性，非常适合教学或自学。每章都配有难度适中的习题，引导读者编写相关功能的实用程序，有助于提高读者学习兴趣。本书特别设置了 Java 语言和 XML 的基础知识介绍，同时这部分内容还可以作为 Java 和 XML 语法简明手册使用，便于初学者在编程过程中查阅。

由于 Android 程序设计涉及编程语言、网络通信、硬件控制、多媒体等较多知识内容，因此学习时应该遵循循序渐进、由浅入深的原则。学习的过程中要注重理论的理解，更要强调动手实践，尤其是对于初学者而言，多练习才能掌握设计的方法和技巧。

本书的全部示例代码和课后习题均已在 Android Studio 2020.3.1.26 开发环境下调试通过。Android Studio 自 2013 年推出以来，在几次更新之后已经成为非常稳定和强大的集成开发环境(Integrated Development Environment，IDE)。与其他编程环境相比，Android Studio 具有很多优势。Android Studio 以 IntelliJ IDEA 为基础，整合了 Gradle 构建工具，为开发者提供了开发和调试工具，包括智能代码编辑、用户界面设计工具、性能分析工具等。Android Studio 的界面风格更受程序员欢迎，代码的修改会自动智能保存，自带了多设备的实时预览，具有内置命令行终端、更完善的插件系统和版本控制系统，在代码智能提示、运行响应速度等方面都更出色。

本书共 11 章。第 1 章介绍智能移动设备及其操作系统、Android 系统的体系结构，以及Java、XML等Android程序设计必要的预备知识。第2章介绍在Windows系统中搭建Android开发平台的主要步骤和集成开发环境的使用方法,并且使读者通过学习创建第一个Android应用程序,了解典型Android应用程序的架构与组成。第3~5章介绍用户界面的设计,主要包括XML布局文件的设计和使用方法、常见的界面布局方式、Android中的事件处理机制、常用的用户界面(User Interface,UI)控件,以及对话框、菜单和状态栏通知的设计方法。第6章介绍Fragment的基本概念、Fragment的加载和切换以及相关应用。第7章介绍Intent的概念及其在组件通信中的应用,以及多线程通信机制。第8章介绍后台服务Service及其启动和停止方法,广播消息的发送和接收等。第9章介绍Android常用的数据存储和访问方法,包括SharedPreferences、文件存取、SQLite数据库存储、内容提供器等。第10章介绍在Android系统中使用音频和视频等多媒体资源的方法、访问Internet资源的方法、地图应用等。第11章介绍两个综合应用实例的设计思路和实现方法,以加深读者对基本知识的理解。

本书第1~6章由张雪梅编写,第7~9章由高凯编写,第10、11章由陶秋红编写,高凯完成了全书的统稿和审阅工作。

本书可作为计算机、通信、电子信息类相关专业教材和工程实训、技能培训用书,也可供工程技术人员参考。本书提供制作精良的教学课件,并提供所有示例和课后习题的源代码,同时各章主要内容都配备了微课。相关资源均在清华大学出版社网站发布,以方便读者自学和实践。

作者在本书的写作与相关科研课题的研究过程中,得到了多方面的支持与帮助。在写作过程中作者参考了相关文献和互联网上众多热心网友提供的素材,在此向这些文献的作者、热心网友以及为本书提供帮助的老师,致以诚挚的谢意和崇高的敬意。在本书写作过程中,作者也得到了清华大学出版社的大力支持和帮助,在此一并表示衷心感谢。

由于作者水平有限,书中难免存在不足之处,恳请广大读者批评指正,共同探讨Android软件开发方面的问题。

作　者

2022年2月

参考文献

[1] 中国互联网络信息中心. 中国互联网络发展状况统计报告(第48次)[R/OL]. [2021-12-03]. http://cnnic.cn/hlwfzyj/hlwxzbg/hlwtjbg/202109/P020210915523670981527.pdf.

[2] Statista公司. Mobile operating systems' market share worldwide from January 2012 to June 2021 [EB/OL]. [2021-12-03]. https://www.statista.com/statistics/272698/global-market-share-held-by-mobile-operating-systems-since-2009/.

[3] 谷歌公司. Android开发者指南[Z/OL].[2021-12-03]. https://developer.android.google.cn/guide.

[4] 谷歌公司. Android开发者参考文档[Z/OL].[2021-12-03]. https://developer.android.google.cn/reference.

[5] DEITEL H M,DEITEL P J. Java语言程序设计大全[M]. 袁晓靖,等译. 北京:机械工业出版社,1997.

[6] ECKEL B .Java编程思想[M]. 陈昊鹏,译. 4版. 北京:机械工业出版社,2007.

[7] 范春梅,张卫华. XML基础教程[M]. 北京:人民邮电出版社,2009.

[8] 陈作聪,苏静,王龙. XML实用教程[M]. 北京:机械工业出版社,2014.

[9] 高凯,王俊社,仇晶. Android智能手机软件开发教程[M]. 北京:国防工业出版社,2012.

[10] MEIER R. Android4高级编程[M]. 佘建伟,赵凯,译. 北京:清华大学出版社,2013.

[11] 毋建军,徐振东,林瀚. Android应用开发案例教程[M]. 北京:清华大学出版社,2013.

[12] 张思民. Android应用程序设计[M]. 北京:清华大学出版社,2013.

[13] 吴亚峰,于复兴,杜化美. Android应用案例开发大全[M]. 北京:人民邮电出版社,2013.

[14] 余志龙,陈昱勋,郑名杰,等. Google Android SDK开发范例大全[M]. 2版. 北京:人民邮电出版社,2010.

[15] 李新辉,邹绍芳. Android移动应用开发项目教程[M]. 北京:人民邮电出版社,2014.

[16] cnBlogs. Android中Application类用法[Z/OL]. [2021-12-03].http://www.cnblogs.com/renqingping/archive/ 2012/10/24/Application.html.

[17] 极客学院在线教程[Z/OL]. [2021-12-03].https://www.jikexueyuan.com/.

[18] ITeye交流社区. Android中的Handler的具体用法[Z/OL]. [2021-12-03].http://txlong-onz.iteye.com/blog/934957.

[19] CSDN移动开发频道[Z/OL]. [2021-12-03]. https://mobile.csdn.net/.

图书资源支持

感谢您一直以来对清华版图书的支持和爱护。为了配合本书的使用，本书提供配套的资源，有需求的读者请扫描下方的“书圈”微信公众号二维码，在图书专区下载，也可以拨打电话或发送电子邮件咨询。

如果您在使用本书的过程中遇到了什么问题，或者有相关图书出版计划，也请您发邮件告诉我们，以便我们更好地为您服务。

我们的联系方式：

地　　址：北京市海淀区双清路学研大厦 A 座 714

邮　　编：100084

电　　话：010-83470236　010-83470237

客服邮箱：2301891038@qq.com

QQ：2301891038（请写明您的单位和姓名）

资源下载：关注公众号“书圈”下载配套资源。

资源下载、样书申请

书圈

获取最新书目

观看课程直播

目录

第1章 Android软件开发起步

本章首先介绍智能移动设备及其操作系统、Android 系统的体系结构，然后介绍 Android 软件开发必要的预备知识，包括 Java 语言基础和 XML 的相关知识。

1.1 智能移动设备及其操作系统

随着移动互联网时代的来临，智能手机、平板计算机、智能穿戴设备、便携式导航仪等智能移动设备开始走入千家万户。据中国互联网络信息中心（China Internet Network Information Center，CNNIC）于 2021 年 9 月发布的第 48 次《中国互联网络发展状况统计报告》显示，截至 2021 年 6 月，我国手机网民规模达 10.07 亿，网民中使用手机上网的比例由 2016 年底的 95.1%提升至 99.6%，手机网络支付用户规模达 8.53 亿。同时，各类手机应用的用户规模不断上升，场景更加丰富，网络视频、电商直播、在线政务、在线教育、在线医疗、远程办公的用户规模都有显著增长。可见，智能手机作为第一大上网终端设备的地位更加巩固，已经有越来越多的人开始把智能手机当作日常娱乐、办公、学习、搜索、网购的首选设备。随之而来的是移动平台下的应用开发需求日益旺盛，移动应用市场的前景不可估量。

智能移动设备像个人计算机（Personal Computer，PC）一样具有独立操作系统和良好的用户界面（User Interface，UI），可由用户自行安装或删除应用程序，并可以通过移动通信网络来实现无线网络接入。目前最常见的用于智能移动设备的操作系统主要有 Android 和 iOS，这两个操作系统的应用软件互不兼容。

Android 是一种以 Linux 为基础的开放源代码的操作系统，最初主要支持手机，之后逐渐扩展到平板计算机及其他领域。

iOS 操作系统的原名为 iPhoneOS，是苹果公司为 iPhone 智能手机开发的操作系统，主要为 iPhone、iPod Touch 以及 iPad 等系列产品所使用，其最大优势是操作过程具有出色的体验感、系统安全性好。

随着智能手机应用的普及，各大手机平台也都推出了用于开发手机软件的 SDK（Software Development Kit）。如谷歌公司推出了 Android 的 SDK，苹果公司推出了 iOS 的 SDK 等。SDK 大大降低了开发智能手机软件的门槛。但手机有着和普通 PC 不一样的特点，开发和运行过程中需要考虑到屏幕大小、内存大小、背景色、省电模式的使用、实际的操作特点等因素，因此开发智能手机应用软件也有着和开发普通计算机应用软件不一样的特点。本书重点介绍 Android 系统的特点和应用软件开发方法。

根据统计机构 Statista 发布的 2012 年 1 月到 2021 年 6 月全球移动操作系统市场份额占比,如图 1-1 所示,可以看出目前 Android 系统的市场占有率非常大,远超其他同类平台产品,学习 Android 软件开发具有广阔的社会需求和实践意义。

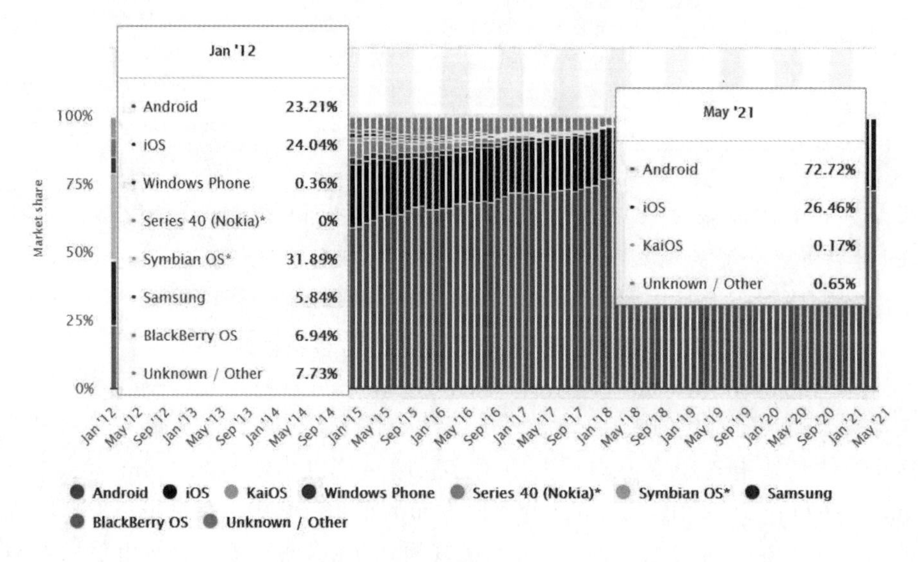

扫码见彩图

图 1-1 全球移动操作系统市场份额占比

1.2 Android 系统的体系结构

1.2.1 Android 系统简介

Android 一词的本义指"机器人",它是谷歌公司 2007 年 11 月推出的基于 Linux 平台的开源手机操作系统。Android 系统由底层 Linux 操作系统、中间件(负责硬件和应用程序之间的沟通)、核心应用程序组成,它是一个免费、开放的智能移动设备开发平台。除了操作系统和用户界面,谷歌公司还开发了手机地图、Gmail 等一些专用于 Android 手机的应用。目前 Android 系统已经逐渐发展成为最流行的手机和平板设备的操作系统和开发平台之一。

谷歌公司在 2007 年 11 月发布 Android 1.0 的同时,宣布成立了开放手机联盟。开放手机联盟由谷歌公司与三十多家移动技术和无线应用的领军企业组成,包括了手机和终端制造商、芯片厂商、软件公司、移动运营商等。开放手机联盟旨在普及 Android 智能手机,负责推广和制造 Android 手机,支持更新和完善 Android 操作系统,使得 Android 能更好地发展。

2008 年 9 月 22 日,美国运营商 T-Mobile USA 在纽约正式发布第一款谷歌手机——T-Mobile G1。该款手机为宏达电子公司制造,是世界上第一部使用 Android 操作系统的手机,支持 WCDMA/HSPA 网络,理论下载速率 7.2Mb/s,并支持 WiFi。

Android是一个运行在Linux内核上的轻量级操作系统，功能全面，包括一系列谷歌公司在其内置的应用软件，如电话、短信等基本应用功能。Android系统采用了处理速度更快的Dalvik虚拟机，集成了基于开源WebKit引擎的浏览器以及轻量级数据库管理系统SQLite，拥有优化的图形系统和自定义的2D/3D图形库，支持常见的音频和视频及各种图片格式。在相应硬件支持下，可集成GSM、蓝牙、5G、WiFi、摄像头、GPS、罗盘、加速度计等，这些硬件环境目前多数智能移动设备都能够提供。

由于谷歌公司与开放手机联盟建立了战略合作关系，建立了标准化、开放式的通信软件平台，因此只要采用Android操作系统的平台，基本就不受限于硬件设备，应用程序的可移植性好，能很好地解决由于众多手机操作系统的不同而造成的智能移动设备之间文件格式不兼容和信息无法互相流通的问题。

Android系统提供了开放的Android SDK软件开发组件，它方便了开发人员开发Android应用软件。

1.2.2　Android系统的总体架构

Android系统的总体架构分为5层，从下到上依次为Linux内核、硬件抽象层、原生C/C++库和Android运行时、Java API框架、系统应用，如图1-2所示。

1. Linux内核

Android系统的最底层是基于Linux内核(Linux Kernel)实现的，它负责硬件驱动、网络管理、电源管理、系统安全、内存管理等。Linux内核是Android平台的基础，例如Android运行时(ART)需要依靠Linux内核来执行线程管理、底层内存管理等底层功能。

2. 硬件抽象层

硬件抽象层可以屏蔽不同硬件设备的差异，为Android系统提供了统一的访问硬件设备的接口。不同的硬件厂商遵循硬件抽象层标准来实现自己的硬件控制逻辑，开发者不必关心不同硬件设备的差异，只需要按照硬件抽象层提供的标准接口访问硬件。

3. 原生C/C++库和Android运行时

Android系统的第3层由原生C/C++库和Android运行时组成。原生C/C++库包含以C和C++编写的开源函数库，如标准的C函数库Libc、支持浏览器运行的类库WebKit，支持绘制2D和3D图形的类库OpenGL ES等。

在Android 5.0(API 21)之前，Android为每个应用程序分配专有的Dalvik虚拟机。对运行Android 5.0或更高版本的设备，每个应用都在其自己的进程中运行，并且有其自己的ART实例。ART用于在低内存设备上运行多个虚拟机，这些虚拟机执行DEX格式的文件。DEX是一种专为Android系统设计的字节码格式，它经过了优化，占用的内存非常小，执行效率非常高。

ART的主要功能包括预编译和即时编译、优化的垃圾回收、更好的调试支持，例如专

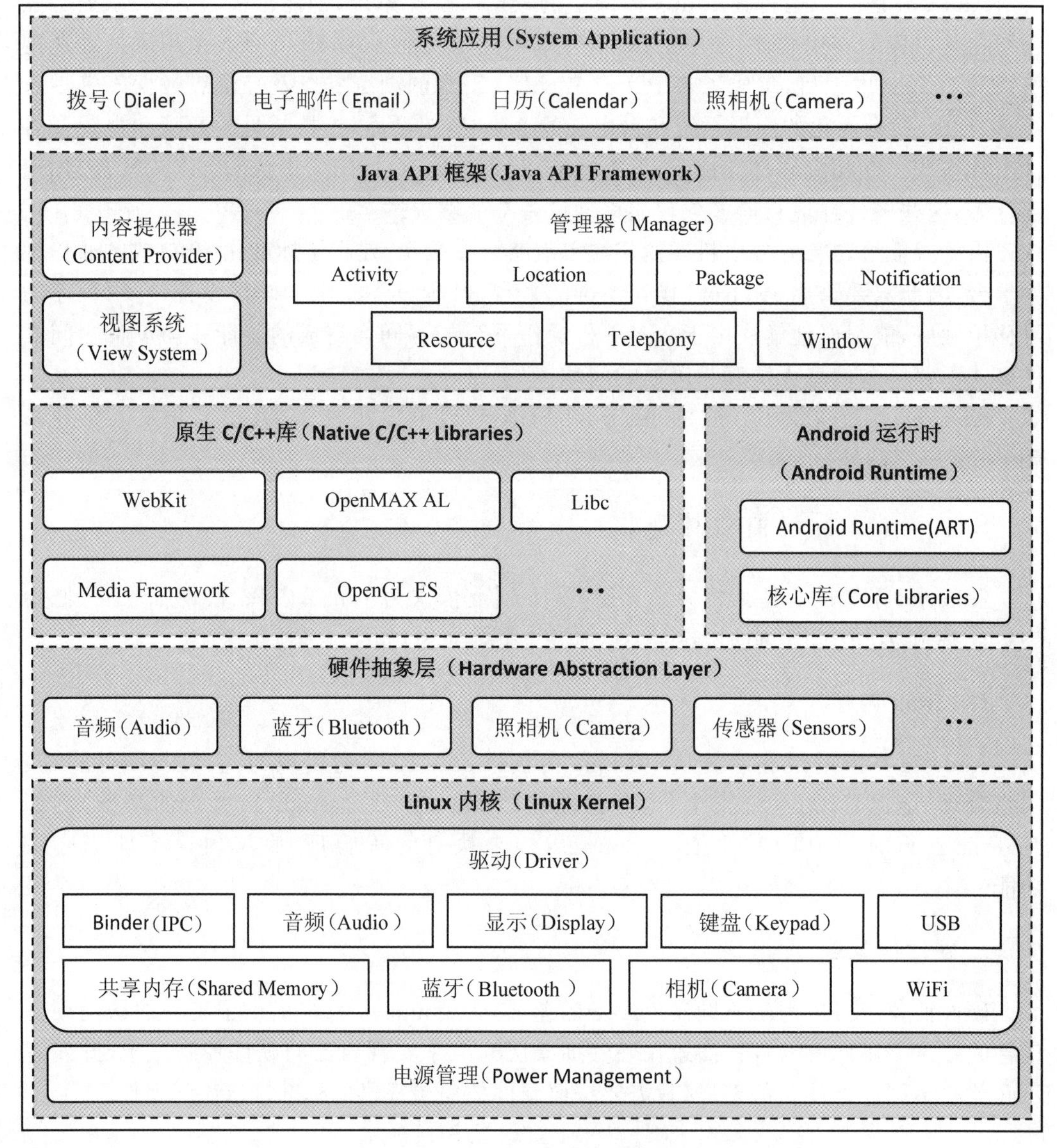

图 1-2 Android 系统的总体架构

用采样分析器、详细的诊断异常和崩溃报告等。

Android 还包含一套核心运行时库，可提供 Java API 框架所使用的 Java 编程语言中的大部分功能，包括一些 Java 8 语言功能。

4. Java API 框架

Android 系统的第 4 层是 Java API 框架，它为系统应用层的开发者提供用于软件开发的应用程序接口(Application Program Interface,API)。这些 API 包含了创建应用所需要的各种功能，包括构建应用的用户界面、消息提供(如访问信息、分享信息)、资源管理

(如图形、布局文件等)、通知管理(如显示警告信息)等。例如,框架中的 Activity Manager 负责在设备上生成窗口事件,而 View System 则在窗口显示设定的内容。

5. 系统应用

Android 系统的最上层是系统应用。Android 系统本身已经提供了一些核心的应用,如联系人、电话、浏览器、日历、E-mail、照相程序、文件管理等。同时,开发者还可以使用 SDK 提供的 API 开发自己的应用程序。本书的重点就是介绍如何使用 SDK 提供的 API 开发自己的应用程序。

总之,Android 采用了开源的 Linux 操作系统,底层使用了硬件访问速度最快的 C 语言,应用层采用了简单又强大的 Java 语言,博采众长,使其具有无限的魅力和生命力,受到业界的极大欢迎。

1.2.3　Android SDK 简介

Android SDK 提供了在 Windows/Linux/Mac 平台上开发 Android 应用程序的开发组件,它含有在 Android 平台上开发应用程序的工具集。Android SDK 包含了大量的类库和开发工具,程序开发者可以直接调用这些 API 函数。

Android SDK 提供的开发工具包括调试工具、内存和性能分析工具、打包成 APK (Android Application Package)文件的工具、用于模拟和测试软件的 Android 虚拟设备(Android Virtual Device,AVD)、Dalvik 虚拟机、基于开源 WebKit 引擎的浏览器、2D/3D 图形界面、轻量级数据库管理系统 SQLite 以及对摄像头、GPS、WiFi 等硬件的支持。

与普通 Java 程序运行时需要的 JRE(Java Runtime Environment)不同,Android 通过 Dalvik 而非直接采用 Java 的虚拟机来运行 Android 程序。Dalvik 虚拟机针对移动设备的实际情况进行了功能优化,如支持多进程与内存管理、支持低功耗等。和普通 Java 虚拟机不同的是,Dalvik 支持运行的文件格式是特殊的,因此它需要将普通 Java 的 class 文件用 Android SDK 中的 dx 工具转换为.dex 格式的文件,这些转换对于程序开发者而言是透明的,编程人员无须处理。

Android SDK 中的各种相关包被组织成 android. * 的方式。例如,android.app 包提供程序模型、基本的运行环境,如 Activity、ListActivity 等;android. widget 包提供各种 UI 元素,如 TextView、Button、ListView 等;android.content 包提供对数据进行访问和发布的类,如 ContentProvider、Intent 等;android. graphics 包提供底层的图形、服务,如 Canvas、Cursor 等。要在自己的程序中使用这些包中的类,必须先用 import 语句引入相关包文件。例如,在编程时如果需要使用颜色相关类,则引入 android.graphics.Color 包;使用不同的字体,则引入 android.graphics.Typeface 包。

一般地,用户可以使用 Java 语言来开发 Android 平台上的应用软件,并通过 Android SDK 提供的一些工具将其打包为 Android 平台使用的 APK 文件,再使用模拟器或直接将其安装到 Android 移动设备上测试软件,检查软件实际运行情况和效果。

1.3 Java语言与面向对象编程基础

Android应用程序一般使用Java作为开发语言编写,Android应用开发水平的高低很大程度上取决于Java语言能力,所以在学习Android软件开发之前要了解Java语言与面向对象编程方法。

Java是一种可以编写跨平台应用软件的面向对象程序设计语言,广泛应用于PC、数据处理、游戏控制、科学计算、移动电话和互联网等领域。Java的语言风格十分接近C和C++。它继承了C++语言面向对象技术的核心,提供类、接口和继承等原语,但舍弃了C++语言中容易引起错误的指针、运算符重载、多重继承等特性。

Java提供了大量的类以满足网络化、多线程、面向对象系统的需要。这些类被分别放在不同的包中,供应用程序使用。例如,语言包提供字符串处理、多线程处理、异常处理、数学函数处理等类,实用程序包提供的支持包括哈希表、堆栈、可变数组、时间和日期等,抽象图形用户接口包实现了不同平台的计算机的图形用户接口部件,包括窗口、菜单、滚动条、对话框等。

1.3.1 安装和配置Java开发环境

在开始Java编程之前,需要安装JDK(Java Development Kit),配置Java开发环境。JDK是提供Java服务的系统包,用于开发和测试Java程序。安装和配置JDK环境变量的步骤如下。

步骤1:下载Java开发环境工具包。

进入网页https://www.oracle.com/java/technologies/javase-downloads.html,选择合适的JDK版本,单击对应的“下载JDK”链接,就会看到一系列安装文件的下载链接。选择适合自己操作系统的安装文件,在弹出的对话框中选中I reviewed and accept the Oracle Technology Network License Agreement for Oracle Java SE(接受许可协议)复选框后,就可以将文件保存到本地目录中。

步骤2:安装开发工具包。

运行步骤1下载的exe文件,文件将自动解压并安装开发工具包。

JDK安装完成后,在安装目录下会有很多文件夹和文件。其中bin文件夹中是JDK的基本程序和工具,jre文件夹中是Java运行时的环境,lib文件夹中是Java类库,Demo文件夹中存放Java自带的一些示例程序。

步骤3:配置环境变量。

环境变量是供系统内部使用的变量,是包含系统当前用户环境信息的字符串和软件的存放路径,安装完JDK后必须配置环境变量。

配置环境变量的方法:右击Windows桌面的“我的电脑”或“此电脑”图标,在弹出的快捷菜单中依次选择“属性”→“高级系统设置”→“环境变量”命令,弹出“环境变量”对话框,如图1-3所示。

在“系统变量”栏中设置3项属性:JAVA_HOME、Path、CLASSPATH。如果这些

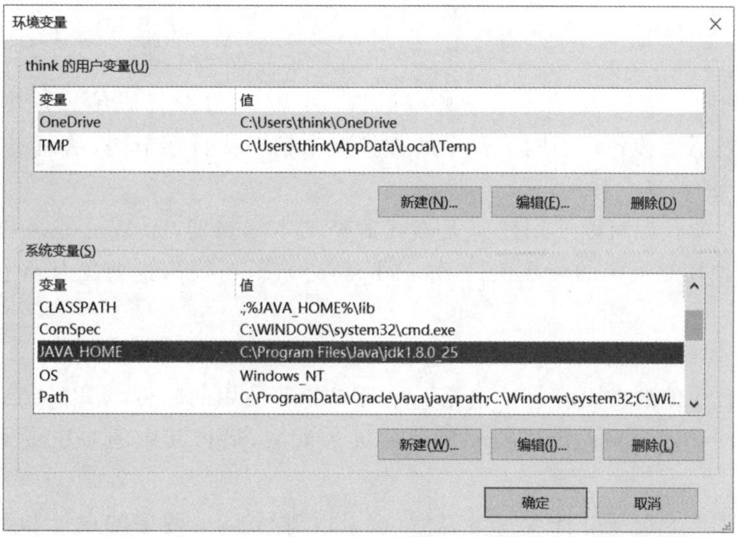

图 1-3　“环境变量”对话框

变量已存在，则单击“编辑”按钮，在原值基础上添加新变量值，原值和新值之间用分号间隔；否则单击“新建”按钮，添加变量名和变量值。变量名和变量值不区分大小写。

JAVA_HOME 变量值用于指明 JDK 的安装路径，就是前述安装 JDK 时所选择的路径，例如 C:\Program Files\Java\jdk1.8.0_25，此路径下包括 lib、bin、jre 等文件夹。运行 Tomcat、Android Studio 等都需要使用此变量。

Path 变量值使得系统可以在任何路径下识别 Java 命令，其值设为%JAVA_HOME%\bin。

CLASSPATH 变量值是 Java 加载类(class 或 lib)的路径，只有类在 CLASSPATH 中，Java 命令才能识别，其值设为“.;%JAVA_HOME%\lib”。

设置完成后，依次选择 Windows 的“开始”→“运行”，在“运行”对话框中输入 cmd 命令，进入命令提示符窗口。在窗口中输入 java -version、java、javac 等 JDK 命令，能正常运行，如图 1-4 所示，说明环境变量配置正确，可以编写并运行 Java 程序了。

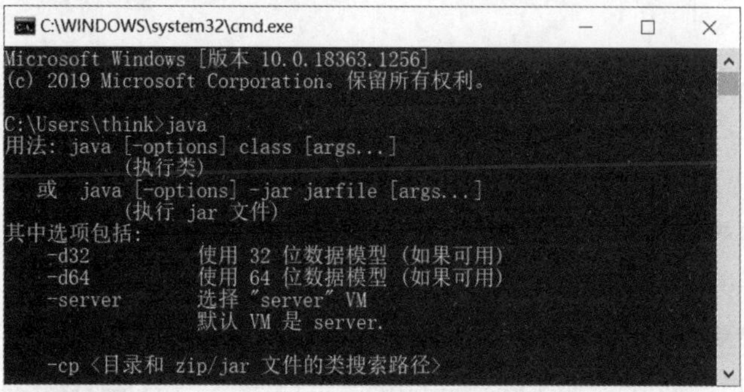

图 1-4　运行 JDK 命令

1.3.2 Java 程序的调试过程

Java 不同于一般的编译语言或解释语言。它首先将源代码编译成二进制字节码(Bytecode),然后依赖各种不同平台上的虚拟机来解释执行字节码,从而实现了“一次编译、到处执行”的跨平台特性。

编辑 Java 源代码可以使用任何无格式的纯文本编辑器,如 Windows 操作系统上的记事本,也可使用更高级的编程工具,如 Eclipse、NetBeans 等,这些工具具有更加强大的辅助功能。

Eclipse 是目前最流行的 Java 编程工具之一,在 Eclipse 中集成了许多工具和插件,从而使 Java 程序的开发更容易。这是一个可以免费使用的软件,可以从 Eclipse 的官方网站 http://www.eclipse.org/下载,解压后无须安装,运行其中的 eclipse.exe 文件就可以使用。

安装好 JDK 及配置好环境变量以后,就可以进行 Java 程序的设计和调试了。这个过程通常需要以下 3 个步骤。

步骤 1: 创建一个源文件。Java 源文件就是 Java 代码文件,以 Java 语言编写。Java 源文件是纯文本文件,后缀为.java。

如果使用 Eclipse 作为 Java 编程环境,通常先创建一个 Java 工程项目,然后在项目中创建 Java 源文件。

步骤 2: 将源文件编译为一个.class 文件。使用 JDK 所带的编译器工具 javac.exe,它会读取源文件并将其文本编译为 Java 虚拟机能理解的指令,保存在后缀为.class 的文件中。.class 文件中的指令就是字节码,它是与平台无关的二进制文件,执行时由解释器 java.exe 解释成本地机器码,边解释边执行。

步骤 3: 运行程序。使用 Java 解释器(java.exe)来解释执行 Java 应用程序的字节码文件(.class 文件),通过使用 Java 虚拟机来运行 Java 应用程序。

如果使用 Eclipse 作为 Java 编程环境,前述步骤 2 和步骤 3 可以由 Eclipse 自动完成。

1.3.3 Java 程序的结构

Java 应用程序分为 Application 与 Applet 两种,它们有不同的程序结构和运行方式。

下面的示例分别在 Eclipse 环境中编写了一个 Application 程序和一个 Applet 程序,并编译和运行了程序。

【例 1-1】 工程项目 01_HelloWorld 演示了一个 Application 程序,其功能是在控制台输出字符串“HelloWorld!”。

在 Eclipse 中新建一个 Java 工程项目,项目名称为 01_HelloWorld。创建完成后,在 Eclipse 左侧的 Package Explorer 面板中会看到工程项目的树状结构,如图 1-5 所示。其中 src 文件夹用于存放 Java 源

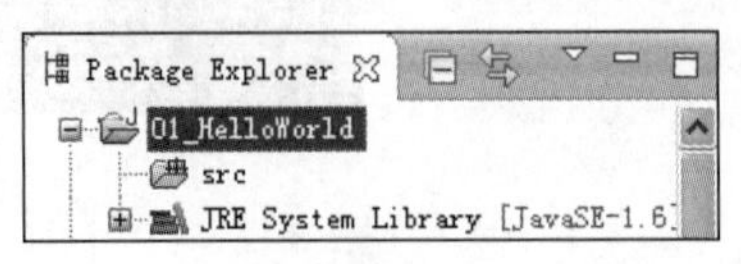

图 1-5 Package Explorer 面板

代码文件。

新建类 HelloWorldApp，内容如代码段 1-1 所示。

代码段 1-1　HelloWorldApp 的源代码

```
public class HelloWorldApp {
    public static void main(String args[ ]) {
        System.out.println("HelloWorld!");
    }
}
```

该程序的运行结果是在控制台输出一行字符串"HelloWorld!"。

该程序中，首先用保留字 class 声明一个新的类，其类名为 HelloWorldApp，它是一个公共类(public)。整个类定义由花括号({})括起来。在该类中定义了一个 main()方法，其中 public 表示访问权限，指明所有的类都可以使用这一方法；static 指明该方法是一个静态方法，它可以通过类名直接调用；void 则指明 main()方法不返回任何值。

对于一个 Application 程序来说，main()方法是必需的，而且必须按照如上的格式来定义。Java 解释器在没有生成任何实例的情况下，以 main()作为入口来执行程序。一个 Java 程序中可以定义多个类，每个类中可以定义多个方法，但是最多只能有一个公共类，main()方法也只能有一个，作为程序的入口。

在 main()方法定义中，圆括号中的 String args[]是传递给 main()方法的参数。参数名为 args，它是类 String 的一个实例，参数可以为 0 个或多个，多个参数间用逗号分隔。

在本例中，main()方法的实现只有一条语句，它用来实现将字符串输出到控制台。

运行该程序时，首先把它保存成一个名为 HelloWorldApp.java 的文件，文件名必须和类名相同。编译的结果是生成字节码文件 HelloWorldApp.class。

【例 1-2】 工程项目 Demo_01_AppletExample 演示了一个 Applet 程序，其功能是输出字符串"HelloWorld!"。

在 Eclipse 中新建一个 Java 工程项目，项目名称为 Demo_01_AppletExample。新建类 HelloWorldApplet，内容如代码段 1-2 所示。

代码段 1-2　HelloWorldApplet 的源代码

```
import java.awt.*;
import java.applet.*;
public class HelloWorldApplet extends Applet {
    public void paint(Graphics g) {
        g.drawString("HelloWorld!",20,20);
    }
}
```

这是一个 Applet 小程序。在程序中，首先用 import 语句引入 java.awt 和 java.applet 下所有的包，使得该程序能够使用这些包中所定义的类。然后声明一个公共类 HelloWorldApplet，用 extends 指明它是 Applet 的子类。在类中，重写父类 Applet 的

paint()方法,其中参数 g 为 Graphics 类,它表明当前绘制的上下文。在 paint()方法中,调用 g 的 drawString()方法,在坐标(20,20)处输出字符串"HelloWorld!"。绘制时,坐标原点位于显示区域的左上角,正方向分别是向右和向下,坐标值是用像素点来表示的。

本例的运行结果是在指定坐标处显示字符串"HelloWorld!"。这个程序中没有定义 main()方法,这是 Applet 与 Application 的区别之一。为了运行该程序,首先要把它存储成文件 HelloWorldApplet.java,然后对它进行编译,得到字节码文件 HelloWorldApplet.class。由于 Applet 中没有 main()方法作为 Java 解释器的入口,必须编写 HTML 文档,把该 Applet 嵌入其中,在支持 Applet 的浏览器中运行,也可以用 Applet Viewer 运行,预览运行的效果。

嵌入 Applet 的 HTML 文档如代码段 1-3 所示。

代码段 1-3 HTML 文档的源代码

```
<HTML>
    <HEAD>
        <TITLE>An Applet</TITLE>
    </HEAD>
    <BODY>
        <applet code="HelloWorldApplet.class" width=200 height=40>
        </applet>
    </BODY>
</HTML>
```

从上述例子可以看出,Java 程序是由类构成的,对于一个应用程序来说,必须在一个类中定义 main()方法,而对 Applet 小程序来说,它必须作为 Applet 的一个子类。在类的定义中,应包含类变量的声明和类中方法的实现。

1.3.4 Java 的数据类型和运算符

Java 是一个强类型的语言,要求在使用变量前必须显式定义变量并声明变量值的类型。数据类型指明了变量或表达式的状态和行为。

1. 数据类型

Java 不支持 C、C++ 中的指针类型、结构体类型和共用体类型。

Java 中的数据类型分为基本数据类型和引用数据类型两大类。其基本数据类型一共有 8 种: byte(字节型)、char(字符型,表示一个字符,常量用单引号来表示)、int(整型)、short(短整型)、long(长整型)、float(单精度浮点类型)、double(双精度浮点类型)、boolean(布尔型)。引用数据类型包括数组、类(包括对象)和接口。

在 Java 中,有一些数据类型之间是能够进行数据类型转换的。转换方式有自动转换和强制转换两种。自动转换就是不需要明确指出所要转换的类型是什么,而由 Java 虚拟机自动转换。转换的规则一般是小数据类型转换为大数据类型,但大数据类型的数据精度有的时候会被破坏。对于引用数据类型,子类类型可自动隐式转换为父类类型。

把一个能表示更大范围或者更高精度的类型转换为一个范围更小或者精度更低的类型时，就需要使用强制类型转换。强制转换是指在程序中显式控制的一种强制性类型转换，例如：

```
int a=25;                          //定义数据类型,a 为 int 型变量
long b=133;                        //定义数据类型,b 为 long 型变量
char c=(char)a;                    //强制转换数据类型,将 a 强制转换成 char 型
int n=(int)b;                      //强制转换数据类型,将 b 强制转换成 int 型
```

但要注意，当大数据类型转换成小数据类型时，强制转换有可能会造成溢出或丢失精度，使数值发生变化。如上例中的(int)b，b 原来是 long 型，要将它强制转换成 int 型，转换后的数值就有可能发生变化。

2. 标识符

在 Java 里，方法名、类名、变量名都是标识符。标识符必须以英文字母开头，是由英文字母或数字组成的，其他的符号不能出现在标识符里。其中英文字母包括大写的 A～Z，小写的 a～z，以及_和 $；数字包括 0～9。标识符不能使用 Java 所保留的关键字。特别要注意的是，在 Java 里标识符是大小写敏感的。

给一个标识符命名时不仅要符合命名规范，而且最好见名知意。

3. 变量

变量是程序中的基本存储单元，它的定义包括变量名、变量类型和作用域 3 部分。Java 变量名必须是一个合法的标识符，不能以数字开头。声明一个变量的同时也指明了变量的作用域。例如，在类中声明变量，而不是在类的某个方法中声明，则它的作用域是整个类；方法定义中的形式参数用于在方法内部传递数据，则它的作用域就是这个方法。

只有局部变量和类变量是可以赋初值的，而方法参数和例外处理参数的变量值是由调用者给出的。

变量的声明格式如下：

```
type identifier[=value][,identifier[=value]…];
```

例如：

```
int a,b,c;
double d1=5.7, d2=0.0;
```

4. 常量

Java 中的常量值是用字符串表示的。常量区分为不同的类型，如整型常量 123、实型常量 1.23、字符型常量'a'、布尔型常量 true 和 false 以及字符串常量"helloWorld."。Java 中用关键字 final 把一个标识符定义为常量，例如：

```
final double PI=3.1415926;
```

在 Java 中,对于用 final 限定的常量,在程序中不能改变它的值。通常常量名全部使用大写字母。

5. 运算符

运算符指明对操作数所进行的运算。Java 支持的运算符包括算术运算符、位运算符、赋值运算符、关系运算符、逻辑运算符、条件运算符等,如表 1-1 所示。运算符的运算优先级是有一定的顺序的,括号拥有最高的优先级,接下来依次是一元运算符、二元运算符。

表 1-1 Java 支持的运算符

<table>
<tr><th>分类</th><th>符号</th><th>说　明</th><th>分类</th><th>符号</th><th>说　明</th></tr>
<tr><td rowspan="7">算术运算符</td><td>+</td><td>加</td><td rowspan="7">位运算符</td><td>>></td><td>带符号右移</td></tr>
<tr><td>-</td><td>减</td><td><<</td><td>带符号左移</td></tr>
<tr><td>*</td><td>乘</td><td>>>></td><td>无符号右移</td></tr>
<tr><td>/</td><td>除(整数除时商只取整数部分)</td><td>&</td><td>按位与</td></tr>
<tr><td>%</td><td>求余</td><td>|</td><td>按位或</td></tr>
<tr><td>++</td><td>自增,例如:i++相当于 i=i+1</td><td>^</td><td>按位异或</td></tr>
<tr><td>--</td><td>自减,例如:i--相当于 i=i-1</td><td>~</td><td>按位取反</td></tr>
<tr><td rowspan="6">关系运算符</td><td>></td><td>大于</td><td rowspan="3">逻辑运算符</td><td>!</td><td>非</td></tr>
<tr><td><</td><td>小于</td><td>&&</td><td>与</td></tr>
<tr><td>>=</td><td>大于或等于</td><td>||</td><td>或</td></tr>
<tr><td><=</td><td>小于或等于</td><td rowspan="3">条件运算符</td><td rowspan="3">?:</td><td rowspan="3">表达式 1? 表达式 2: 表达式 3</td></tr>
<tr><td>==</td><td>等于</td></tr>
<tr><td>!=</td><td>不等于</td></tr>
<tr><td rowspan="5">赋值运算符</td><td>=</td><td>赋值</td><td rowspan="5">其他</td><td>( )</td><td>方法调用运算符</td></tr>
<tr><td rowspan="4">+=
-=
*=
…</td><td rowspan="4">扩展赋值运算符,先运算再赋值</td><td>[ ]</td><td>下标运算符</td></tr>
<tr><td>new</td><td>内存分配运算符</td></tr>
<tr><td>(类型)</td><td>强制类型转换运算符</td></tr>
<tr><td>.</td><td>点运算符</td></tr>
</table>

1.3.5 Java 的流程控制语句

Java 中的流程控制语句包括分支语句和循环语句。

1. 分支语句

分支语句有 if-else 语句、else if 语句、switch 语句 3 种。

if-else 语句根据判定条件的真假来执行两种操作中的一种，语法格式如下：

```
if (boolean_expression) {
    statement_1;
} [else {
    statement_2;
}]
```

else if 语句是 if-else 语句的一种特殊形式，语法格式如下：

```
if (boolean_expression_1) {
    statement_1
} else if (boolean_expression_2) {
    statement_2
} else if (boolean_expression_3) {
    statement_3
}
⋮
else {
    statement_N
}
```

switch 语句根据表达式的值来执行多个操作中的一个，语法格式如下：

```
switch (expression) {
    case value_1: statement_1;
            break;
    case value_2: statement_2;
            break;
    ⋮
    case value_N: statement_N;
            break;
    [default: defaultStatement;]
}
```

表达式 expression 可以返回任一简单类型的值（如整型、实型、字符型）。多分支语句将表达式返回的值与每个 case 子句中的值进行对比。如果匹配成功，则执行该 case 子句后的语句序列。

case 子句中的 value 值必须是常量，而且所有 case 子句中的值必须是不同的。

default 子句是任选的。当表达式的值与任一 case 子句中的值都不匹配时，程序执行

default 后面的语句。如果表达式的值与任一 case 子句中的值都不匹配且没有 default 子句,则程序不进行任何操作,直接跳出 switch 语句。

break 语句用来在执行完一个 case 分支后,使程序跳出 switch 语句,即终止 switch 语句的执行。因为 case 子句只是起到一个标号的作用,用来查找匹配的入口,从此处开始执行,对后面的 case 子句不再进行匹配,而是直接执行其后的语句序列,因此在每个 case 分支后,都要用 break 语句来终止后面的 case 分支语句的执行。在一些特殊情况下,多个不同的 case 值需要执行一组相同的操作,这时可以不用 break 语句。

switch 语句的功能可以用 else-if 语句来实现,但在某些情况下,使用 switch 语句更简洁,可读性强,而且程序的执行效率更高。

2. 循环语句

Java 的循环语句有 while 语句、do-while 语句、for 语句 3 种。

(1) while 语句实现"当型"循环,它的一般格式如下:

```
while (termination) {
    bodystatemens;
}
```

当布尔表达式 termination 的值为 true 时,循环执行花括号中的语句。while 语句首先计算终止条件,当条件满足时,才去执行循环中的语句,这是"当型"循环的特点。

(2) do-while 语句实现"直到型"循环,它的一般格式如下:

```
do {
    bodystatemens;
} while (termination);
```

do-while 语句首先执行循环体,然后计算终止条件 termination,若结果为 true,则循环执行花括号中的语句,直到布尔表达式 termination 的结果为 false。与 while 语句不同的是,do-while 语句的循环体至少执行一次,这是"直到型"循环的特点。

(3) for 语句也用来实现"当型"循环,它的一般格式如下:

```
for (initialization; termination; iteration) {
    bodystatemens;
}
```

for 语句执行时,首先执行初始化操作 initialization,然后判断终止条件 termination 是否满足,如果满足,则执行循环体中的语句,最后执行迭代部分 iteration。完成一次循环后,重新判断终止条件 termination。

for 语句通常用来执行循环次数确定的情况,如对数组元素的操作,当然也可以根据循环结束条件执行循环次数不确定的情况。

1.3.6　数组

数组是一种存放多个相同类型数据的数据结构。

1. 一维数组的定义

一维数组的定义格式如下：

```
type arrayName[]=new type[arraySize];
```

其中，type(类型)可以是 Java 中任意的数据类型，数组名 arrayName 必须是一个合法的 Java 标识符，[]指明该变量是一个数组类型变量，arraySize 指明数组的长度，即数组元素的个数。例如：

```
int myArray[]=new int[3];
```

该语句声明了一个名为 myArray 的整型数组，数组中的每个元素都为整型数据。用运算符 new 为它分配内存空间，本例分配了 3 个 int 型整数所需要的内存空间。

定义了一个数组，并用运算符 new 为它分配了内存空间后，就可以引用数组中的每个元素了。数组元素的引用方式如下：

```
arrayName[index]
```

其中，index 为数组下标，它可以是整型常数或表达式。下标从 0 开始，一直到数组的长度减 1。对于上面例子中的 myArray 数组来说，它有 3 个元素，分别为 myArray[0]、myArray[1]、myArray[2]。

可以单独对每个数组元素进行赋值，赋值方法与变量相同。也可以在定义数组的同时进行初始化，例如：

```
int myArray[]={1,2,3,4,5};
```

用逗号分隔数组的各个元素，系统自动为数组分配一定的空间。

2. 多维数组的定义

与 C、C++ 一样，Java 中多维数组被看作数组的数组。例如，二维数组是一个特殊的一维数组，其每个元素又是一个一维数组。

二维数组的定义方式如下：

```
type arrayName[][]=new type[arraySize1][arraySize2];
```

例如，下面的语句定义了一个 2×3 的整型数组。

```
int myArray[][]=new int[2][3];
```

对二维数组中每个元素,引用方式为 arrayName[index1][index2],其中 index1、index2 为下标,可为整型常数或表达式,如 a[2][3]。与一维数组类似,每一维的下标都从 0 开始。

二维数组也可以在定义数组的同时进行初始化。例如,以下语句定义了一个 3×2 的数组,并对每个元素进行赋值:

```
int myArray[][]={{2,3},{1,5},{3,4}};
```

3. 动态数组列表 ArrayList

ArrayList 是一个类,定义在 java.util 包中。利用 ArrayList 可以定义一个可自动调节大小的数组。它最大的优点是可以自动改变数组的大小,灵活地插入元素和删除元素,但与普通数组相比,其执行速度要差一些。

使用 ArrayList 首先要创建一个 ArrayList 对象。例如,下面的语句创建了对象 myList:

```
ArrayList myList=new ArrayList();
```

之后就可以调用 add()方法为 ArrayList 对象数组增加元素。例如,下面的语句为 myList 对象增加了一个 int 型元素,元素值为 12:

```
myList.add(12);
```

调用 remove(int)方法移除 ArrayList 对象的元素,例如:

```
myList.remove (5);                              //将第 6 个元素移除
```

另外,调用 addAll()方法可以添加一批元素到当前列表的末尾,removeAll()方法可以删除一组元素,clear()方法可以清除现有所有的元素,toArray()方法可以把 ArrayList 的元素复制到一个数组中。

1.3.7 泛型

泛型是 JDK5 增加的一个非常重要的 Java 语言特性。如果程序可以针对不同的类有相同的处理办法,但这些类之间不一定有继承关系,就可以使用泛型。具体运用到集合中,如果一个集合中保存的元素全是某种类型的,则可以在集合定义时,利用泛型把它规定清楚。

例如,采用传统方式定义一个 Vector 集合使用如下方法:

```
Vector v=new Vector();
v.addElement("one");
String s=(String)v.elementAt(0);
```

这里有两个问题：一是加入元素时不能保证都加入相同类型的元素；二是取出元素时要进行强制类型转换。

如果使用泛型，则可以采用如下方法定义：

```
Vector<String> v=new Vector<String>();
v.addElement("one");
String s=v.elementAt(0);
```

在新的定义方法中，一对角括号表明了元素的类型，上例中为 String 类型。这时，当加入元素时，Java 会对元素的类型进行检查，如果不是 String 类型，则编译不会通过。并且，取出其中元素时，Java 编译器可以知道其类型为 String，所以不必再使用强制类型转换。

如果是针对 Date 对象的 Vector，则可以使用如下方法定义：

```
Vector<Date> v=new Vector<Date>();
v.addElement(new Date());
Date d=v.elementAt(0);
```

由此可见，使用泛型不仅可以使程序更简化，而且程序的类型更安全。由于同一个类可以适合不同的类型，因此这种机制称为"泛型"。

1.3.8　面向对象的编程方法

面向对象程序设计(Object-Oriented Programming，OOP)是当前主流的程序设计方法。面向对象程序设计方法按照现实世界的特点来管理复杂的事物，把它们抽象为对象。对象是由数据和对这些数据的操作组成的封装体，与客观实体有直接对应关系。对象具有自己的状态和行为，通过对消息的响应来完成一定的任务。一个类定义了具有相似性质的一组对象。类具有继承性，这是对具有层次关系的类的属性和操作进行共享的一种方式。

面向对象编程过程简要来说分为以下 4 个步骤：首先分析要解决的问题，根据需求确定类及其属性；其次确定每个类的操作，这些操作都封装在类的方法中；再次使用继承机制来处理类之间的共同点；最后将这些类实例化成对象，实现程序的功能。

1. 基本概念

面向对象程序设计涉及一些重要的概念，通过这些概念，面向对象的思想得到了具体的体现。理解这些概念有助于熟练运用面向对象的编程方法。

1) 对象

对象(Object)是要研究的任何事物。它不仅能表示有形的实体，也能表示抽象的规则、计划或事件。对象由数据(描述对象的属性)和作用于数据的操作(体现对象的行为)构成一个独立整体。从程序设计者的角度来看，对象是一个程序模块；从用户的角度来看，对象为他们提供所希望的行为。一个对象有状态、行为和标识 3 种属性。

在 Java 中,对象的属性称为成员变量,对象的行为称为成员方法或成员函数,一个对象就是变量和相关的方法的集合,其中变量表明对象的状态,方法表明对象所具有的行为。面向对象的程序设计实现了对象的封装,使人们不必关心对象的行为是如何实现的这样一些细节。通过对对象的封装,实现了模块化和信息隐藏,提高了程序的可移植性和安全性,同时也有利于对复杂对象的处理。

2) 消息

对象之间必须要进行交互来实现复杂的行为,交互是通过消息(Message)机制实现的。一个消息包含 3 方面的内容：消息的接收者、接收对象应调用的方法、方法所需要的参数。同时,接收消息的对象在执行相应的方法后,可能会给发送消息的对象返回一些信息。

3) 类

一个共享相同结构和行为的对象的集合称为类(Class)。通常来说,类定义了一类事物的共同属性和它们的行为。类是对象的模板,即类是对一组有相同数据和相同操作的对象的定义,一个类所包含的数据和方法描述了一组对象的共同属性和行为。类是在对象之上的抽象,对象则是类的具体化,是类的实例。

类可有其子类,形成类层次结构。它们之间具有继承性的关系,继承性是子类自动共享父类之数据和方法的机制。在这种关系中,一个类共享了一个或多个其他类定义的结构和行为。子类可以共享父类成员变量和方法,同时可以对其进行扩展、覆盖、重定义,这样可以使子类有比父类更多的功能。

继承不仅支持系统的可重用性,而且还促进系统的可扩充性。在 Java 中通过接口可以实现多重继承。接口的概念简单,使用更方便,而且不仅仅限于继承,它可以使多个不相关的类具有相同的方法。

4) 方法

方法(Method)也称成员函数,是指对象上的操作,作为类声明的一部分来定义。方法定义了一个对象可以执行哪些操作。

在面向对象方法中,对象和传递消息分别表现事物及事物间相互联系的概念。这种基于对象、类、消息和方法的程序设计方法的基本点在于对象的封装性和类的继承性。通过封装能将对象的定义和对象的实现分开,通过继承能体现类与类之间的关系,以及由此带来的动态联编和实体的多态性,从而构成了面向对象的基本特征。

2. Java 中的编程方法

1) 涉及的概念

Java 中的编程方法涉及以下概念。

(1) 抽象(abstract)类：包含一个或多个抽象方法的类。抽象类只能用来派生子类,而不能用它来创建对象。抽象是指在定义类的时候确定了该类的一些行为和动作。例如,自行车可以移动,但对怎么移动不进行说明,这种提前定义一些动作和行为的类称为抽象类。

(2) final 类：它只能用来创建对象,而不能被继承,与抽象类刚好相反。abstract 与

final不能同时修饰同一个类。

(3) 包：Java中的包是相关类和接口的集合，创建包须使用关键字package。

(4) 接口：Java中的接口是一系列方法的声明，是一些方法特征的集合。一个接口只有方法的特征，没有方法的实现，因此这些方法可以在不同的地方被不同的类实现，而这些实现可以具有不同的行为或功能。

(5) 重载：当多个方法具有相同的名字而含有不同的参数时，便发生了重载。编译器必须挑选出调用哪个方法进行编译。

(6) 重写：也称方法的覆盖。在Java中，子类可继承父类中的方法，而不需要重新编写相同的方法。但有时子类并不想原封不动地继承父类的方法，而是想进行一定的修改，这就需要采用方法的重写。值得注意的是，子类在重新定义父类已有的方法时，应保持与父类完全相同的方法头声明。

2) 定义一个类

Java中的每个类都是从Object类继承而来的。Object类有两个常用方法：equal()方法和toString()方法。equal()方法用于测试一个对象是否同另一个对象相等。toString()方法返回一个代表该对象的字符串，每个类都会从Object类继承该方法，有些类重写了该方法，以便返回当前状态的正确表示。

定义一个类表示定义了一个功能模块。一个类的定义包含两部分的内容：类声明和类体。类是通过关键字class来定义的，在class关键字后面加上类的名称，这样就创建了一个类。说明部分还包括其继承的父类、实现的接口以及修饰符public、abstract或final。类体中定义了该类所有的变量和该类所支持的方法。

定义类的语法格式如下：

```
[修饰符] class 类的名称 [extends 父类的名称] [implements 接口的名称]{
    //类的成员变量
    //类的方法
}
```

下列代码定义了RacingCycle类，该类是一个公共类，描述的是一个公路赛车，其父类为Bicycle。

```
public class RacingCycle extends Bicycle{
    //RacingCycle类的成员变量和方法
}
```

设计一个类要明确所要完成的功能，类里的成员变量和方法是描述类的功能的。成员变量就是这个类里定义的一些私有的变量，这些变量是属于这个类的。定义成员变量的语法如下：

```
变量的类型 变量的名称;
```

对类的成员可以设定访问权限，来限定其他对象对它的访问。访问权限有private、

protected、public、friendly 4 种类型。

方法收到对象的信息后进行相关的处理。创建方法的语法如下：

```
[修饰符] 方法的返回类型 方法名称([参数列表]){
    方法体
}
```

方法的返回值可以是任意的类型，如 String、boolean、int。如果定义了方法的返回类型就必须在方法体内用 return 语句把返回值返回。方法的返回值可以为 null，但必须是对象类型，在返回值为基本类型的时候，只要能够自动转换就可返回。

方法的参数可以是基本数据类型，也可以是对象引用类型。每个参数都要有完整的声明该变量的形式。方法的参数可以有一个，也可有多个。Java 程序的入口 main()就是一个方法，参数为 String[] args，它是一个特殊的方法。

一个类的所有方法中有一个特殊的方法，称为构造方法。Java 中的每个类都有构造方法。构造方法用来初始化该类的一个新的对象。构造方法具有和类名相同的名称，而且不返回任何数据类型。

3）使用类创建对象

创建类的实例对象时使用 new 关键字，后面加上类的名称。需要注意的是在类的名称后还需要一个圆括号，圆括号中是构造方法的参数。创建类的实例的语法格式如下：

```
类的名称 对象名称=new 类的名称(构造方法的参数);
```

当用运算符 new 为一个对象分配内存时，会自动调用类的构造方法。用构造方法进行初始化避免了在生成对象后每次都要调用对象的初始化方法，而且构造方法只能由 new 运算符调用。由于对构造方法可以进行重载，因此通过给出不同个数或类型的参数可以分别调用不同的构造方法。

用 new 运算符可以为一个类实例化多个不同的对象。这些对象分别占用不同的内存空间，因此改变其中一个对象的状态不会影响其他对象。

4）引用对象的成员变量

对象引用就是该引用名称指向内存中的一个对象，通过调用该引用即可完成对该对象的操作。如果调用的对象或成员变量没有创建，那么在编译的时候编译器将出现空指针错误(NullPointException)，因为成员变量和方法是属于对象的，即属于用 new 关键字创建出来的对象。通过 new 关键字来创建一个对象后，会有一个系统默认的初始值。所以不管有没有在创建成员变量的时候给变量赋值，系统都会有一个默认的值。

访问对象的某个成员变量的语法格式如下：

```
objectReference.variable
```

其中，objectReference 是对象的一个引用，它可以是一个已生成的对象，也可以是能够生成对象的方法调用。

5）调用对象的成员方法

调用对象的某个成员方法的语法格式如下：

```
objectReference.method(Args)
```

1.3.9 异常处理

异常发生的原因有很多，可能是软件的问题，也可能是硬件的问题。在Java程序中，一般通过try-catch语句来进行异常处理。try-catch语句的基本语法如下：

```
try {
    //此处是可能出现异常的代码
} catch(Exception e) {
    //此处是发生异常时的处理代码
} [finally {
    //此处是无论是否发生异常都必须被执行的代码
}]
```

try子句中是可能出现异常的代码；在catch子句中需要给出一个异常的类型和该类型的引用，并在catch子句中编写当出现该异常类型时需要执行的代码。

try-catch语句用于对有可能发生异常的程序进行检查，如果没有发生异常，就不会执行catch子句中的内容。在程序中如果不使用try-catch语句，则当程序发生异常的时候，会由系统处理，通常是自动退出程序的运行。而使用try-catch语句后，当程序发生异常的时候，会执行catch子句中的语句，从而使程序不自动退出。

try-catch语句中的catch子句可以不止一个，可以存在多个catch子句来定义可能发生的多个异常。当处理了任何一个异常后，则将不再执行其他catch子句。所以当对程序使用多个catch子句进行异常处理时，特别需要注意的是要将范围相对小的异常放在前面，将范围相对大的异常放在后面。

在try-catch语句中还可以有finally子句，finally子句中是无论是否发生异常都必须被执行的代码。在实际开发中经常要用到finally子句。例如，在数据库操作中，连接数据库时可能发生异常，也可能不发生异常，但是不管是否发生异常，连接数据库所用到的资源都是需要关闭的，这些操作是必须执行的，这些执行语句就可以放在finally子句中。

1.4 XML基础

1.4.1 XML简介

XML(eXtensible Markup Language)是一种可扩展标记语言。标记语言是指在普通文本中加入一些具有特定含义的标记(tag)，以对文本的内容进行标识和说明的一种文件表示方法。

XML 与 HTML 虽然类似,但并非 HTML 的替代。XML 和 HTML 是为不同目的而设计的,HTML 被设计用来显示数据,其重点是数据的外观,而 XML 被设计用来传输和存储数据,是一种独立于软件和硬件的信息传输工具,其重点是数据的内容。

作为一种标记语言,XML 最基本、最主要的功能就是在文档中添加标签。代码段 1-4 是一个示例,在<>和</>里面的文本就是一些标签。标签必须成对出现,如<book>和</book>、<name>和</name>、<country>和</country>等。

代码段 1-4 XML 文档的源代码

```
<?xml version="1.0" standalone="yes"?>
<book>
    <name>Android Programming Guide</name>
    <author>
       <name>Zhang</name>
       <sex>male</sex>
       <country>China</country>
    </author>
    <price kind="RMB">35.5</price>
</book>
```

在 HTML 文档中只使用在 HTML 标准中定义的标签,如<p>、<h1> 等。与此不同的是,XML 所使用的标签都是非预定义的,被设计为具有自我描述性。XML 允许作者定义自己的标签和自己的文档结构,只要遵守 XML 的标签命名规则,就可以在文档中添加任何标签。如在代码段 1-4 中,可以将<book>和</book>标签改为<BookInfomation>和</BookInfomation>,也可以改为<BK>和</BK>。用户可以自定义标签,这就是 XML 被称为可扩展标记语言的由来。

XML 是没有任何行为的。XML 被设计用来结构化、存储以及传输信息,其本身仅仅是纯文本。如代码段 1-4 所示的 XML 文档,文档中有书名、作者等信息。但是,这个 XML 文档并没有做任何事情,它既不能像程序一样运行,也不会有任何运行结果。它仅仅是包装在 XML 标签中的纯粹的信息,同样也不描述其如何显示、输出等格式化信息。若要格式化文档的输出,需要另外编写控制其输出的样式表文件。若要传送、接收和显示这个文档,也需要另外编写软件或者程序。

对于自定义的标签,用户可在文档内或文档外进行说明。当然也可以不进行说明。XML 对所使用的标签进行说明的部分称为 DTD(Document Type Definition),即文档类型定义。DTD 定义了用户所使用的所有标签以及标签之间的逻辑关系,同时也定义了文档的逻辑结构。一个 XML 文档若包含了 DTD,应用程序就可以根据 DTD 的定义来检查文档的完整性和正确性。

在浏览器中可查看 XML 文档,但是由于 XML 文档本身不会携带有关如何显示数据的信息,其标签是由 XML 文档的作者创建的,浏览器无法确定文档中标签的具体含义,因此大多数浏览器都会仅仅把 XML 文档显示为源代码。例如,图 1-6 所示为代码段 1-4 所描述的 XML 文档在 IE 中的显示结果。XML 文档将显示为代码颜色化的根以及子元

素。通过单击元素左侧的加号或减号,可以展开或收起元素的结构。

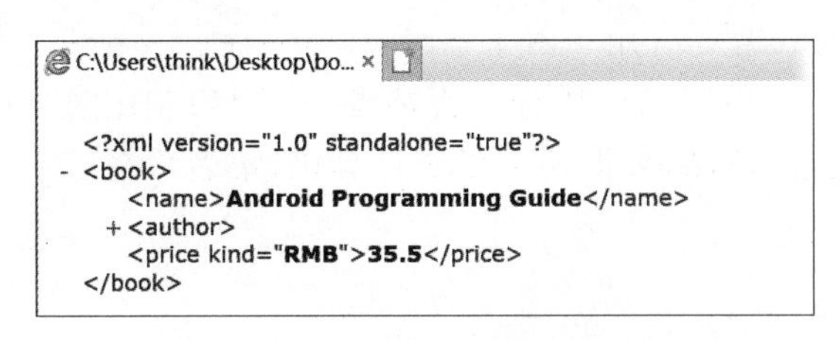

图 1-6　XML 文档在 IE 中的显示结果

虽然浏览器对文档进行了语法分析,文档内容、指令和标签分别被显示成不同的颜色,但一般来讲,需要显示的只是文档的原始内容,指令和标签作为附加的信息在实际显示时应该被隐藏起来,并且书名和作者等不同级别的信息要使用不同的字体和字号。要达到这个目的,就要为文档编写样式表。在 XML 中,内容和显示是分离的,标签的显示方案在 XML 文档中附带的样式文件中定义,这也是 XML 与 HTML 之间的一个差别。

控制 XML 文档的显示格式,可以使用 CSS、XSLT、JavaScript 等方法。其中使用 XSLT(eXtensible Stylesheet Language Transformations)显示 XML 是首选。使用 XSLT 的方法有两种模式:一种是在浏览器显示 XML 文档之前先把它转换为 HTML,另一种是在服务器上进行 XSLT 转换。前一种转换是由浏览器完成的,不同的浏览器可能会产生不同结果。在 Android 编程的过程中很少用到此部分内容,所以本书不进行详细介绍,有兴趣的读者请参阅相关文献。

内容和显示分离,不仅提高了输出形式的灵活性,还具有更高的弹性。文件组织者可以不再考虑文件的输出格式,甚至可以不考虑文件的用途,而只需要尽可能完美地描述文件的内容。一个 XML 文档可以被有着各种不同目的的用户进行各种各样的处理。不同用户可以使用其不同的部分,可以用来显示,也可以用来打印,或者被输入数据库等,大家各取所需,各尽其用。XML 因此也比 HTML 具有更高的弹性和灵活性。

1.4.2　XML 的用途

XML 的主要用途是在各种应用程序之间进行数据传输,它在信息存储和描述领域变得越来越流行。

(1) XML 可以简化数据共享。各个计算机系统和数据处理平台使用不兼容的格式来存储数据,而 XML 数据以纯文本格式进行存储,因此提供了一种独立于软件和硬件的数据存储方法。这让创建不同应用程序可以共享的数据变得更加容易。

(2) XML 可以简化数据传输。通过 XML,可以在不兼容的系统之间轻松地交换数据。对开发人员来说,在因特网上的不兼容系统之间交换数据是一项非常费时费力的工作。由于可以通过各种不兼容的应用程序来读取数据,以 XML 交换数据则可以使这一类工作更简单。

(3) XML 可以简化平台的变更。升级到新的系统,无论是升级硬件还是升级软件,总是非常费时的,必须转换大量的数据,不兼容的数据经常会丢失。XML 数据以文本格式存储。这使得 XML 在不损失数据的情况下,更容易扩展或升级到新的操作系统、新的应用程序或新的浏览器。

(4) XML 可以使数据更有用。由于 XML 独立于硬件、软件以及应用程序,因此使数据更可用,也更有用。不同的应用程序都能够访问 HTML 网页或 XML 数据源中的 XML 数据。另外,通过 XML,数据还可以供计算机、语音设备、新闻阅读器等各种设备使用。

1.4.3 XML 文档的结构

XML 使用简单的具有自我描述性的语法,采用一种有逻辑的树状结构。XML 文档必须包含根元素,该元素是所有其他元素的父元素;文档中的元素形成了一棵树,这棵树从根部开始,并扩展到树的叶端;所有元素均可拥有子元素;相同层级上的子元素为兄弟元素;所有元素均可拥有文本内容和属性。

代码段 1-5 是一个 XML 文档的示例。

代码段 1-5 XML 文档示例

```
<?xml version="1.0" encoding="gb2312" standalone="yes"?>
<computerbooks>
    <book>
        <bookname>Android Programming Guide</bookname >
        <author>
           <name>Zhang</name>
           <country>China</country>
        </author>
        <price>35.5</price>
    </book>
    <book>
        <bookname>XML Tutorial </bookname>
        <author>
           <name>Mark</name>
           <country>Canada</country>
        </author>
        <price kind="RMB">38</price>
    </book>
</computerbooks>
```

文档中的第一行是 XML 声明。它定义了 XML 的版本和所使用的编码。

第二行描述文档的根元素<computerbooks>,文档中的所有<book>元素都是根的子元素,都被包含在<computerbooks>中。每个<book>元素还有 3 个子元素<bookname>、<author>、<price>,最后一行定义根元素的结尾</computerbooks>。整个 XML 文档的逻辑结构如图 1-7 所示。

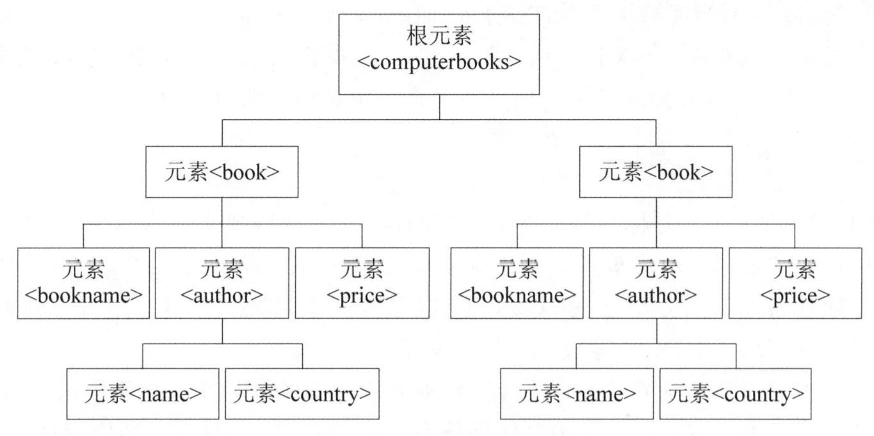

图 1-7 XML 文档的逻辑结构

1.4.4 XML 语法

XML 语法规则

1. 声明部分

XML 文档的声明(Declaration)部分又称前言(Prolog),是一条 XML 指令,位于文档的首行。例如:

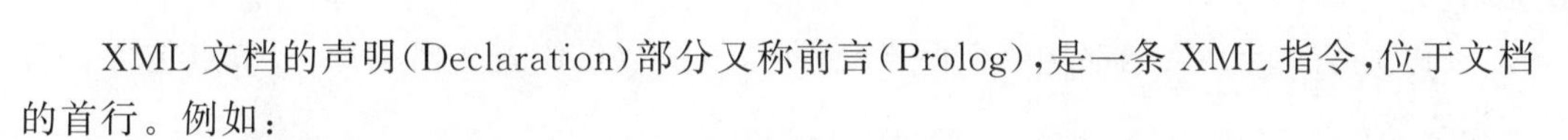

```
<?xml version="1.0" encoding="gb2312" standalone="yes"?>
```

该行包括如下内容。

(1) <?…?>:表示该行是一条指令。

(2) xml:表示该文档是一个 XML 文档。

(3) version="1.0":表示该文档遵循的是 XML 1.0 标准。

(4) encoding="gb2312":表示该文档使用的是 GB 2312 字符集。

(5) standalone="yes":表示该文档未引用其他外部的 XML 文档。

XML 声明必须是文档的首行,且必须从第一个字符开始,前面不能有包括空格在内的任何其他字符。因为即使是简单的英文字符串,也可能有不同的编码方式,在开始分析文档声明的时候,解析器并不知道文档使用了何种字符集。此时解析器就要读取文档最前面的几个字符,与字符串"<?xml"的不同字符集下的编码进行比较,以确定文档所使用的编码方式。确定了编码方式后,才能够做进一步的读取和分析工作。如果文档声明前有其他字符,解析器取出的前几个字符并不是"<?xml",无法与标准的"<?xml"字符串进行比较,解析就会失败。

XML 指令与标签一样,都不属于文档的内容,都是根据 XML 规范添加进文档的附加信息。但标签用于标注文档的内容,而指令则用于控制文档。无论是解析器还是最终处理 XML 文档的应用程序,都要根据指令所提供的控制信息对文档进行分析,否则,将无法正确解读文档。

文档声明行在 XML 文档中非常重要,几乎所有的 XML 文档都要有,当然其具体内容可能有差别。只有当文档所使用的字符集，即 encoding 属性的值为 UTF-8 或 UTF-16，而且文档未引用其他外部的 XML 文档，即 standalone 属性的值为 yes 时，才可以省略这一行。但 XML 1.0 标准强烈建议无论何种情况都保留文档声明行，且位于文档的第一行。

2. XML 元素

XML 元素使用 XML 标签进行定义。XML 的语法规则要求所有 XML 元素都必须有开始标签和结束标签。元素可包含其他元素、文本或者二者的混合物。标签同时也是元素名。元素名可以含字母、数字以及其他的字符，不能以数字或者标点符号开始，不能以字符 xml(或者 XML、Xml 等)开始，名称不能包含空格。

为了更准确清晰地反映文档的内容，元素名称应具有描述性，避免使用类似“-”“.”“:”这样的字符，因为有些软件认为这些字符有特殊的含义，会引起文档内容的误读。在 XML 中，与简洁性相比，更重要的是准确和清晰，这是 XML 的原则之一，这与编程中变量的命名原则是相似的。

XML 标签对大小写敏感，开始标签和结束标签必须使用相同的大小写。元素也可以拥有属性，还可以包含其他元素，这就构成了元素的嵌套。对于元素的嵌套，有如下原则。

(1) 所有 XML 文档都从一个根节点开始，该根节点代表文档本身，根节点包含了一个根元素。

(2) 文档内所有其他元素都包含在根元素中。

(3) 包含在根元素中的第一个元素称为根元素的子元素。如果不止一个子元素，且子元素没有嵌套在第一个子元素内，则这些子元素互为兄弟。

(4) 子元素还可以包含子元素。

所有元素都必须彼此正确地嵌套。元素进行嵌套时，必须注意不能交叉。一个元素 A 如果含有子元素 B，则子元素 B 的开始标签和结束标签都必须位于元素 A 内，不能一个在 A 里，另一个在 A 外。

例如，以下代码是正确的：

```
<book>
    <author>
        <name>Zhang</name>
        <country>China</country>
    </author>
</book>
```

但以下元素嵌套就不正确：

```
<book>
    <author>
        <name>Zhang</name>
```

```
        <country>China</country>
    </book>
        </author>
```

3. XML 属性

类似于 HTML，XML 元素可以在开始标签中包含属性（Attribute），XML 属性提供关于元素的附加信息。属性通常提供不属于数据组成部分的信息，但是对处理这个元素的软件来说却很重要。

属性由“=”连接的名称-数值对构成，多个属性之间用空格间隔，格式如下：

```
<元素名  属性名="属性值"…>内容</元素名>
```

或

```
<元素名  属性名="属性值"…/>
```

例如：

```
<Price MoneyKind="RMB">22000</Price>
<Rectangle Width="100" Height="80"/>
```

属性值必须被引号括起来，单引号和双引号均可使用。如果属性值本身包含双引号，那么可以使用单引号，例如：

```
<author name='Jangle "MM" Smith'>
```

也可以使用实体引用：

```
<author name="Jangle &quot;MM&quot; Smith ">
```

应尽量使用元素来描述数据，而仅仅使用属性来描述附加性信息或与数据无关的信息。因为使用属性可能会引起一些问题，例如属性无法包含多个值，属性无法描述树状结构，难以阅读和维护等。

至于什么样的信息是元素或内容的附加信息，并没有一个明确的规定。一般来讲，与文档的内容无关的无子结构信息，如元素<MyDocument LastUpdate="2021/10/19">…</MyDocument>中，更新时间与内容无关，就可以考虑使用属性进行描述。

通常，在将已有文档处理为 XML 文档的时候，文档的原始内容应全部表示为元素。编写者所增加的一些附加信息，如对于文档某点内容的简单说明、注释等，可以表示为属性。另外，希望读者看到的内容应表示为元素，反之表示为属性。

4. 实体引用

非法的 XML 字符必须被替换为实体引用（Entity Reference），这类似于编程语言中的转义字符。例如,在 XML 文档中元素内容的位置出现一个＜字符,这个文档会产生一个错误,这是因为解析器会把它解释为新元素的开始。为了避免此类错误,需要把字符＜替换为实体引用。

例如,以下是错误的写法:

```
<message>if n<10 then</message>
```

正确的写法如下:

```
<message>if n &lt; 10 then</message>
```

在 XML 中有 5 个预定义的实体引用,分别是 <(＜)、>(＞)、&(&)、'(')、"(")。

5. 注释

注释用于对语句进行某些提示或说明。解析器分析文档时,将完全忽略注释中的内容。

XML 文档的注释起始和终止界定符分别为"＜!--"和"--＞"。注释有如下规则。

(1) 注释不能出现在 XML 声明之前。

XML 声明必须是文档的首行。例如,下面的文档是非法的:

```
<!--This is my first XML document-->
<?xml version="1.0" standalone="yes"?>
<bookName>
    Android Programming Guide
</bookName>
```

(2) 注释不能出现在标签中。

例如,下面的注释是非法的:

```
<bookName <!-- This is my first XML document -->>
```

(3) 注释中不能出现连续两个连字符,即--。

例如,下面的注释是非法的:

```
<!-- This is -- my first XML document -->
```

(4) 注释中可以包含元素,但是元素中不能包含连续的两个连字符。

这时此元素也成为注释的一部分,在解析时将被忽略。例如,下面的注释是合法的:

```
<!-- This is my first XML document
<bookName> Android Programming Guide </bookName>
End!-->
```

(5) 注释中的关键字符，如小于号(<)、大于号(>)、单引号(')、双引号(")、与字符(&)，都需要使用预定义实体引用进行代替。

例如，某一注释的内容为 This's a "my" document，则该注释的正确写法如下：

```
<!--This&apos;s a &quot;my&quot; document -->
```

1.4.5　XML 命名空间

使用 XML 可以创建不同的标签集合，可以将使用不同标签集合创建的文档组合使用。但是，在这些不同的标签集合下，可能定义了一些意义不同而名称相同的标签。这时将两种文档混合，这些同名的标签将导致混乱。命名空间可以解决这个问题。

命名空间通过在元素名前增加一个独特的标示符来标示元素的活动领域，这个标示符必须是独一无二的。XML 使用因特网上的网址来做这个标示符，因为因特网上的网址肯定是独一无二的。但网址中含有 XML 标识符中禁止使用的字符，如每个网址都要使用的"/"；另外网址一般都很长，在文档中的许多元素名前都增加一个很长的前缀，输入和阅读都不方便。所以，XML 采取了使用前置字串(prefix)的方法，即把用来作标示符的网址定义为一个前置字串，在文档中使用这个前置字串代替网址，对元素名进行标示。

XML 文档中定义命名空间的语法如下：

```
<element_name  xmlns:prefix="URI">
```

需要说明的是，作为标示符的网址在命名空间中只是起一个标示作用，而并不是真的要使用该网址下的文档或者规则。所以网址的精确性并不重要，它甚至可以根本就不存在。

命名空间具有作用范围。这个范围是指 XML 文档树状结构中的层次关系。父元素定义的命名空间可以用在子元素上，即父元素定义的命名空间的作用范围包含了子元素。但子元素中定义的命名空间不可以包含父元素。所以，命名空间一般在根元素中定义。如果一定要在文档中间定义命名空间，则一定要确保所有属于该命名空间的元素都包含在定义时所确定的作用范围之内。

例如，以下 XML 文档描述某个表格中的信息：

```
<table>
    <tr>
        <td>Coffee</td>
        <td>Tea</td>
    </tr>
</table>
```

另一个 XML 文档描述有关桌子的信息：

```
<table>
    <name>Coffee Table</name>
    <width>80</width>
    <length>120</length>
</table>
```

如果这两个XML文档被一起使用,由于两个文档都包含带有不同内容和定义的<table>元素,就会发生命名冲突。使用命名空间可以避免冲突。

使用了命名空间的XML文档如下:

```
<newDocument  xmlns:h="http://hebusta.edu.cn/table"
    xmlns:f="http://hebustb.edu.cn/furniture" >
    <h:table>
        <tr>
            <td>Coffee</td>
            <td>Tea</td>
        </tr>
    </h:table>
    <f:table>
        <name>Coffee Table</name>
        <width>80</width>
        <length>120</length>
    </f:table>
</newDocument>
```

可以像上例一样,将XML命名空间属性放置于某个元素的开始标签之中。当一个命名空间被定义在某个元素的开始标签中时,所有带有相同前缀的子元素都会与同一个命名空间相关联。

1.5 编写规范的Android代码

初学编程,一定要养成按照编码规范来编写程序的习惯。一个不按照编码规范编写的程序虽然能够正确运行,但它不易于阅读和维护,不是一个好程序。

编码规范包括很多内容,如文档的规范、代码的编写规则、命名规则、代码注释等。本节主要介绍常用的代码编写规则、命名规范和注释规范。

1. 代码编写规则

必须按照缩进的格式书写代码,缩进可以使用Tab键或者4个空格。在Android Studio中默认4个空格为一个Tab缩进单位。

要尽量避免一行的代码太长。当代码在一行中放不下时,应手动换行。要按照级别来进行换行,并且同级别对齐。

另外，段落之间可以使用空行间隔。

2. 命名规范

规范的命名使程序更易读，同时它们也可以提供一些有关标识符功能的信息，以助于理解代码。不论是一个常量、包还是类，通常使用完整的英文描述来命名，同时避免超长的命名和相似的命名。例如，ActivityObject 和 ActivityObjects，最好不要一起使用。命名时要慎用缩写，如果用到缩写，要按照通用缩写规则使用缩写，例如，No 代表 number，ID 代表 identification。

1）包的命名规则

在 Android 系统上安装的所有包（Package）中，每个包名必须是唯一的。包名的前缀总是全部小写的 ASCII 字母。一般项目的包名以机构域名倒写开头，如 com.google。后面是程序所在项目的英文名称，通常不含版本号，除非有特别需要，要与以前版本区分，如两个版本可能同时运行。再后面为子系统的名称，每个子系统内按照类别区分，如 com.google.widget.TimePicker。

2）类和接口的命名规则

对于所有的类（class）来说，类名的首字母应该大写。通常类名是一个名词，如果类名由若干单词组成，那么每个单词的首字母应该大写，如 MyFirstActivityClass。尽量使类名简洁而富于描述性，使用完整单词，避免缩写。接口（Interface）的大小写规则与类名相似，一般以 I（大写 i）开头，常以 able、ible 结尾。

3）方法的命名规则

通常方法（Method）名是一个动词，以小写字母开头。如果方法名含有若干单词，则后面的每个单词首字母都大写。例如 run()、runFast()、getBackground()。

4）变量和参数

变量（Variable）和参数（Parameter）用大小写混合的方式，第一个单词的首字母小写，其后单词的首字母大写。尽管语法上允许，变量名和参数名通常不以下画线或美元符号开头。变量名应简短且富于描述性，这样易于记忆和阅读。尽量避免单个字符的变量名，除非是一次性的临时变量。

5）集合变量

集合（Collection）变量，如数组、向量等，在命名的时候应该从名字上体现出该变量为复数，还可以使用 some 词头，如 someMessages。

6）常量

常量（Constant）名通常全部大写，单词间用下画线隔开，如 MIN_WIDTH。

3. 注释规范

注释就是在程序中给出一些解释，或提示某段代码的作用。注释是不被编译的，所以不用担心执行效率的问题。在 Java 中注释分为行注释、块注释和文档注释。

（1）行注释就是一整行的注释信息，单行注释也是最常用的，行注释的符号是//，在注释符号后面的一整行都作为注释信息。

(2) 块注释以/ * 开始,以 * /结束,在这个区域内的文字都将作为注释信息。

(3) 文档注释通常是用来描述类/接口或方法的,一般写在类/接口定义或方法定义的前面。文档注释可以帮助程序员了解此类或方法具有哪些功能,需要什么样的参数等相关信息。文档注释以/**开头,以 * /结尾。

类和接口的文档注释通常包含有关整个类或接口的信息,包括用途、如何使用、开发维护的日志等。如果必要的话,除了要注明该类或接口应该如何使用,还需要注明不应该如何使用。

方法注释的内容通常包括该方法的用途、该方法如何工作、方法调用代码示范、必须传入什么样的参数(@param)给这个方法、异常处理(@throws)、返回值(@return)等。

1.6 本章小结

本章介绍了 Android 软件开发必要的预备知识,包括智能移动设备的概念、常见的操作系统、Android 系统的体系结构及其优点,以及 Java 语言基础和 XML 的相关知识等。掌握本章的知识可以为以后的学习打下基础。

习　　题

1. Android 操作系统与其他常见的智能移动设备操作系统相比有哪些优点?
2. Android 的 Dalvik 虚拟机有哪些优点?
3. 简述 Java 标识符的定义规则,指出下面的标识符中哪些是不正确的,并说明理由。

```
Here,_there,this,it,2to1,_it,a_123,boolean,$abc,name,myAge
```

4. 编写一个 Java 应用程序,以字符串的格式输出当前的日期和时间。
5. 编写一个 Java 应用程序,实现以下功能:若原工资大于或等于 3000 元,则增加工资 10%;若小于 3000 元、大于或等于 2000 元,则增加工资 15%;若小于 2000 元,则增加工资 20%。请根据用户输入的工资,计算出增加后的工资并显示输出。
6. 阅读代码段 1-6 所示的程序,写出其输出结果。

代码段 1-6　习题 6

```
class Aclass {
    void go() {
        System.out.println("Aclass");
    }
}
public class Bclass extends Aclass {
    void go() {
        System.out.println("Bclass");
    }
    public static void main(String args[]) {
```

```
        Aclass a=new Aclass();
        Aclass b=new Bclass();
        a.go();
        b.go();
    }
}
```

7. 什么是对象？什么是类？二者有何关系？
8. 什么是继承？继承的特性可给面向对象编程带来哪些好处？
9. 了解 XML 技术，简述 XML 文档的组成及其作用。
10. 编写一个 XML 文档，描述计算机系课程的设置及相关信息。

第2章 创建第一个Android应用程序

本章首先介绍在Windows系统中搭建Android应用程序开发环境的主要步骤。其次，使读者通过学习创建第一个Android应用程序，进一步熟悉Android集成开发环境，了解典型的Android应用程序的架构与组成。本章还介绍开发Android应用软件的一般流程，以及Android应用程序的调试方法和调试工具。

2.1 搭建Android应用软件开发环境

开发Android应用软件，可以在Windows、Mac、Linux等平台上完成。本书以Windows平台的Android Studio为例，介绍Android应用软件开发环境的搭建过程。在其他系统平台上搭建开发环境的方法与此类似，可参阅相关文献。

2.1.1 Android Studio简介

Android Studio是谷歌公司于2013年为Android开发者推出的集成开发环境(Integrated Development Environment，IDE)，支持Windows、Mac、Linux等操作系统。Android Studio以IntelliJ IDEA为基础，整合了Gradle构建工具，为开发者提供了开发和调试工具，包括智能代码编辑、用户界面设计工具、性能分析工具等。

与其他Android编程环境相比，Android Studio具有无可比拟的优势。Android Studio的界面风格更受程序员欢迎，代码的修改会自动智能保存，自带了多设备的实时预览，具有内置命令行终端，具有更完善的插件系统(如Git、Markdown、Gradle等)和版本控制系统，在代码智能提示、运行响应速度等方面都更出色。Android Studio支持多种Android设备的App开发，是谷歌公司力荐的首选开发环境。

本节以2021年11月发布的Android Studio 2020.3.1.26为例介绍安装和使用方法，该版本的安装文件是android-studio-2020.3.1.26-windows.exe，Android SDK版本为API 32，可从官方网站(https://developer.android.google.cn/studio)下载。

下载并安装Android Studio

2.1.2 Android Studio的安装

安装Android Studio的过程中要特别注意，所有安装和配置过程涉及的路径都不能包含汉字，当前Windows用户名也不能含有中文字符。

步骤 1：下载并运行 Android Studio 安装程序，在欢迎界面单击 Next 按钮后打开如图 2-1 所示的对话框选择安装组件。选中 Android Virtual Device 复选框，单击 Next 按钮。

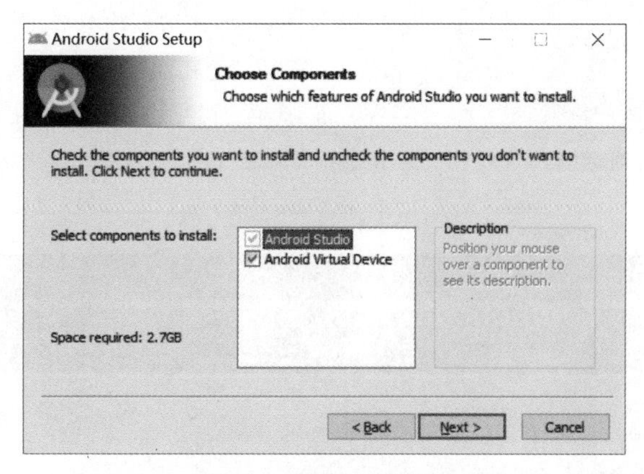

图 **2-1**　选择安装组件

步骤 2：设置 Android Studio 的安装路径，如图 2-2 所示。单击 Next 按钮，在下一个界面中设置快捷方式，再单击 Install 按钮开始执行安装。安装完成后单击 Next 按钮。

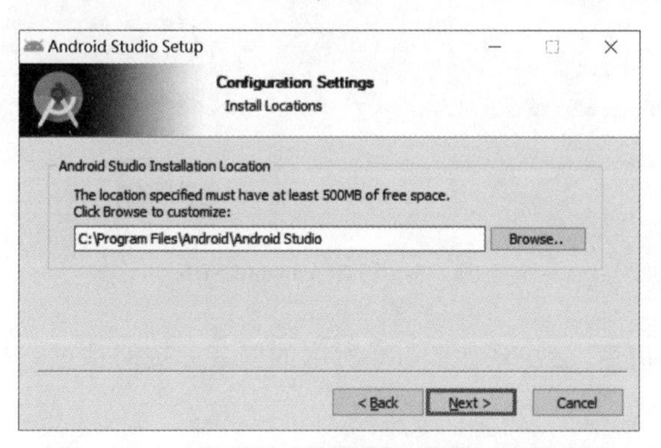

图 **2-2**　设置安装路径

步骤 3：弹出如图 2-3 所示的安装完成对话框，单击 Finish 按钮启动 Android Studio。

图 **2-3**　安装完成对话框

步骤 4：因为这个版本的安装文件不包含 SDK，所以会弹出如图 2-4 所示的警告对话框，单击 Cancel 按钮。

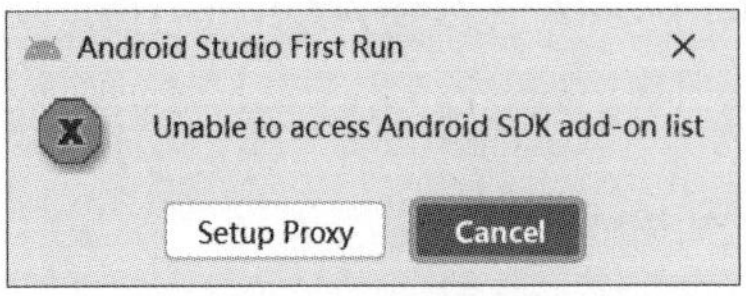

Android Studio First Run
Unable to access Android SDK add-on list
Setup Proxy　Cancel

图 2-4　警告对话框

步骤 5：弹出如图 2-5 所示的对话框，选中 Android SDK-(395MB)复选框，单击 Next 按钮，在下个界面中确认安装设置，单击 Finish 按钮，系统开始下载并安装 Android SDK。

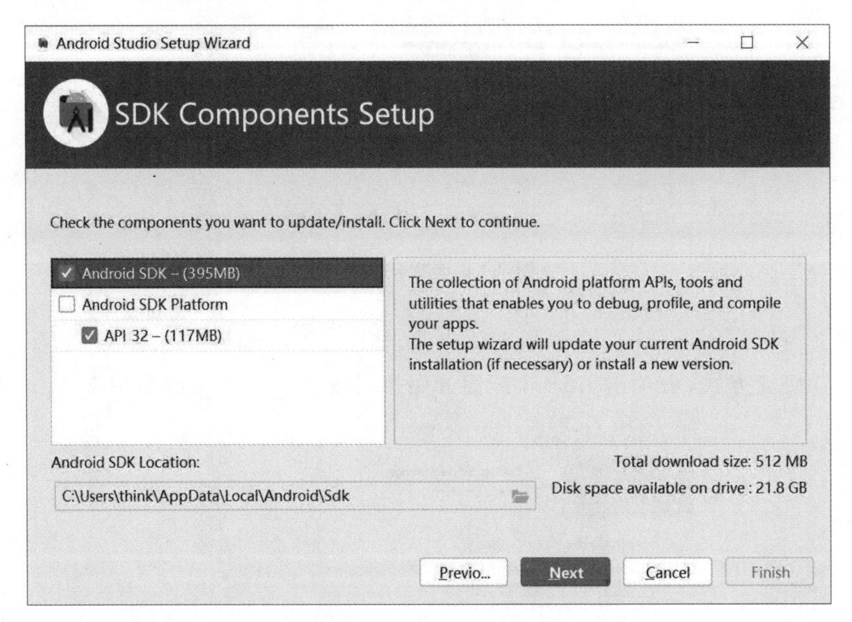

图 2-5　安装 Android SDK

步骤 6：下载完成后，会出现如图 2-6 所示的安装完成对话框，单击 Finish 按钮。

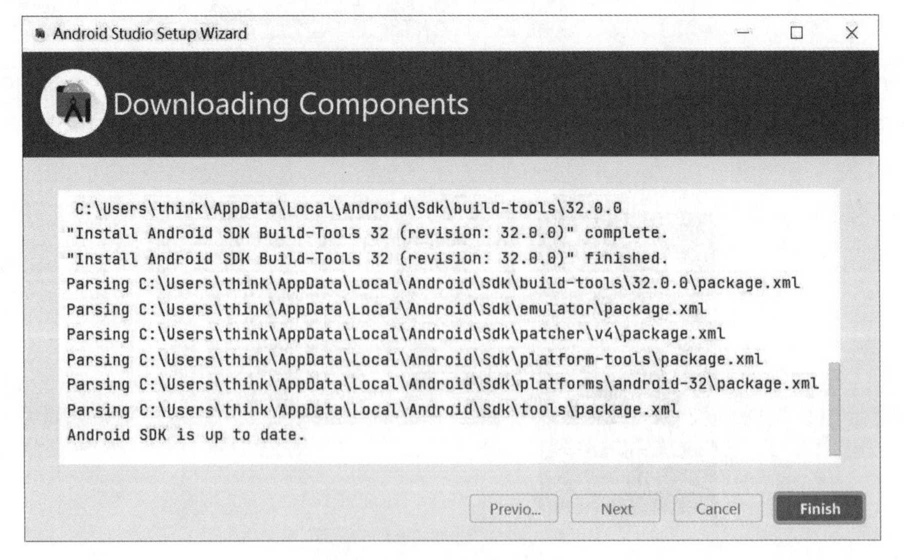

图 2-6　安装完成对话框

步骤 7：安装完成后，会出现如图 2-7 所示的欢迎窗口。

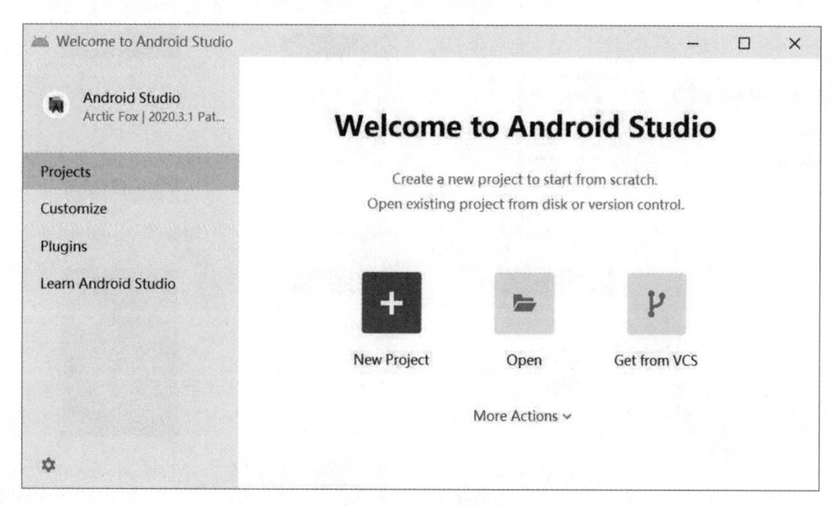

图 2-7　欢迎窗口

欢迎窗口中有 3 个选项，它们的功能分别如下。

(1) New Project：新建一个 Android Studio 项目。

(2) Open：打开一个已存在的 Android Studio 项目。

(3) Get from VCS：从版本服务器中获取项目。

2.2　创建 Android 应用程序的一般流程

在 Android Studio 开发环境搭建起来之后，就可以创建并运行 Android 应用程序了。Android SDK 工具使用一套默认的项目目录和文件，能够很容易地创建一个新的 Android 工程项目。

2.2.1　创建 Android Studio 工程项目

创建 Android Studio 工程项目

【例 2-1】　创建一个新的 Android Studio 工程项目，项目名称为 MyFirstApplication，该程序的运行结果是在屏幕上显示“HelloWorld!”字符串。

步骤 1：启动 Android Studio。

步骤 2：在如图 2-7 所示的欢迎窗口中选择 New Project，新建一个 Android Studio 工程项目。也可以在 Android Studio 窗口中依次选择菜单命令 File→New→New Project，新建一个 Android Studio 工程项目。

步骤 3：弹出如图 2-8 所示的 New Project 对话框，指定 Activity 所采用的模板。这个选项用于设置是否让 Android Studio 自动创建一个默认的继承自 AppCompatActivity 的类，该类是一个启动和控制 App 程序的类，主要用来创建窗口 Activity。对于初学者，通常选择 Empty Activity 模板。

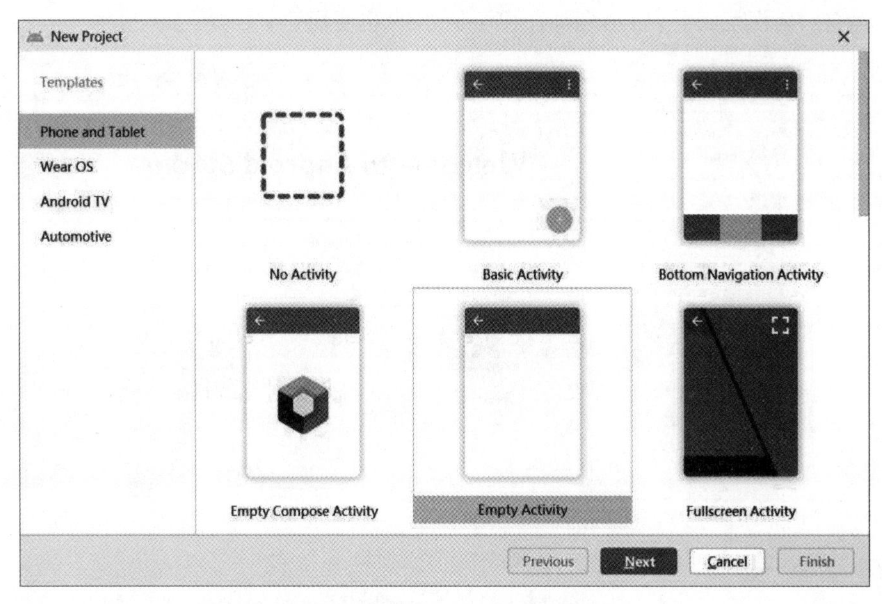

图 2-8 指定 Activity 采用的模板

步骤 4：单击 Next 按钮，弹出如图 2-9 所示的对话框，指定应用程序名、包名、工程文件存储位置、编程语言等。

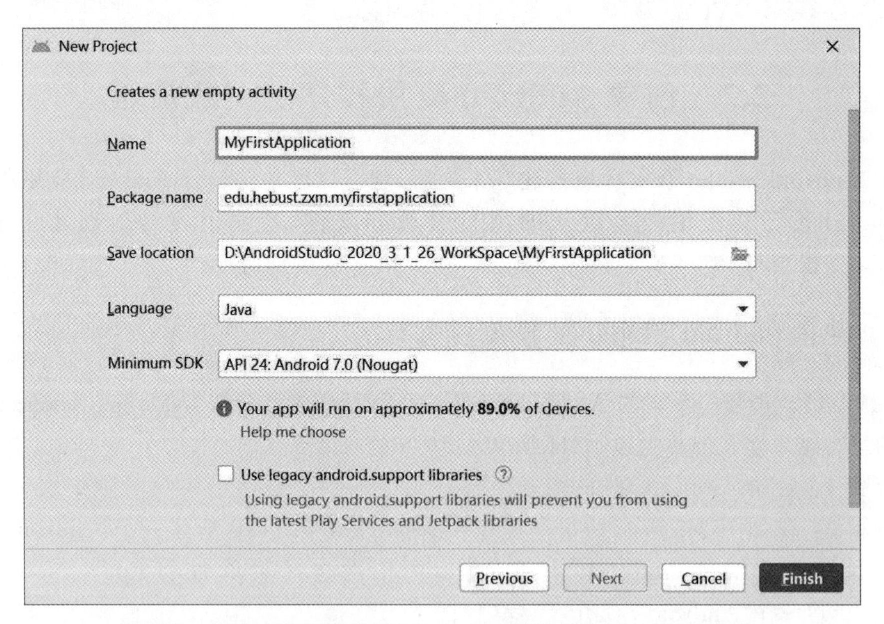

图 2-9 指定应用程序名、包名、工程文件存储位置、编程语言等

Name 是显示给用户的应用程序名，一般与工程项目名相同，本例设置为 MyFirstApplication。当安装该应用程序到模拟器或手机上后，在模拟器或手机中的应用程序列表中就会看到这个名称。当应用程序在模拟器上运行时，该名称将显示在应用程

序的标题栏。

Package name 是应用程序的包名。Android 工程项目使用与 Java 语言相同的包规则。在 Android 系统上安装的所有包中，每个包名都必须是唯一的。谷歌公司推荐的避免包名冲突的方法是把开发组织的域名倒过来写，后面再加上应用程序名。在本例中，使用 edu.hebust.zxm.myfirstapplication 作为包名。

Save location 用于指定工程项目文件的存储位置。

Language 用于指定开发语言，本书中的示例程序全部采用 Java 语言。

Minimum SDK 用于指定应用程序兼容的 SDK 最低版本。为了支持尽可能多的设备，应把这个版本号设置成应用程序提供的核心功能所能使用的最低版本。如果应用程序有一些功能只在较新的 Android 版本才可用，并且它们不是应用程序的核心功能，那么可以在运行时，在支持这些功能的版本上启用这些功能。本例选择 API 24，则这个应用程序能运行在 Android 7.0 及其以上版本的 Android 设备上。

步骤 5：单击 Finish 按钮完成工程项目的创建。如果是第一次创建应用程序，系统需要导入 Gradle 项目，下载相关文件，所需时间可能较长，需要耐心等待下载完成。

这样，就成功建立了一个带有一些默认文件的 Android 项目，并且已经可以编译和运行该应用程序了。创建完成后，可以在 Android Studio 窗口左侧的面板中看到 Android 工程项目的文件结构，如图 2-10 所示。Android 工程项目文件夹包含了组成 Android 应用程序源代码的所有文件。通常，一个标准的 Android 应用程序的工程项目包含应用配置清单文件（AndroidManifest.xml）、java 文件夹、资源（res）文件夹、Gradle 脚本文件等。

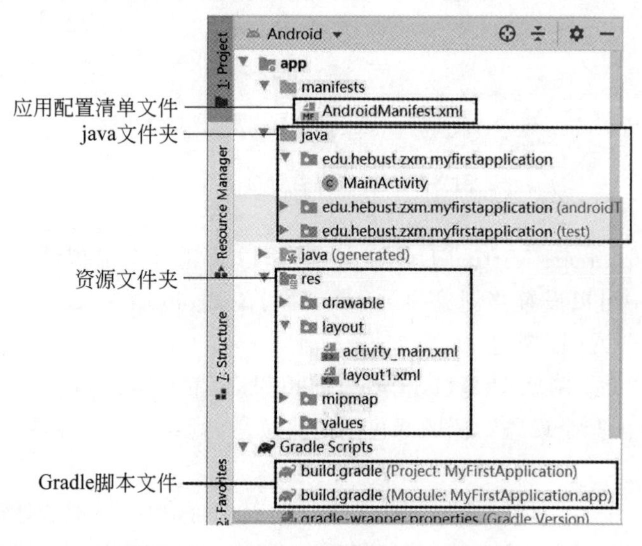

图 2-10　Android 工程项目的文件结构

AndroidManifest.xml 是全局应用配置清单文件，它定义了应用程序的能力、权限和运行方式。java 文件夹是所有 Java 源代码所在的文件夹。如果在创建项目时指定了包路径和 Activity 文件名，那么在此文件夹中就会有默认的 MainActivity 类文件。res 文件夹是所有应用程序资源所在的文件夹,如动画、图像、布局等。Gradle 脚本文件用于配置 Android 应用程序的 SDK 版本、appcompat 的依赖等信息。

创建和启动 Android 虚拟设备

2.2.2 创建和启动 Android 虚拟设备

Android 虚拟设备(Android Virtual Device,AVD)也称模拟器,可以帮助程序开发人员在计算机上模拟真实的移动设备环境来测试所开发的 Android 应用软件。在 Android 软件开发过程中,需要创建至少一个 AVD,每个 AVD 都模拟了一套设备来运行 Android 系统。在 Android Studio 中完成应用程序的设计后,可以先在虚拟设备上仿真运行,而不必将其真正放到移动设备上运行。

在 Android Studio 环境中创建 AVD 的方法如下。

在 Android Studio 窗口中依次选择菜单命令 Tools→AVD Manager,或单击工具栏中的 AVD Manager 按钮,可以打开如图 2-11 所示的虚拟设备管理器窗口,其中显示了已经创建的虚拟设备列表。

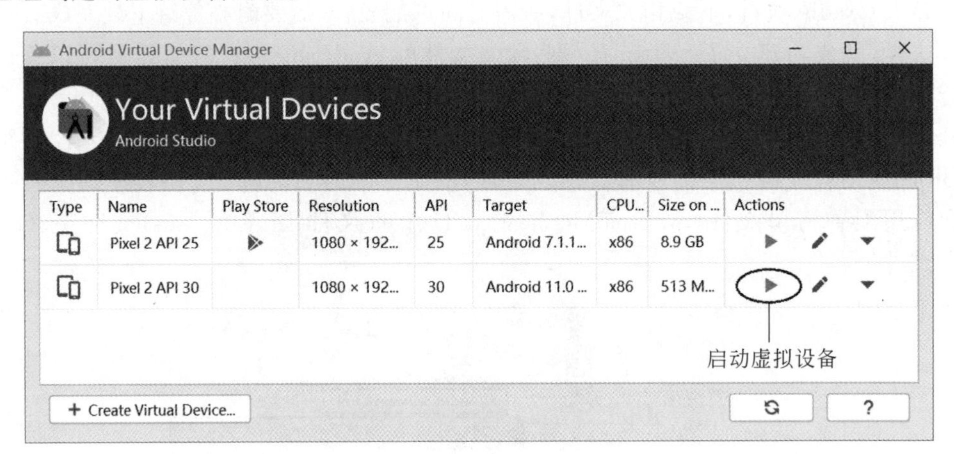

图 2-11 虚拟设备管理器窗口

单击左下角的 Create Virtual Device 按钮,可以新建一个虚拟设备,如图 2-12 所示。在之后的对话框中可以设置要创建的 AVD 名称、Android 版本、SD 卡的大小等,最后单击 Finish 按钮完成 AVD 创建。

创建完成之后,会在如图 2-11 所示的虚拟设备管理器窗口中列出这个新创建的 AVD 模拟器。单击某个设备右侧的绿色小箭头按钮,就会启动该设备。启动之后的模拟器如图 2-13 所示。

在 Android Studio 环境下运行 Android 应用程序时,如果模拟器处于关闭状态,系统会自动启动默认的模拟器,并在其中运行程序。模拟器的启动是比较耗时的,所以在启动之后最好不要关闭,每次运行应用程序时都使用这个已经启动的模拟器,这样比较节省时间。

在 Android Studio 中,可以方便地获取模拟器屏幕的截图。单击如图 2-13 所示的模拟器右侧的 Take screenshot 按钮就可以获取模拟器的截屏图片,图片以默认的名字

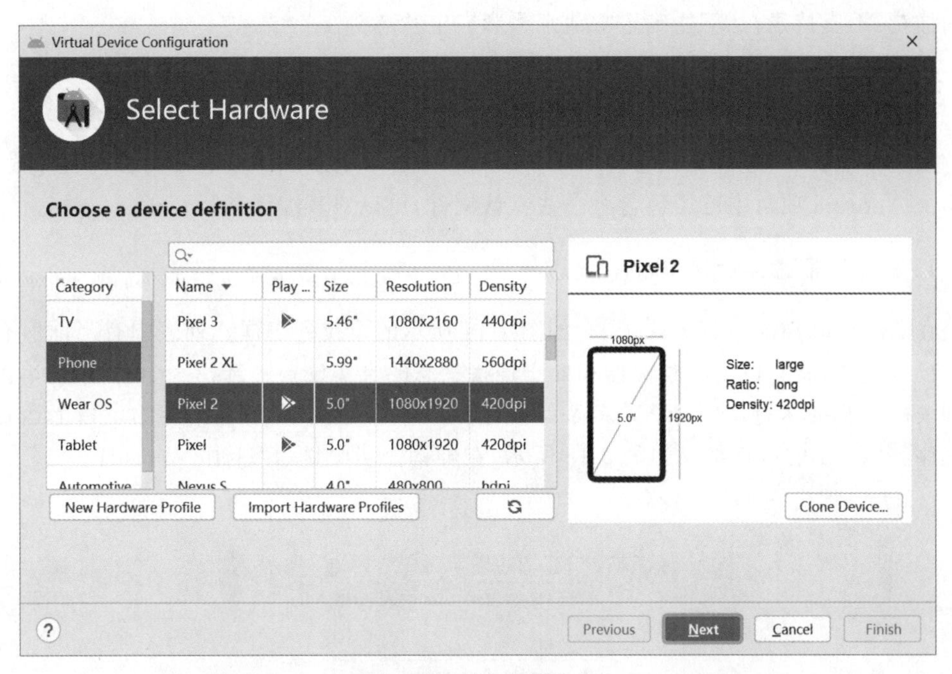

图 2-12　新建虚拟设备

图 2-13　启动之后的模拟器

自动存储到 Windows 桌面。

需要注意的是，模拟器毕竟不是真实的手机，有一些真实手机的功能在模拟器上是不能实现的，例如，模拟器不支持实际呼叫和接听电话、不支持 USB 连接、不支持照片和视频的捕获、不支持录音、不能确定电池水平和充电状态等。

2.2.3 编译和运行 Android 应用程序

虽然在 2.2.1 节创建应用程序 MyFirstApplication 的步骤中没有编写任何程序代码，但这个 Android 项目中已经包含了一些默认文件，可以对其编译和运行了。

1. 在模拟器上运行 Android 应用程序

在 Android Studio 工具栏中，有如图 2-14 所示的下拉列表框。列表中有当前所有可用的设备，包括所有可用的模拟器和处于连接状态的真实设备。选择一个设备后，单击下拉列表框右侧的运行按钮，或选择菜单命令 run→run 'app'，即可在指定的设备上运行应用程序。例 2-1 的运行结果如图 2-15 所示，在屏幕上居中显示“Hello World!”。

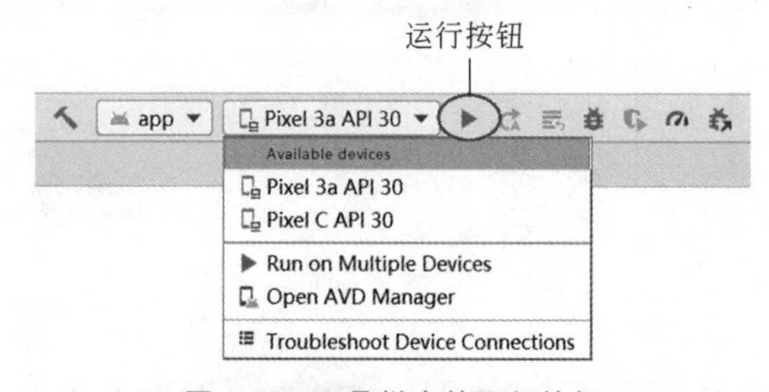

图 2-14 工具栏中的运行按钮

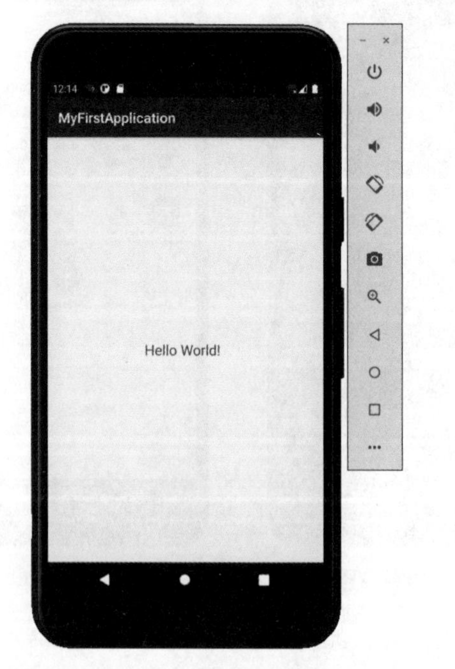

图 2-15 例 2-1 程序在模拟器上的运行结果

2. 在真实设备上运行 Android 应用程序

以手机为例，在真实设备上运行 Android 应用程序首先要安装设备的 USB 驱动。驱动安装好后，在计算机上插入手机，计算机就会显示设备已识别。不同的 Android 手机有不同的驱动和安装方式，有些直接用 Android AVD Manager 安装，有些需要去手机公司的网站下载驱动，具体操作方法可参阅手机附带的手册，在此不再赘述。

设备和计算机正确连接后，设置 Android 手机为 USB 调试模式。具体步骤：打开手机菜单，进入"系统设置"→"开发者选项"，打开开发者选项开关和 USB 调试开关。

正确连接了真实设备后，在如图 2-14 所示的下拉列表框中选择该设备，程序就会发送到真实设备上运行，效果与在模拟器中的一样。在真实设备上运行的速度一般比用模拟器要快。

无论采用哪种方式运行程序，编译器都会将所有编译生成完成的资源文件打包到 APK 文件，包括 assets 文件夹、res 文件夹、资源项索引文件(resources.arsc)、应用配置清单文件(AndroidManifest.xml)、应用程序代码文件(classes.dex)、用来描述应用程序签名信息的文件等。这个 APK 文件可以直接在模拟器或者真实设备上安装运行。

2.3　Android Studio 工程项目的文件构成

Android Studio 工程项目文件夹包含了组成 Android 应用程序源代码的所有文件，图 2-16 所示为 Project 视图模式下的文件结构。

2.3.1　java 文件夹

java 文件夹是所有 Java 源代码文件所在的文件夹。对于图 2-16 所示的工程，在创建时已经指定了包路径和 Activity 文件名，所以在此文件夹中有一个自动生成的 MainActivity 类文件。在设计程序的过程中，可以根据应用程序的功能需求，在这里创建新的包和类文件。

通常一个 Android 应用程序的程序逻辑以及功能代码都是写在该文件夹中的 Java 文件里，不同功能的类可以通过 Java 包的机制来进行区分。文件夹的内部结构根据用户所声明的包自动组织，包名就是在新建工程时指定的 Package name 项，包的作用就像文件夹一样，便于分门别类地管理程序。

如果在创建工程时选择了某个 Activity 模板，并为其指定了名称，则在该文件夹下会自动生成继承自 AppCompatActivity 的启动与控制程序的类，系统会将其定义为 Android 应用程序入口的源文件。

Activity 用于提供程序界面与用户交互。一般在程序启动后会首先呈现一个主 Activity，用于提示用户程序已经正常启动并显示一个初始的用户界面。图 2-16 中的 MainActivity 就是该应用程序的主 Activity。双击该文件名，在窗口的右部窗格中就会打开这个 MainActivity.java 文件的源代码，如图 2-17 所示。其中，调用了 setContentView()方法来绑定指定的布局文件并在设备屏幕中显示。

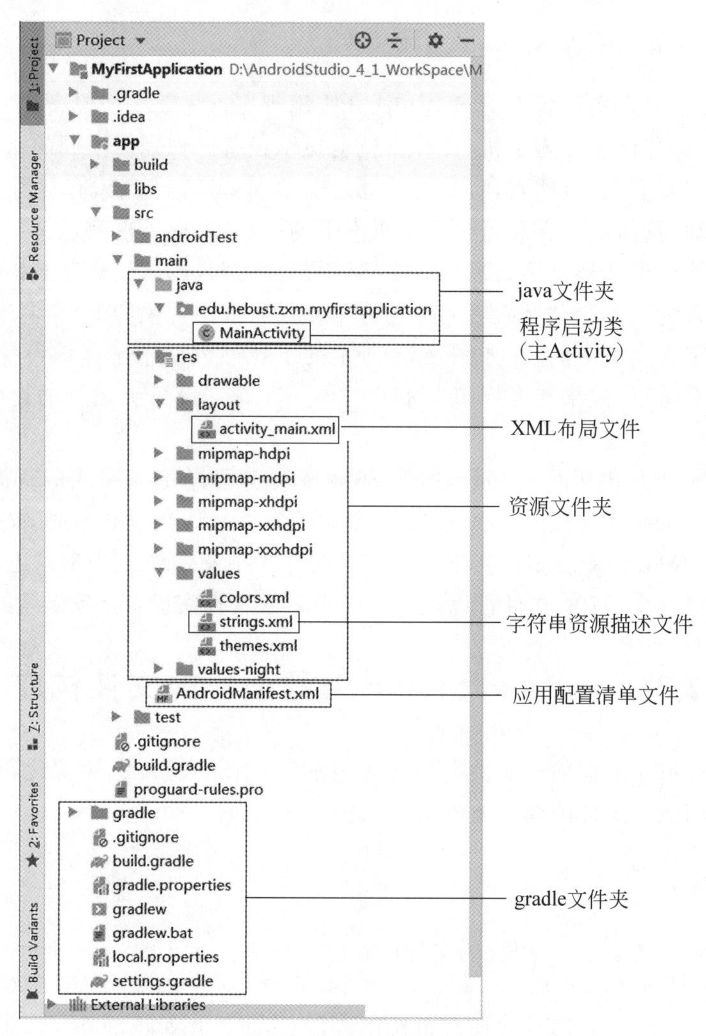

图 2-16　Project 视图模式下的文件夹结构

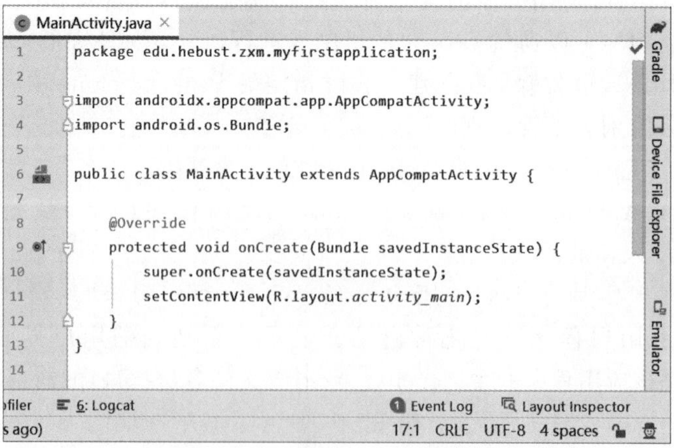

MainActivity.java

```
1   package edu.hebust.zxm.myfirstapplication;
2
3   import androidx.appcompat.app.AppCompatActivity;
4   import android.os.Bundle;
5
6   public class MainActivity extends AppCompatActivity {
7
8       @Override
9       protected void onCreate(Bundle savedInstanceState) {
10          super.onCreate(savedInstanceState);
11          setContentView(R.layout.activity_main);
12      }
13  }
14
```

ofiler　6: Logcat　Event Log　Layout Inspector

s ago)　17:1　CRLF　UTF-8　4 spaces

Gradle　Device File Explorer　Emulator

图 2-17　MainActivity.java 文件的源代码

2.3.2　res 文件夹

res 文件夹是所有应用程序资源所在的文件夹。应用程序资源包括动画、图像、布局文件、XML 文件、数据资源(如字符串、数组等)和原始文件等。该文件夹按照资源的种类默认分为多个子文件夹,包括 drawable、mipmap、layout 和 values 等。通常,drawable 和 mipmap 文件夹中主要存放的是一些图片格式文件,支持 PNG、JPG 等格式的位图文件;layout 文件夹中主要存放的是界面布局的 XML 文件;values 文件夹中包含了所有的 XML 格式的参数描述文件,如 strings.xml(字符串资源描述文件)、colors.xml(颜色资源描述文件)、styles.xml(样式资源描述文件)、arrays.xml(数组资源描述文件)等。

Android 应用程序的用户界面有两种生成方式:一种方式是采用 XML 布局文件来指定用户界面;另一种方式是直接在 Activity 的 Java 代码中实例化布局及其组件来设定用户界面。

如果采用第一种方式,在 XML 文件中设置了某种布局,需要在 Activity 中调用 setContentView()方法来显示这个布局。如图 2-17 所示的代码中,MainActivity 中的语句 setContentView(R.layout.activity_main)用来显示 activity_main.xml 文件中的布局。此时一般不需要编写很多的 Java 代码。这种方式的优点是直观、简洁,并实现了 UI 界面和 Java 逻辑代码的分离。

代码段 2-1 定义了一个布局文件,它对应工程 res/layout/activity_main.xml 文件。该示例采用约束布局方式,使用 TextView 显示了文字信息"Hello World!",文字在屏幕上居中显示。

代码段 2-1　activity_main.xml 布局文件示例

```
<?xml version="1.0" encoding="utf-8"?>
<androidx.constraintlayout.widget.ConstraintLayout xmlns:android="http://
schemas.android.com/apk/res/android"
    xmlns:app="http://schemas.android.com/apk/res-auto"
    xmlns:tools="http://schemas.android.com/tools"
    android:layout_width="match_parent"
    android:layout_height="match_parent"
    tools:context=".MainActivity">
    <TextView
        android:layout_width="wrap_content"
        android:layout_height="wrap_content"
        android:text="Hello World!"
        app:layout_constraintBottom_toBottomOf="parent"
        app:layout_constraintLeft_toLeftOf="parent"
        app:layout_constraintRight_toRightOf="parent"
        app:layout_constraintTop_toTopOf="parent" />
</androidx.constraintlayout.widget.ConstraintLayout>
```

不仅可以使用系统默认的布局文件 activity_main.xml,也可以自己建立新的布局文件。右击 res/layout 文件夹,在弹出的快捷菜单中选择 New→XML→Layout XML File 命令,会弹出如图 2-18 所示的"新建布局文件"对话框,在其中指定新的布局文件名称和采用的根布局(如线性布局 LinearLayout)。显而易见,在一个工程中,可以为不同的 Activity 指定不同的 XML 布局文件。

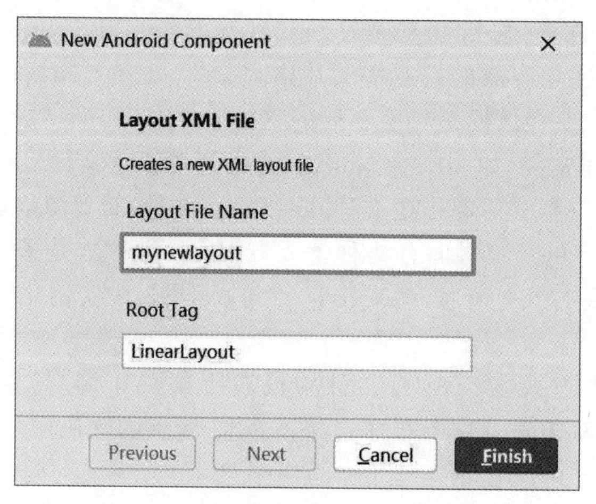

图 2-18 "新建布局文件"对话框

在 XML 布局文件中并没有具体的处理逻辑(如按下按钮后的动作),也没有需要生成的事件或动作,它的作用仅仅是将 UI 控件显示到窗口中。

2.3.3 应用配置清单文件

Android 程序必须包含一个全局应用程序描述文件 AndroidManifest.xml,称其为应用配置清单文件。

AndroidManifest.xml 定义了应用程序的整体布局、提供的内容与动作,还描述了程序的信息,包括应用程序的包名、图标、所包含的组件,以及它们各自的实现类、应用程序自身应该具有的权限及其他应用程序访问该应用程序时应该具有的权限等。它是应用程序的重要组成文件,提供了 Android 系统所需要的关于该应用程序的必要信息,即在该应用程序的任何代码运行之前系统所必须拥有的信息。

表 2-1 对 AndroidManifest.xml 文件中的常用标签进行了说明。

表 2-1 AndroidManifest.xml 文件中的常用标签

XML 标签	说　明
<manifest>	AndroidManifest 文件的根节点,包含了包名、软件的版本号、版本名称等属性。其中的包名是该应用程序的一个唯一标识
<application>	声明每个应用程序的组件及其属性。它描述了该应用程序由哪些 Activity、Service、BroadcastReceiver 和 ContentProvider 组成,指定了实现每个组件的类以及公开发布它们的能力。这些声明使 Android 系统知道应用程序有什么组件以及在什么条件下它们可以被载入

续表

XML 标签	说　明
<activity>	声明 Activity 组件
<receiver>	声明 BroadcastReceiver 组件
<service>	声明 Service 组件
<provider>	声明 ContentProvider 组件
<permission>	声明其他应用程序在和该应用程序交互时需要拥有的权限
<uses-permission>	声明该应用程序必须拥有哪些权限，以便访问 API 的被保护部分，以及与其他应用程序交互
<instrumentation>	它列出了 instrumentation 类，可以在应用程序运行时提供文档和其他信息，用于探测和分析应用性能。这些声明仅当应用程序在开发和测试过程中被提供，它们将在应用程序正式发布之前被移除
<intent-filter>	intent 过滤标签，描述了组件启动的位置和时间，详见第 7 章

代码段 2-2 是例 2-1 创建的 MyFirstApplication 工程项目中的 AndroidManifest.xml 文件内容。

代码段 2-2　AndroidManifest.xml 文件示例

```
<?xml version="1.0" encoding="utf-8"?>
<manifest xmlns:android="http://schemas.android.com/apk/res/android"
    package="edu.hebust.zxm.myfirstapplication">
    <application
        android:allowBackup="true"
        android:icon="@mipmap/ic_launcher"
        android:label="@string/app_name"
        android:roundIcon="@mipmap/ic_launcher_round"
        android:supportsRtl="true"
        android:theme="@style/Theme.MyFirstApplication">
        <activity android:name=".MainActivity">
            <intent-filter>
                <action android:name="android.intent.action.MAIN" />
                <category android:name="android.intent.category.LAUNCHER" />
            </intent-filter>
        </activity>
    </application>
</manifest>
```

代码中的第 1 行声明了 XML 版本以及编码方式，第 2 行定义了根元素<manifest>并声明了命名空间 android，这样使得 Android 中的各种标准属性能在文件中使用。第 3 行声明了主程序所在的包名。

第 4 行开始定义<application>元素。<manifest>根元素仅能包含一个<application>

元素,<application>元素中声明 Android 程序中的组成部分,包括 Activity、Service、BroadcastReceiver 和 ContentProvider,<application>元素的属性将影响所有组成部分。其中,icon 属性指定了应用程序安装完后的桌面图标,label 属性指定了应用程序的标签文字,本例中分别通过@符号引用了 res/mipmap 文件夹下的 ic_launcher.png 图片和 res/values 文件夹下名称为 app_name 的字符串,这种引用方式也是 Android 编程中常用的一种方法。

在<application>元素中要声明程序运行过程中用到的 Activity 类,本例中声明了一个 Activity 类,即 MainActivity,其<intent-filter>子元素的属性指定该 Activity 是程序启动时第一个启动的窗口。

如果工程中有多个 Activity,则需要在<application>元素中添加声明,格式如下:

```
<activity android:name="包名.Activity 类名称" />
```

在应用程序的 AndroidManifest.xml 文件中还可以为应用程序申请相应的权限,如网络权限、短信权限、电话权限等。应用程序的所有权限全部封装在 android.Manifest 这个类中。

具体方法是在 AndroidManifest.xml 文件中添加用户权限元素。用户权限元素是<application></application>的兄弟元素,通常写在<application>前面。如某个应用程序需要添加发短信的权限时的声明如下:

```
<uses-permission android:name="android.permission.SEND_SMS" />
```

应用程序除了声明自身应该具有的权限外,还可以声明访问本程序的应用所应当具有的权限。例如,要求其他应用程序访问本应用程序应该具有 SEND_SMS 权限时,则添加如下权限的声明:

```
<permission android:name="android.permission.SEND_SMS" />
```

2.3.4 Gradle 脚本文件

Android Studio 安装完成后,新建项目时会下载相应版本的 Gradle,Windows 上会默认下载到 C:\Users\<用户名>\.gradle\wrapper\dists 文件夹,如图 2-19 所示。这个文件夹下会生成名称为 gradle-x.xx-all 的文件夹,如果下载太慢,可以到 Gradle 官网下载对应的版本,然后将下载的.zip 文件复制到上述的 gradle-x.xx-all 文件夹。

Gradle 是一个构建工具,主要面向 Java 应用。Gradle 脚本与传统的 XML 文件不同,它使用基于 Groovy 的内部领域特定语言(Domain Specified Language,DSL),而 Groovy 语言是一种基于 Java 虚拟机(Java Virtual Machine,JVM)的动态语言。

Android Studio 工程项目文件夹中存放的主要是 Gradle 脚本和相关文件。创建工程项目时,会默认创建 3 个 Gradle 脚本文件:一个 settings.gradle 文件,两个 build.gradle 文件。这两个 build.gradle 文件分别放在了根目录和 Module 文件夹下。

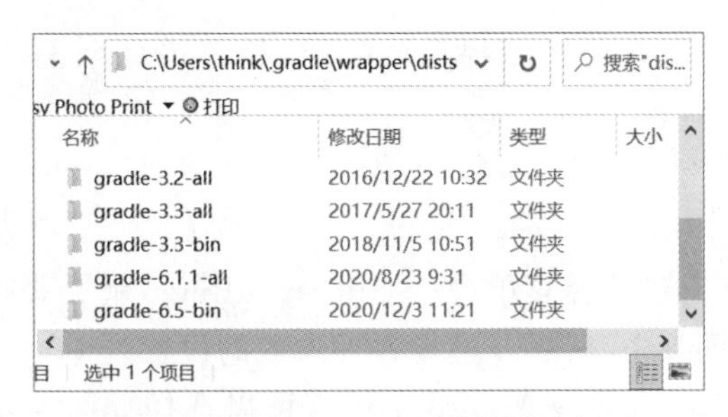

图 2-19　保存 Gradle 的默认路径

settings.gradle 文件将会在初始化时执行，定义了哪个模块将会被构建。settings.gradle 是针对多模块操作的，所以单独的模块工程实际上并不需要该文件。

根目录的 build.gradle 文件中描述了定义在这个工程下的所有模块的公共属性，它默认包含 buildscript 和 allprojects 两个方法。buildscript 方法定义了全局的相关属性，allprojects 方法可以用来定义各个模块的默认属性。

Module 文件夹下的 Gradle 脚本文件只对该模块起作用，Android 应用程序的 SDK 版本、必要的 appcompat 的依赖等信息都在 Gradle 的配置中完成。

2.4　Android Studio 的更新与设置

1. 更新 Android SDK

Android SDK 是不断更新的，而且用户默认安装的 SDK 也并不是 Android 提供的全部内容。在 Android Studio 窗口中依次选择菜单命令 Tools→SDK Manager，在打开的对话框中勾选相关的组件可以下载或更新 SDK 包，如图 2-20 所示。切换到 SDK Tools 选项卡，可以选择安装帮助文档。

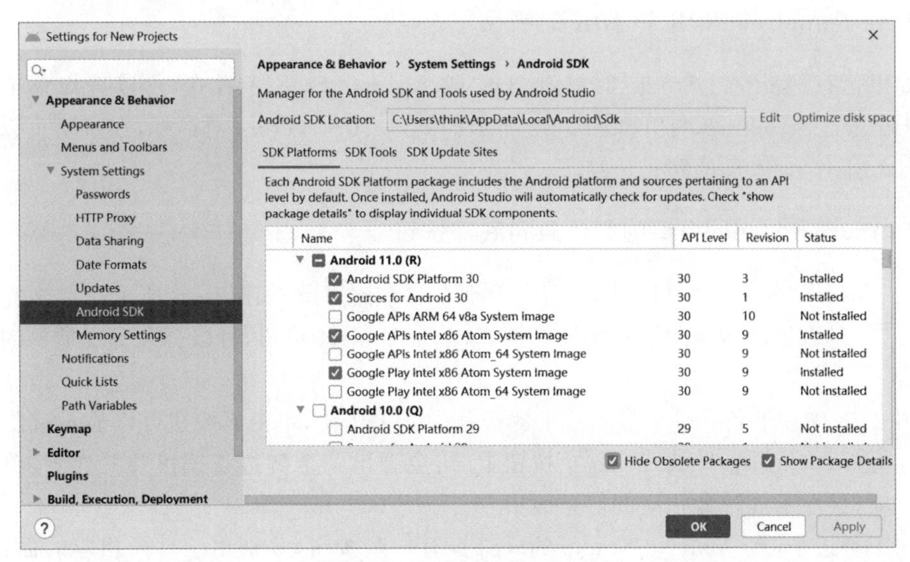

图 2-20　下载和更新 SDK 包

另外,可以根据系统弹出的更新提示,或者选择菜单命令 Help→Check for Update 来更新 Android Studio 版本。

2. 设置外观和字体

在 Android Studio 窗口选择菜单命令 File→Settings,就会弹出 Settings 对话框,在这个对话框中可以对 Android Studio 进行各种参数的设置。

在 Appearance & Behavior→Appearance 下可以选择界面外观的主题模式,如选择 Darcula 模式、经典的 IntelliJ Light 模式等,如图 2-21 所示。

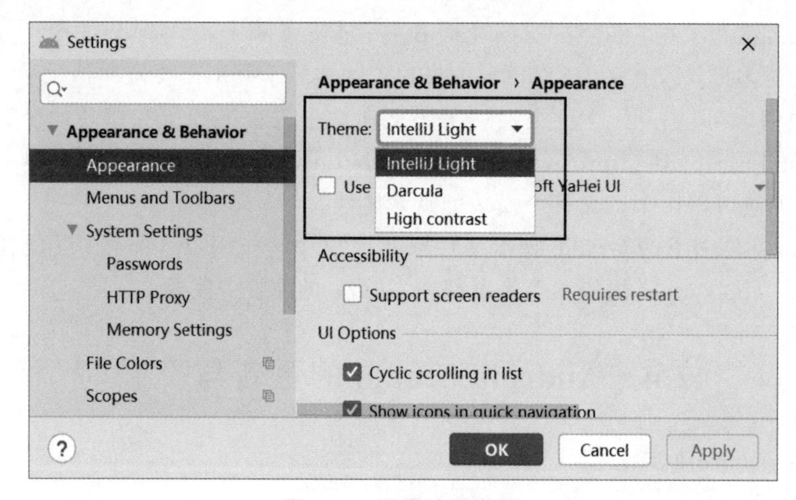

图 2-21 设置外观主题

如果需要更换 Android Studio 显示的字体字号、代码字体大小等,也可以在 Settings 对话框的相应标签下完成设置。

3. 设置 Android SDK 和 JDK 的路径

如果运行 Android Studio 时提示 JDK 或 Android SDK 不存在,可以选择菜单命令 File→Project Structure,打开如图 2-22 所示的 Project Structure 对话框,在这里可以设置 Android SDK 和 JDK 的路径信息。

4. Android Studio 窗口的侧边条和底部按钮

在 Android Studio 窗口左侧和右侧分别有一个侧边条,如图 2-23 所示。单击侧边条上的按钮,可以显示相应的信息面板。例如,单击 Project 按钮,可以打开工程项目的目录结构。

图 2-23 中左下角有一个显示这个侧边条的开关按钮,单击该按钮可以显示或隐藏侧边条。另外,将鼠标指针放置在这个按钮上时,会弹出一个侧边条按钮开关列表,单击其中的某项,会显示或隐藏相应的信息面板。

除了侧边条,在 Android Studio 的底部也有一些按钮,分别用于打开相应的面板,如

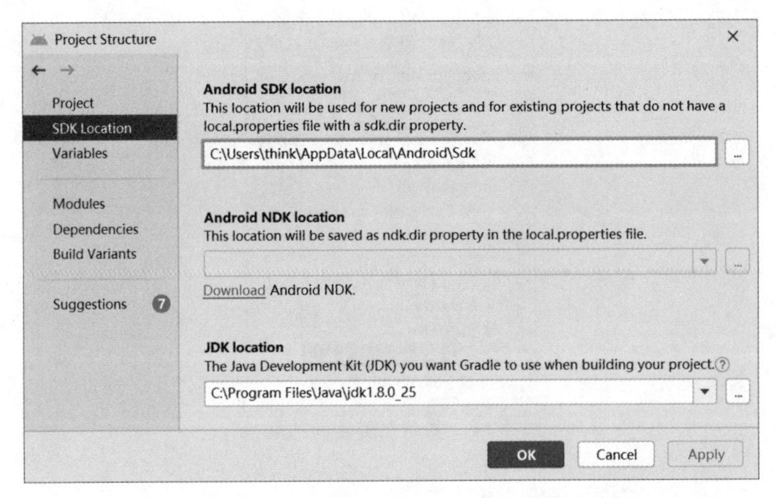

图 2-22　设置 Android SDK 和 JDK 的路径信息

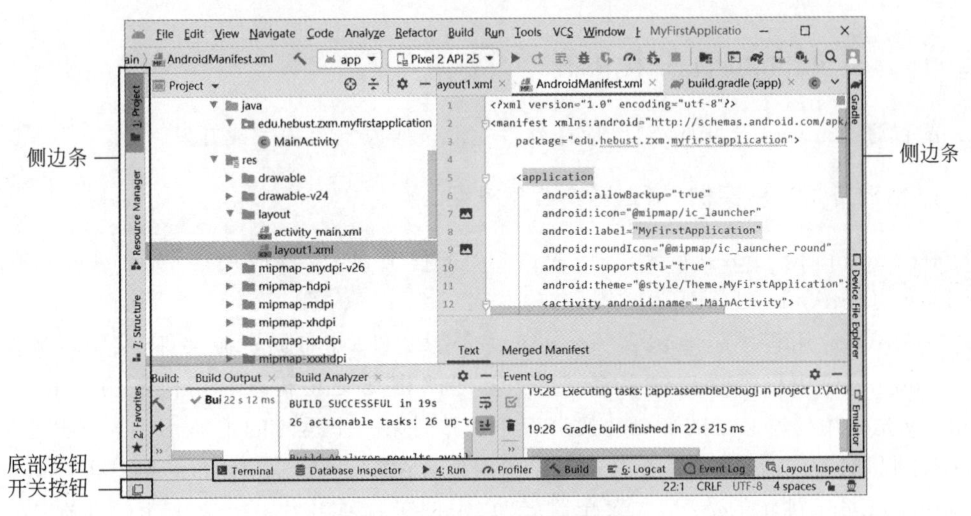

图 2-23　侧边条和底部按钮

图 2-23 所示。例如，在 Logcat 对应的面板中，可以查看 Logcat 输出；在 Terminal 对应的面板中，可以直接输入并运行命令行命令。

5. 切换工程项目结构的视图

Android Studio 提供工程项目结构的多种视图，包括当前工程的概览视图、包信息视图、Android 开发视图等。视图之间切换的方法是单击工程项目结构面板左上方的下拉列表按钮，从列表中选择相应的视图，如图 2-24 所示。在程序开发过程中最常用的是 Android 视图，这也是新建一个项目后默认打开的视图。

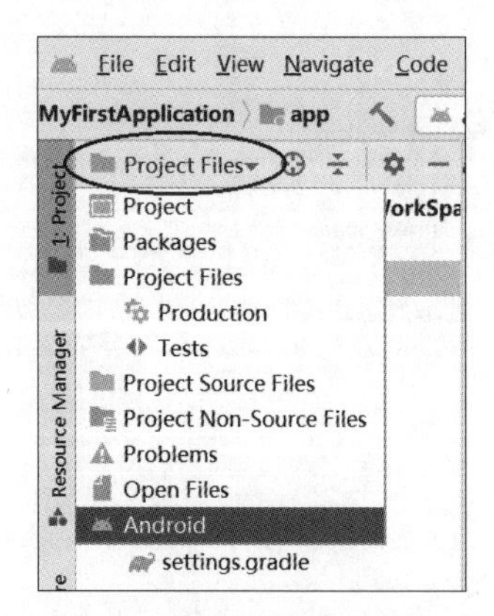

图 2-24 多个视图之间的切换

2.5 Android 应用软件的打包和发布

2.5.1 开发 Android 应用软件的一般流程

配置好 Android 开发环境后,应用软件一般按照以下流程完成开发。

1. 创建应用程序实例,搭建基本程序框架

在 Android Studio 中新建一个 Android 工程项目,设置应用名称、Package 名称、Activity 模板、Android API 版本等。

Android 应用程序一般包含 Activity 和资源文件,如布局资源文件、文字资源文件等。Android 应用程序就是由多个 Activity 间的相互交互和跳转切换所构成的,所以 Activity 是应用程序必备的部分。启动应用程序时第一个运行的主 Activity 一般是在创建工程项目时就同时创建了,在其中可以指定处理逻辑、显示 XML 布局信息等。对于要实现多 Activity 跳转的情况,如菜单跳转、点击按钮后弹出另一个 Activity、捕捉用户的操作事件的处理等,就需要设计多个 Activity。

2. 用 XML 构建基本的布局和控件

开发 Android 应用软件,一般需要设计用户界面。通常使用 XML 布局文件描述应用程序界面。基本的布局构建在布局文件 res/layout/××.xml 文件中。一般地,activity_main.xml 描述了主 Activity 的布局信息。

对于界面中出现的文字,如菜单名字、标题等,虽然可以直接写在布局文件或 Java 文件中,但建议先写在 res/values/strings.xml 文件里,然后再在布局文件或 Java 文件中引用。这样处理有诸多好处,例如,以后要修改某个字符串的内容,直接修改 strings.xml 文件即可,否则必须在程序里找到所有使用这个字符串的位置进行修改,不仅费时费力,还容易遗漏。另外,如果要开发多语言版本,则使用 strings.xml 文件定义字符串更为方便,只需在 strings.xml 文件中修改一次,所有的界面文字就都随之改成某种语言了。

如果应用程序涉及数据处理方面的操作，还需要设计数据存储方式。常见的数据来源包括 SharedPreferences、文件系统、数据库、ContentProvider、网络等。此时要明确数据的格式、内容、存储方式等。

3. 编写、调试 Java 程序

在 Java 程序中实例化 XML 的布局和控件，实现业务逻辑。在开发过程中可以使用 IDE 环境提供的各种调试和测试工具。开发过程中可以使用 Android 模拟器运行和调试程序，也可以通过数据线直接使用安装了 Android 系统的智能移动设备运行和调试程序。

4. 修改 AndroidManifest.xml 文件

在运行程序之前必须在 AndroidManifest.xml 文件中设置应用程序的相关信息，声明程序中所有用到的 Activity、Service 等，添加程序运行过程中需要的各种权限，如发送短信、访问网络等，否则程序发布后相关功能将无法使用。

5. 打包发布

和其他 Java 应用程序不同，Android 应用程序一般要打包成 APK 文件后再发送到真实的设备上。APK 文件中包含了与某个 Android 应用程序相关的所有文件，如 AndroidManifest.xml、应用程序代码(.dex 文件)、资源文件等，将 APK 文件直接传入 Android 模拟器或 Android 设备中即可安装。另外，在 Android 平台上开发的所有应用程序，在安装到模拟器或真实设备前都必须进行数字签名。如果强行将没有数字签名的 Android 程序安装到模拟器或真实设备中，将会出现错误。

IDE 开发环境会利用其内置的 debug key 为 APK 文件自动进行数字签名，这使编程者可以快速完成程序的调试。但是如果需要将其上传到 Android 电子市场上供别人下载，则不能使用 debug key，而必须使用私有密钥对 Android 程序进行数字签名。Android 电子市场一般要求发布的应用程序是经过签名的且不能是 Debug 模式下的签名。另外要特别注意，同一个应用的不同版本，一定要使用同一个签名，这样在安装程序的时候才会自动升级，用新版本代替旧版本。否则，系统会认为是不同的应用。

2.5.2　APK 文件的签名和打包

APK 文件的签名和打包

如前所述，在 Android 平台上开发的所有应用程序，在安装前都必须进行数字签名。Android Studio 开发环境下签名和打包的方法如下。

步骤 1：在 Android Studio 窗口中选择菜单命令 Build→Generate Signed Bundle/APK，弹出如图 2-25 所示的对话框，选择打包类型。选择 APK 单选按钮，目的是生成一个能在移动设备上安装的 APK 文件，单击 Next 按钮。

步骤 2：弹出如图 2-26 所示的 Generate Signed Bundle or APK 对话框，指定签名文件所在位置、账号密码，以及别名等。

密钥库文件是一个扩展名为 jks 的文件。如果使用已有的密钥库文件，则在 Key store path 中输入自己要用来进行签名的密钥库文件及其路径，同时输入密钥库的密码，

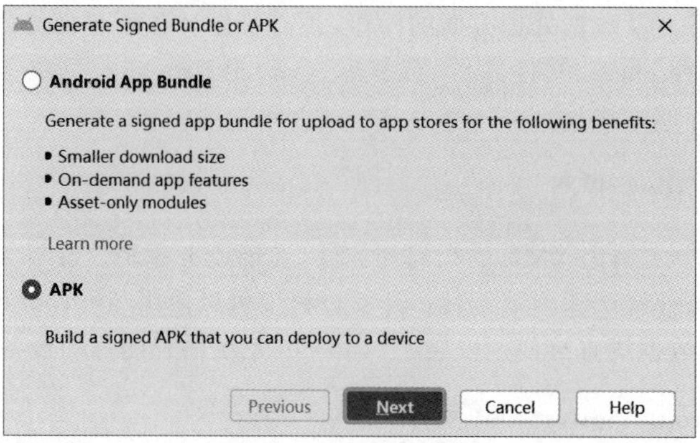

图 2-25　选择打包类型

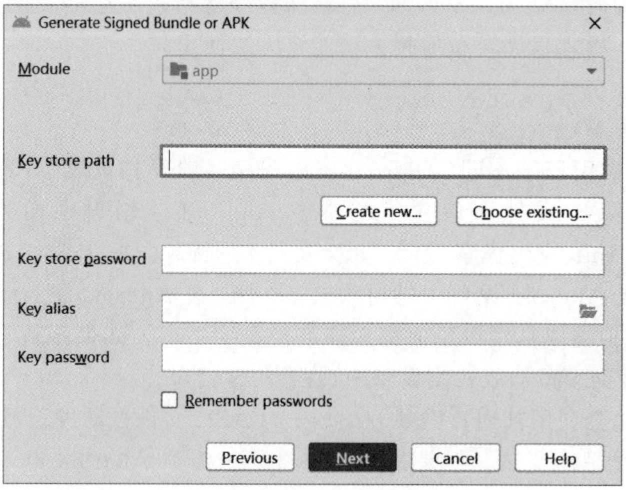

图 2-26　Generate Signed Bundle or APK 对话框

进入步骤 4。

如果还没有密钥库文件,则单击 Create new 按钮,进入步骤 3,新建一个密钥库文件。

步骤 3:弹出 New Key Store 对话框,新建一个密钥库文件并指定文件的位置、密码、密钥别名等信息,如图 2-27 所示。单击 OK 按钮,回到前一对话框,对话框中会自动填入刚刚创建的密钥库和密钥。

步骤 4:选择密钥别名,输入密码,单击 Next 按钮,如图 2-28 所示。

步骤 5:设定 APK 文件存储路径,如图 2-29 所示。在 Build Variants 中选择一个打包类型,本例选择 release,生成正式签名的 APK 文件。选中 Signature Versions,单击 Finish 按钮生成 APK 文件。

操作完成后会在项目文件中的 app 文件夹下生成一个 release 文件夹,在其中即可找到生成的 APK 文件。打包后的文件中包括资源文件、清单文件和可执行文件。可以使用 WinRAR 解压软件将其解压缩,会看到相应的 AndroidMainifest.xml、resources.arsc 资源文件与资源文件夹,以及一个 classes.dex 文件,如图 2-30 所示。

New Key Store

Key store path: \ndroidStudio_4_0_WorkSpace\mykeystore\XuemeiSigned.jks

Password: ••••••　Confirm: ••••••

Key

Alias: key0

Password: ••••••　Confirm: ••••••

Validity (years): 25

Certificate

First and Last Name: Xuemei

Organizational Unit: HEBUST

Organization: xxxy

City or Locality: Shijiazhuang

State or Province: Hebei

Country Code (XX): 86

OK　Cancel

图 2-27　New Key Store 对话框

Generate Signed Bundle or APK

Module: app

Key store path: :\AndroidStudio_4_0_WorkSpace\mykeystore\XuemeiSigned.jks

Create new...　Choose existing...

Key store password: ••••••

Key alias: key0

Key password: ••••••

Remember passwords

Previous　Next　Cancel　Help

图 2-28　选择密钥库和密钥

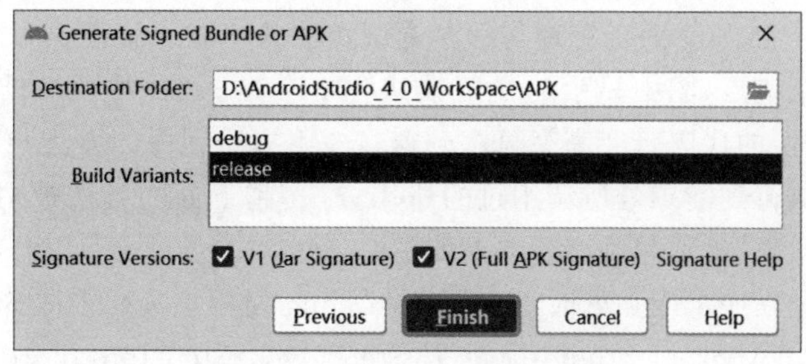

图 2-29　设置 APK 文件存储路径

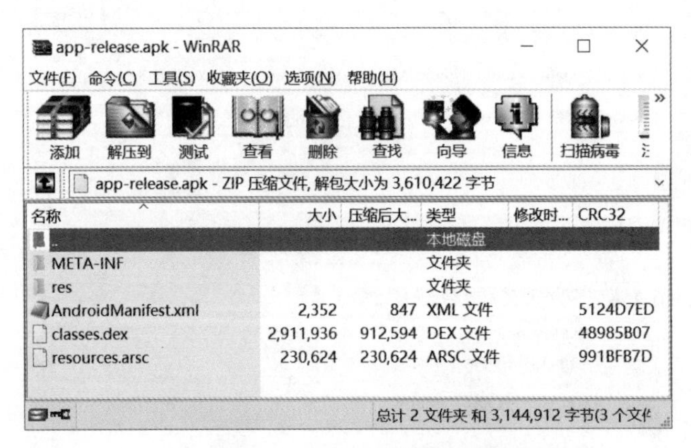

图 2-30 APK 文件的内容

2.6 程序调试的常用方法和调试工具

调试是编程人员必须面对的工作。在开发 Android 应用软件的过程中,可以使用 DDMS、Logcat 等工具来调试 Android 项目,输出错误信息。

2.6.1 使用 Android Studio 的调试器

Android Studio 提供了所有标准的调试功能,包括单步执行、设置断点和值、检查变量和值、挂起和恢复线程等。

1. 设置断点

最常见的调试方法是设置断点,这样可以方便地检查条件语句或循环内的变量和值。设置断点的方法:在左侧面板中双击需要设置断点的源代码文件,在右侧编辑器窗格中打开它。然后选定要设置断点的代码行,在行号后面单击,出现一个红色圆点,即设置了断点,如图 2-31 所示,再次单击则可以取消断点。设置断点时要注意,不要将多条语句放在一行上,因为不能为同一行上的多条语句设置行断点,这样也无法单步执行。

2. 进入调试模式

单击工具栏的 Debug App 按钮,进入调试模式。窗口下方出现 Debug 面板,其布局如图 2-31 所示。Debug 面板管理与程序调试相关的功能。面板中的视图呈树状结构,每个线程对应一个节点,图中显示的是暂挂线程 Main 的调试堆栈帧结构。在代码编辑区域,调试程序停留的代码行会高亮显示。窗口左下方是程序的方法调用栈区,在这个区域中显示了程序执行到断点处所调用过的所用方法,越下面的方法被调用得越早。窗口右下方是变量观察区,显示相关变量当前的值。

当调试器停止在一个断点处时,可以单击 Debug 面板工具栏中的 Step Over 按钮,继续单步执行代码。Android Studio 提供了 Step Over、Step Into、Force Step Into、Step

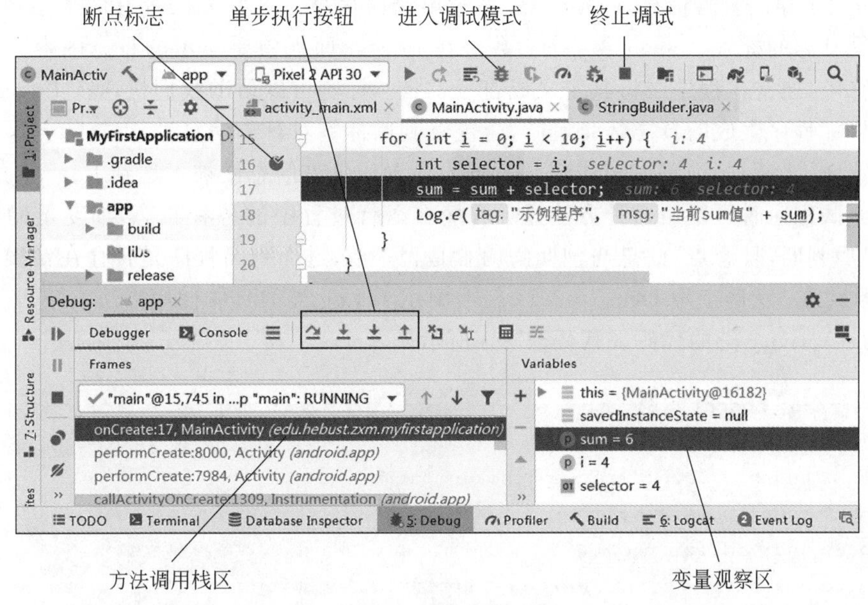

图 2-31　调试模式

Out 4 个命令来支持单步调试。

(1) Step Over：在单步执行过程中，在方法内遇到子方法时不会进入子方法内单步执行，而是将子方法整个执行完再停止，也就是把子方法整个作为一步。

(2) Step Into：在单步执行过程中，如果该行有自定义方法，则进入自定义方法并且继续单步执行，但是不会进入官方类库的方法。

(3) Force Step Into：在调试的时候能进入任何方法。

(4) Step Out：单步执行到子方法内时，可以一步执行完子方法余下部分，并返回到上一层方法，即返回到该方法被调用处的下一行语句。

单击工具栏的 Stop App 按钮■，可以终止程序的调试。

2.6.2　查看工程项目在运行过程中的日志信息

Logcat 是 Android 系统提供的一个调试工具，用来获取系统日志信息，这些信息显示在 Android Studio 的 Logcat 面板中。Logcat 能够捕获的信息包括 Dalvik 虚拟机产生的信息、进程信息、Activity Manager 信息、Packager Manager 信息、Homeloader 信息、Windows Manager 信息、Android 运行时信息和应用程序信息等。

利用 Logcat，可以在程序中预先设置一些日志信息，当程序运行时，这些日志信息就会输出到 Logcat 面板。这样，就可以在调试程序的过程中通过 Logcat 查看工程项目在运行过程中的状态。具体方法如下。

步骤 1：在程序中使用 import 语句引入 android.util.Log 包。

步骤 2：调用 Log.v()、Log.d()、Log.i()、Log.w()、Log.e()方法在程序中设置“日志点”。Log.v()用来输出详细信息，Log.d()用来输出调试信息，Log.i()用来输出通告信息，

Log.w()用来输出警告信息,Log.e()用来输出错误信息。这些方法都有两个参数:第一个参数是日志的标签(Tag);第二个参数是在Logcat面板中要显示的日志内容。标签是一个字符串,通常在程序中将其定义成符号常量。标签可以帮助我们快速在Logcat面板中找到目标程序生成的日志信息,同时也能够利用标签对日志信息进行过滤。

步骤3:当程序运行到"日志点"时,预先设置的日志信息便被发送到Logcat面板中。

在调试程序时可以用这种方法显示程序在运行过程中的各种状态,如变量的中间结果值,然后判断"日志点"信息与预期的内容是否一致,进而判断程序是否存在错误。

【例2-2】 示例工程Demo_02_Logcat演示了Log类的具体使用方法。

MainActivity类的代码如代码段2-3所示。

代码段2-3 Logcat示例

```
package edu.hebust.zxm.demo_02_logcat;
import androidx.appcompat.app.AppCompatActivity;
import android.os.Bundle;
import android.util.Log;
public class MainActivity extends AppCompatActivity {
    final static String LOG_TAG = "MY_LOGCAT_EXAMPLE";
                                                    //定义一个用于日志标签的符号常量
    @Override
    protected void onCreate(Bundle savedInstanceState) {
        super.onCreate(savedInstanceState);
        setContentView(R.layout.activity_main);
        Log.v(LOG_TAG,"My information:Verbose");     //产生一个详细信息
        Log.d(LOG_TAG,"My information:Debug");       //产生一个调试信息
        Log.i(LOG_TAG,"My information:Info");        //产生一个通告信息
        Log.w(LOG_TAG,"My information:Warn");        //产生一个警告信息
        Log.e(LOG_TAG,"My information:Error");       //产生一个错误信息
    }
}
```

上例Demo_02_Logcat工程的运行结果如图2-32所示,Logcat对不同类型的信息使用了不同的颜色加以区别。

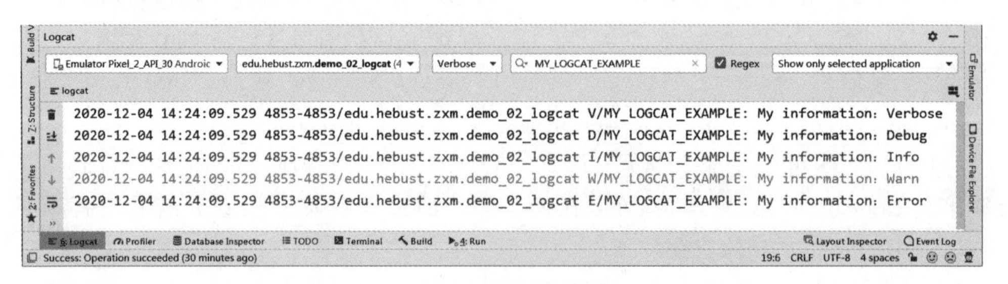

图2-32 示例工程输出的Logcat信息

Logcat面板的上方中部有一个下拉列表框,选项分别是Verbose、Debug、Info、

Warn、Error，它们分别表示详细、调试、通告、警告、错误 5 种不同类型的日志信息，级别依次增高。选择这些选项，可以使 Logcat 面板中仅输出指定类型的日志信息，级别高于所选类型的信息也会同时显示，但级别低于所选类型的信息不会被显示。

2.7　本章小结

本章主要介绍了 Windows 平台下 Android 应用程序开发环境的搭建，并利用开发环境创建了第一个 Android 应用程序；介绍了典型 Android 应用程序的构成、布局文件等，并对涉及的代码进行了初步分析；介绍了开发 Android 应用软件的一般流程、APK 文件的签名打包方法以及 Android 应用程序的常用调试方法和调试工具。Android Studio 是开发 Android 应用的首选 IDE 环境，读者应熟练掌握其使用方法。

习　题

1. 简述 Android 开发环境搭建的步骤。

2. 尝试安装 Android 开发环境，并记录安装和配置过程中所遇到的问题及解决方法。

3. 一个 Android 工程项目包含哪些资源文件？它们分别位于工程项目文件夹的什么位置？有什么作用？

4. 新建一个 Android 应用程序，打开其 AndroidManifest.xml 清单文件，了解各组成部分及其功能。

5. 如果想要在程序中使用一个图像文件，应该将这个文件放置到工程的哪个文件夹中？

6. 将 SDK 自带的 API Demos 示例导入 Android Studio 开发环境中，通过浏览代码了解 Android 应用程序的组成和编程风格。

7. 一个应用程序中只能有一个 Activity 对象吗？

8. Android 应用程序由哪些部分组成？它们之间的关系是什么？

第3章 Activity和界面布局

Activity是Android应用程序最主要的展示窗口。本章首先介绍Android应用的组成和有关Activity的基础知识；其次介绍基于XML文件完成Activity布局的方法、在Activity中通过Java编程方式设定布局的方法，以及Android的资源管理与使用方法；最后介绍常用的布局方式，内容涉及线性布局、相对布局、表格布局、网格布局、帧布局、约束布局。

3.1 Activity及其生命周期

3.1.1 Android应用的基本组件

一般来说，Android应用程序由Activity、ContentProvider、Service、BroadcastReceiver等组成。当然，有些应用程序可能只包含其中部分而非全部。它们在AndroidManifest.xml清单文件中以不同的XML标签声明后，才可以在应用程序中使用。

1. Activity

Activity一般含有一组用于构建用户界面(UI)的Widget控件，如按钮Button、文本框EditText、列表ListView等，实现与用户的交互，相当于Windows应用程序的窗口或网络应用程序的Web页面。一个功能完善的Android应用程序一般由多个Activity构成，这些Activity之间可互相跳转，可进行页面间的数据传递。例如，显示一个E-mail通讯簿列表的界面就是一个Activity，而编辑通讯簿界面则是另一个Activity。

2. ContentProvider

ContentProvider是Android系统提供的一种标准的数据共享机制。在Android平台下，一个应用程序使用的数据存储都是私有的，其他应用程序是不能访问和使用的。私有数据可以是存储在文件系统中的文件，也可以是SQLite中的数据库。当需要共享数据时，ContentProvider提供了应用程序之间数据交换的机制。一个应用程序通过实现一个ContentProvider的抽象接口将自己的数据暴露出去，并且隐蔽了具体的数据存储实现，这样既实现了应用程序内部数据的保密性，又能够让其他应用程序使用这些私有数据，同时实现了权限控制，保护了数据交互的安全性。

3. Service

Service是相对于Activity独立且可以保持后台运行的服务，相当于一个在后台运行的没有界面的Activity。如果应用程序并不需要显示交互界面但却需要长时间运行，就需要使用Service。例如，在后台运行的音乐播放器，为了避免音乐播放器在后台运行时被终止而停播，需要为其添加Service，通过调用Context.startService()方法，让音乐播放器一直在后台运行，直到使用者再调出音乐播放器界面并关掉它为止。用户可以通过StartService()方法启动一个Service，也可以通过bindService()方法来绑定一个Service并启动它。

4. BroadcastReceiver

在Android系统中，广播是一种广泛运用的在应用程序之间传输信息的机制。而BroadcastReceiver是用来接收并响应广播消息的组件，不包含任何用户界面。它可以通过启动Activity或者Notification通知用户接收重要信息。Notification能够通过多种方法提示用户，包括闪动背景灯、振动设备、发出声音或在状态栏上放置一个持久的图标。

Activity、Service和BroadcastReceiver都是由Intent异步消息激活的。Intent用于连接以上各个组件，并在其间传递消息。例如，广播机制一般通过下述过程实现：首先在需要发送信息的地方，把要发送的信息和用于过滤的信息(如Action、Category)装入一个Intent对象，然后通过调用Context.sendBroadcast()或sendOrderBroadcast()方法，把Intent对象以广播方式发送出去。Android系统会对所有已经注册的BroadcastReceiver检查其Intent过滤器(IntentFilter)是否与发送的Intent相匹配，若匹配就会调用其onReceive()方法，接收广播并响应。例如，对于一个电话程序，当有来电时，电话程序就自动使用BroacastReceiver取得对方的来电消息并显示。使用Intent还可以方便地实现各个Activity间的跳转和数据传递。

3.1.2 什么是Activity

Activity是Android四大组件中最基本的组件，是Android应用程序中最常用也是最重要的部分。在应用程序中，用户界面主要通过Activity呈现，包括显示控件、监听和处理用户的界面事件并做出响应。Activity在界面上的表现形式有全屏窗体、非全屏悬浮窗体、对话框等。在模拟器上运行应用程序时，可以按HOME键或回退键退出当前Activity。

对于大多数与用户交互的程序来说，Activity是必不可少的，也是非常重要的。刚开始接触Android应用程序时，可以暂且将Activity简单地理解为用户界面。新建一个Android项目时，系统默认生成一个启动的主Activity，其默认的类名为MainActivity，源码文件中的主要内容如代码段3-1所示。

代码段3-1 MainActivity源代码

```
package edu.hebust.zxm.myfirstapplication;
import androidx.appcompat.app.AppCompatActivity;
                          //AppCompatActivit是android.app.Activity的子类
```

```
import android.os.Bundle;           //用于映射字符串值
public class MainActivity extends AppCompatActivity {
    @Override
    protected void onCreate(Bundle savedInstanceState) {
        super.onCreate(savedInstanceState);
        setContentView(R.layout.activity_main);
                //设置布局,它加载了 res/layout/activity_main.xml 中定义的界面元素
    }
}
```

应用程序中的每个 Activity 都必须继承自 android.app.Activity 类并重写(Override)其 OnCreate()方法。

Activity 通常要与布局资源文件(res/layout 目录下的 XML 文件)相关联,并通过 setContentView()方法将布局呈现出来。在 Activity 类中通常包含布局控件的显示、界面交互设计、事件的响应设计以及数据处理设计、导航设计等内容。

一个 Android 应用程序可以包含一个或多个 Activity,一般在程序启动后会首先呈现一个主 Activity,用于提示用户程序已经正常启动并显示一个初始的用户界面。需要注意的是,应用程序中的所有 Activity 都必须在 AndroidManifest.xml 文件中添加相应的声明,并根据需要设置其属性和<intent-filter>。例如,代码段 3-2 含有对两个 Activity(MainActivity 和 SecondActivity)的声明,代码中有两个<activity>元素,第一个为系统默认生成的 MainActivity,第二个是新建的 SecondActivity,其中的 MainActivity 是程序入口。

代码段 3-2 AndroidManifest.xml 文件中的声明

```
<application
    android:allowBackup="true"
    android:icon="@drawable/ic_launcher"
    android:label="@string/app_name"
    android:theme="@style/AppTheme" >
    <activity
        android:name="edu.hebust.zxm.myfirstapplication.MainActivity"
        android:exported="true" >
        <intent-filter>
            <action android:name="android.intent.action.MAIN" />
            <category android:name="android.intent.category.LAUNCHER" />
        </intent-filter>
    </activity>
    <activity
        android:name="edu.hebust.zxm.myfirstapplication.SecondActivity"
        android:label="SecondActivity" >
    </activity>
</application>
```

3.1.3 Activity 的生命周期

所有 Android 组件都具有自己的生命周期,生命周期是指从组件建立到组件销毁的整个过程。在生命周期中,组件会在可见、不可见、活动、非活动等状态中不断变化。

Activity 的生命周期指 Activity 从启动到销毁的过程。生命周期由系统控制,程序无法改变,但可以用 onSaveInstanceState()方法保存其状态。了解 Activity 的生命周期有助于理解 Activity 的运行方式和编写正确的 Activity 代码。

Activity 在生命周期中表现为 4 种状态,分别是活动状态、暂停状态、停止状态和非活动状态。处于活动状态时,Activity 在用户界面中处于最上层,能完全被用户看到,并与用户进行交互。处于暂停状态时,Activity 在界面上被部分遮挡,该 Activity 不再位于用户界面的最上层,且不能与用户进行交互。处于停止状态时,Activity 在界面上完全不能被用户看到,也就是说这个 Activity 被其他 Activity 全部遮挡。非活动状态指不在以上 3 种状态中的 Activity。

参考 Android SDK 官网文档中的说明,Activity 生命周期如图 3-1 所示。该示意图中涉及的方法被称为生命周期方法,当 Activity 状态发生改变时,相应的方法会被自动调用。

android.app.Activity 类是 Android 提供的基类,应用程序中的每个 Activity 都继承自该类,通过重写父类的生命周期方法来实现自己的功能。在代码段 3-1 中,@Override 表示重写父类的 onCreate()方法,Bundle 类型的参数保存了应用程序上次关闭时的状态,并且可以通过一个 Activity 传递给下一个 Activity。在 Activity 的生命周期中,只要离开了可见阶段(即失去了焦点),它就很可能被进程终止,这时就需要一种机制能保存当时的状态,这就是其参数 savedInstanceState 的作用。

(1) 启动 Activity 时,系统会先调用其 onCreate()方法,然后调用 onStart()方法,最后调用 onResume()方法,Activity 进入活动状态。

(2) 当 Activity 被其他 Activity 部分遮盖或被锁屏时,Activity 不能与用户交互,会调用 onPause()方法,进入暂停状态。

(3) 当 Activity 由被遮盖回到前台或解除锁屏时,会调用 onResume()方法,再次进入活动状态。

(4) 当切换到新的 Activity 界面或按 Home 键回到主屏幕时,当前 Activity 完全不可见,转到后台。此时会先调用 onPause()方法,然后调用 onStop()方法,Activity 进入停止状态。

(5) 当 Activity 处于停止状态时,用户后退回到此 Activity,会先调用 onRestart()方法,然后调用 onStart()方法,最后调用 onResume()方法,再次进入运行状态。

(6) 当 Activity 处于被遮盖状态或者后台不可见,即处于暂停状态或停止状态时,如果系统内存不足,就有可能杀死这个 Activity。而后用户如果返回 Activity,则会再依次调用 onCreate()方法、onStart()方法、onResume()方法,使其进入活动状态。

(7) 用户退出当前 Activity 时,先调用 onPause()方法,然后调用 onStop()方法,最后调用 onDestroy()方法,结束当前 Activity。

Activity 生命周期可分为可视生命周期和活动生命周期。可视生命周期是 Activity

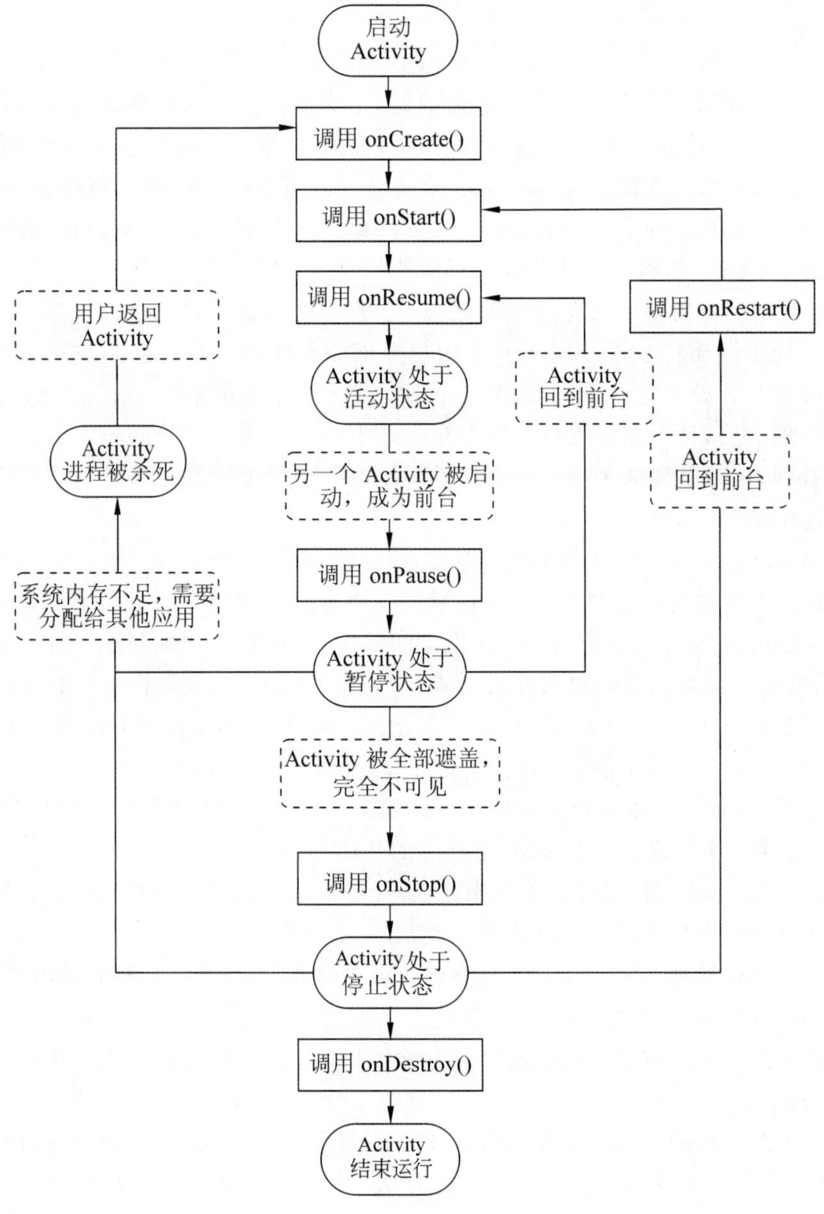

图 3-1　Activity 生命周期

在界面上从可见到不可见的过程，开始于 onStart()，结束于 onStop()。活动生命周期是 Activity 在屏幕的最上层，并能够与用户交互的阶段，开始于 onResume()，结束于 onPause()。在 Activity 的状态变换过程中，onResume()和 onPause()经常被调用，因此这两个方法中应使用简单、高效的代码。

编程人员可以通过重写生命周期方法在 Activity 中定义当处于什么状态时做什么事情。例如，当第一次启动一个 Activity 时，会调用 onCreate()方法，则初始化的操作可以写在这个方法中。

【例 3-1】　示例工程 Demo_03_ActivityLifeCycle 用于验证 Activity 生命周期方法被调用的情况，其主要代码如代码段 3-3 所示。

Activity 的生命周期

代码段 3-3　验证 Activity 生命周期方法的示例程序

```
//package 和 import 语句省略
public class MainActivity extends AppCompatActivity {
    private static final String TAG = "生命周期示例";
    @Override
    protected void onCreate(Bundle savedInstanceState) {
        super.onCreate(savedInstanceState);
        setContentView(R.layout.activity_main);
        Log.d(TAG, "-- onCreate()被调用--");
    }
    @Override
    protected void onStart() {
        super.onStart();
        Log.d(TAG, "-- onStart()被调用--");
    }
    ⋮        //其余代码类似
}
```

运行这个 Activity 后，在 Logcat 面板中能看到给出的提示信息，从中可看到 Activity 的生命周期是如何运行的。例如，启动这个 Activity 后 Logcat 面板输出的提示信息如图 3-2 所示，onCreate()、onStart()和 onResume()方法被依次调用；关闭这个 Activity 时，Logcat 面板输出的提示信息如图 3-3 所示，onPause()、onStop()和 onDestroy()方法被依次调用。

图 3-2　Activity 启动时调用的生命周期方法

图 3-3　Activity 结束时调用的生命周期方法

3.1.4 Activity 的启动模式

主 Activity 在启动应用程序时就创建完毕,在其中可以显示 XML 布局信息、指定处理逻辑等。对于功能较复杂的应用程序,往往一个界面是不够用的,这就需要多个 Activity 来实现不同的用户界面。在 Android 系统中,所有的 Activity 由堆栈进行管理,Activity 栈遵循"后进先出"的规则。如图 3-4 所示,当一个新的 Activity 被执行后,它将会被放置到堆栈的最顶端,并且变成当前活动的 Activity,而先前的 Activity 原则上还是会存在于堆栈中,但它此时不会在前台。Android 系统会自动记录从首个 Activity 到其他 Activity 的所有跳转记录并且自动将以前的 Activity 压入系统堆栈,用户可以通过编程的方式删除历史堆栈中的 Activity 实例。

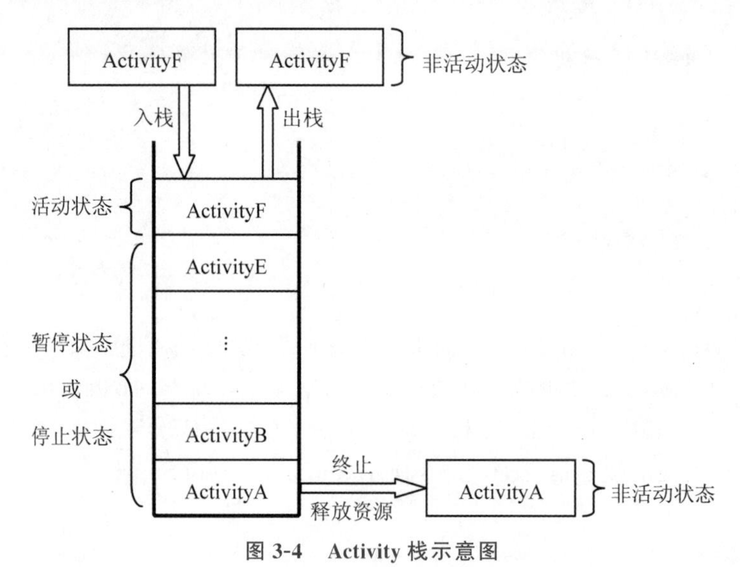

图 3-4　Activity 栈示意图

Activity 启动模式有 4 种,分别是 standard、singleTop、singleTask、singleInstance。可根据实际需求为 Activity 设置对应的启动模式,从而避免创建大量重复的 Activity 等问题。设置 Activity 启动模式的方法是在 AndroidManifest.xml 里对应的<activity>标签中设置 android:launchMode 属性,如图 3-5 所示。

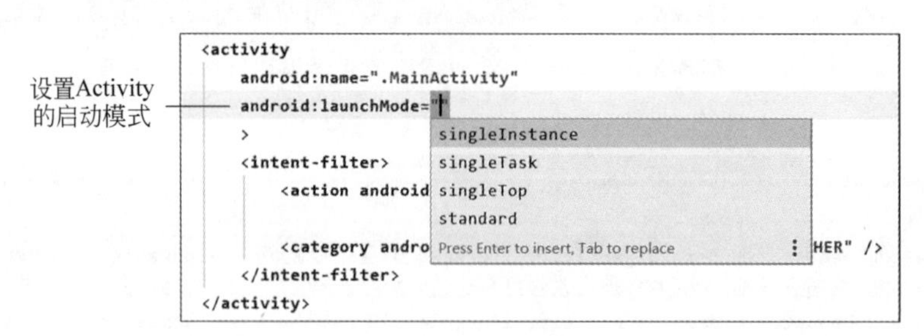

图 3-5　在 AndroidManifest.XML 中设置 Activity 的启动模式

(1) standard 是默认模式,如果 Activity 已经启动,再次启动会创建一个新的

Activity 实例叠在前一个 Activity 之上。此时 Activity 是在同一个任务栈里，只不过是不同的实例。如果点击手机上的回退键会按照栈顺序依次退出。

（2）singleTop 模式是可以有多个实例的，但是不允许多个相同的 Activity 叠加在一起，如果 Activity 在栈顶时启动相同的 Activity，则不会创建新的实例。

（3）singleTask 模式中每个 Activity 只有一个实例。在同一个应用程序中启动 Activity 时，若它不存在，则会在当前创建一个新的实例；若存在，则会把任务列表中在其之上的其他 Activity 取消并调用它的 onNewIntent()方法。

（4）singleInstance 模式只有一个实例，不允许有别的 Activity 存在，也就是说，一个实例栈中只有一个 Activity。

3.1.5　Context 及其在 Activity 中的应用

Context 的中文解释是"上下文"或"环境"，在 Android 中应该理解为"场景"。例如，正在打电话时，场景就是用户所能看到的在手机里显示出来的拨号键盘，以及虽然看不到，但是却在系统后台运行的对应着拨号功能的处理程序。

Context 描述的是一个应用程序环境的上下文信息，是访问全局信息（如字符串资源、图片资源等）的接口。通过它可以获取应用程序的资源和类，也包括一些应用级别操作，如启动 Activity、启动和停止 Service、发送广播、接收 Intent 信息等。也就是说，如果需要访问全局信息，就要使用 Context。在代码段 3-4 中，this 指的是这个语句所在的 Activity 对象，同时也是这个 Activity 的 Context。

代码段 3-4　通过 Context 获取 Activity 上下文中的字符串信息

```
public class MainActivity extends AppCompatActivity {
    private TextView tv;
    @Override
    protected void onCreate(Bundle savedInstanceState) {
        super.onCreate(savedInstanceState);
        tv = new TextView(this);          //通过 this 得到当前 Activity 的上下文信息
        tv.setText(R.string.hello_world);     //通过 Context 得到字符串资源
        setContentView(tv);
    }
}
```

Android 系统中有很多 Context 对象。例如，前述的 Activity 继承自 Context，也就是说每个 Activity 对应一个 Context；Service 也继承自 Context，每个 Service 也对应一个 Context。

常用的 Context 对象有两种：一种是 Activity 的 Context；另一种是 Application 的 Context。二者的生命周期不同：Activity 的 Context 生命周期仅在 Activity 存在时，也就是说，如果 Activity 已经被系统回收了，那么对应的 Context 也就不存在了；而 Application 的 Context 生命周期却很长，只要应用程序运行着，这个 Context 就是存在的，所以要根据自己程序的需要使用合适的 Context。

3.2 布局及其加载

Activity 主要用于呈现用户界面,包括显示 UI 控件、监听并处理用户界面事件并做出响应等。从本节开始,将系统地介绍 Android 的界面布局及其加载与控制。

3.2.1 View 类和 ViewGroup 类

在一个 Android 应用程序中,用户界面一般由一组 View 和 ViewGroup 对象组成。

View 对象是继承自 View 基类的可视化控件对象,是 Android 平台上表示用户界面的基本单元,如 TextView、Button、CheckBox 等。View 是所有可视化控件的基类,提供了控件绘制和事件处理的属性和基本方法,任何继承自 View 的子类都会拥有 View 类的属性及方法。表 3-1 给出了 View 类的部分常用属性的说明。View 及其子类的相关属性既可以在 XML 布局文件中进行设置,也可以通过成员方法在 Java 代码中动态设置。

表 3-1 View 类的部分常用属性

XML 属性	在 Java 代码中对应的方法	功能及使用说明
android:background	setBackgroundResource (int)	设置背景颜色
android:clickable	setClickable (boolean)	设置是否响应点击事件
android:focusable	setFocusable (boolean)	设置 View 控件是否能捕获焦点
android:id	setId(int)	设置 View 控件标识符
android:layout_width	setWidth(int)	设置宽度
android:layout_height	setHeight(int)	设置高度
android:text	setText(CharSequence)/ setText(int)	设置控件上显示的文字
android:textSize	setTextSize (float)	设置控件上显示文字的大小
android:textColor	setTextColor(int)	设置控件上显示文字的颜色
android:visibility	setVisibility (int)	设置 View 控件是否可见

ViewGroup 类是 View 类的子类,与 View 类不同的是,它可以充当其他控件的容器。ViewGroup 类作为一个基类为布局提供服务,其主要功能是装载和管理一组 View 和其他 ViewGroup,可以嵌套 ViewGroup 和 View 对象。Android 用户界面中的控件都是按照层次树的结构堆叠的,其关系如图 3-6 所示,而它们共同组建的顶层视图可以由应用程序中的 Activity 调用 setContentView()方法来显示。Android 中的一些复杂控件(如 Galley、GridView 等)都继承自 ViewGroup。

一般很少直接用 View 和 ViewGroup 来设计界面布局,更多的时候是使用它们的子类控件或容器来构建布局。常见用布局和 UI 控件的继承结构如图 3-7 所示。每个 View 和 ViewGroup 对象都支持它们自己的各种属性。一些属性对所有 View 对象可用,因为它们是从 View 基类继承而来的,如 id 属性;而有些属性只有特定的某一种 View 对象和它们的子类可用,如 TextView 及其子类支持 textSize 属性。

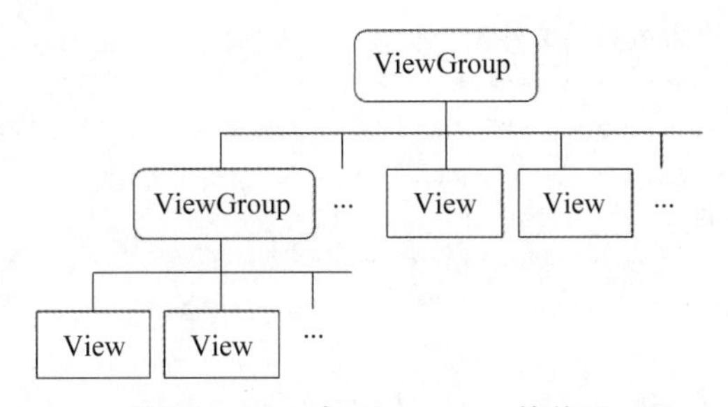

图 3-6 View 与 ViewGroup 的关系

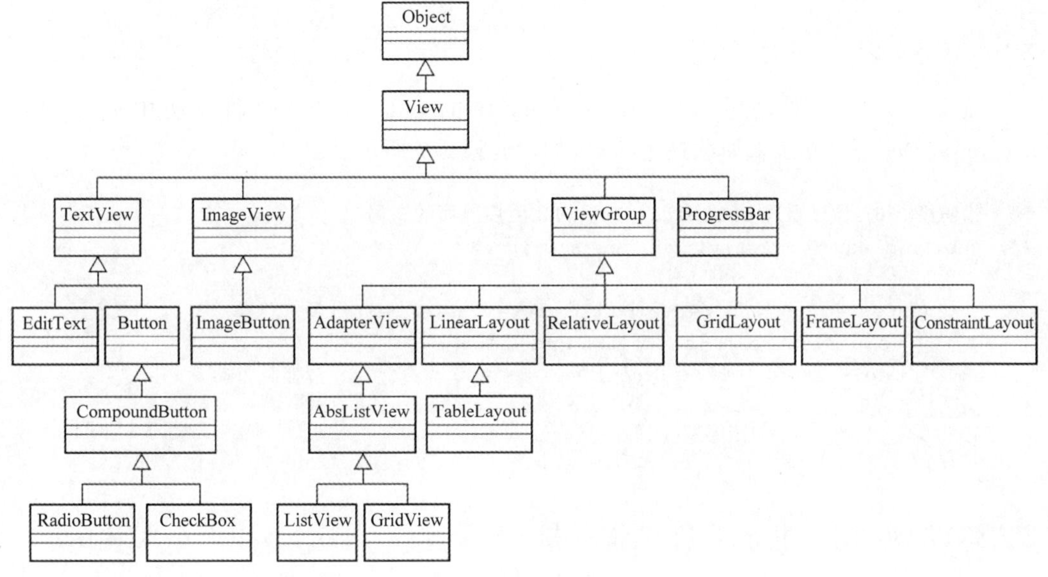

图 3-7 常用布局和 UI 类的继承结构

3.2.2 XML 布局及其加载

在 Android 应用程序中，常见的布局方式有线性布局（LinearLayout）、相对布局（RelativeLayout）、表格布局（TableLayout）、网格布局（GridLayout）、帧布局（FrameLayout）、约束布局（ConstraintLayout）等。这些布局都通过 ViewGroup 的子类实现。

界面的布局可以在 XML 文件中进行设置，也可以通过 Java 代码设计实现。如果采用第一种方式，则需要在资源文件夹 res\layout 中定义相应的布局文件。这个 XML 布局文件由许多 View 对象嵌套组成。如果布局中有多个元素，那么最顶层的根节点必须是 ViewGroup 对象；如果整个布局只有一个元素，那么最顶层元素就是唯一的元素，它可以是一个单一的 UI 对象。

代码段 3-5 是一个自定义的布局文件 mylayout.xml，在其中声明了布局的实例，该例采用线性布局，布局中包括一个 TextView 控件。

```
代码段 3-5  自定义的 XML 布局文件
<?xml version="1.0" encoding="utf-8"?>
<LinearLayout xmlns:android="http://schemas.android.com/apk/res/android"
    android:orientation="vertical"
    android:layout_width="match_parent"
    android:layout_height="match_parent">
    <TextView
        android:id="@+id/tvHello"
        android:layout_width="match_parent"
        android:layout_height="wrap_content"
        android:text="@string/hello"
        />
</LinearLayout>
```

定义了布局文件之后,需要在 Activity 中的 onCreate()回调方法中通过调用 setContentView()方法来加载这个布局,如代码段 3-7 所示。

```
代码段 3-6  通过重写 onCreate()方法加载用户界面的布局
public class MainActivity extends Activity {
    @Override
    protected void onCreate(Bundle savedInstanceState) {
        super.onCreate(savedInstanceState);
        setContentView(R.layout.mylayout);            //加载布局
    }
}
```

3.2.3 在 Activity 中定义和加载布局

除了上述直接调用已经设定好的 XML 布局外,还可以在 Java 代码中直接定义并加载某种布局,此时就不需要在工程的 res 文件夹下存放 XML 布局文件了。在将 UI 对象实例化并设置属性值后,通过调用 addView()方法可将其添加到设定的布局。

【例 3-2】 示例工程 Demo_03_DefineLayoutInActivity 演示在 Java 代码中定义并引用布局的方法。

此例是通过在 MainActivity 中添加线性布局而非通过 XML 布局文件来设置布局的。通过循环语句定义了 3 个按钮,并通过 addView()方法将其添加到布局中,如代码段 3-7 所示。

```
代码段 3-7  在 Activity 中设定布局
public class MainActivity extends AppCompatActivity {
    @Override
    protected void onCreate(Bundle savedInstanceState) {
        super.onCreate(savedInstanceState);
        LinearLayout myLayout=new LinearLayout(this);
                                                //通过上下文设定线性布局对象
```

```
        myLayout.setGravity(Gravity.CENTER_HORIZONTAL);
        myLayout.setOrientation(LinearLayout.VERTICAL); //垂直布局
        myLayout.setPadding(0,20,0,0);                  //设置左、上、右、下边距
        setContentView(myLayout);                       //加载布局
        Button myBtn;                                   //定义按钮对象
        for (int i=1; i<4; i++){                        //添加几个按钮
            myBtn=new Button(this);
            myBtn.setText("按钮" + i);
            myBtn.setTextSize(20);                      //设置字体大小
            myBtn.setHeight(ViewGroup.LayoutParams.WRAP_CONTENT);
                                                        //设置按钮高度
            myLayout.addView(myBtn);                    //添加到布局中
            myBtn.getLayoutParams().width=500;          //设置按钮宽度
        }
    }
}
```

示例工程的运行结果如图3-8所示。

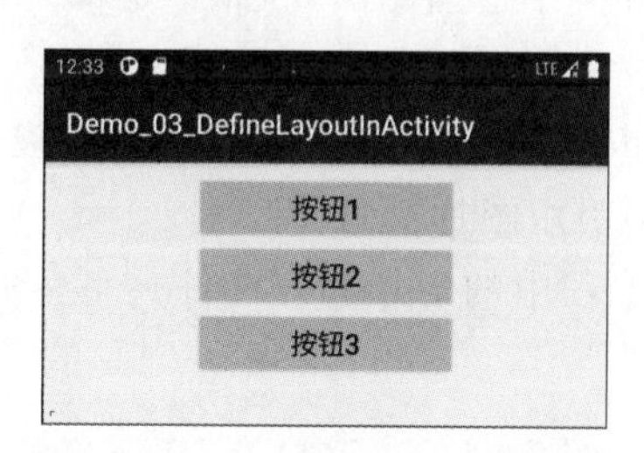

图3-8 示例工程的运行结果

3.2.4 资源的管理与使用

在Android系统中，对字符、颜色、图像、音频、视频等资源的使用与管理也是很方便的，只要引用或设置资源文件夹res下的相关媒体文件或XML文件，就可以实现相关功能。

Android应用程序中，XML布局和资源文件并不包含在Activity的Java源码中，各种资源文件由系统自动生成的R文件来管理。每个资源类型在R文件中都有一个对应的内部类。例如，类型为layout的资源项在R文件中对应的内部类是layout，而类型为string的资源项在R文件中对应的内部类就是string。R文件的作用相当于一个项目字典，项目中的用户界面、字符串、图片、声音等资源都会在对应的内部类中创建其唯一的id，当项目中使用这些资源时，会通过该id得到资源的引用。如果程序开发人员变更了任何资源文件的内容或属性，R文件会随之变动并自动更新其相应的内部类，开发者不需要也不能修改此文件。

在Java程序中通过R文件引用资源的方法是"R.资源类型.资源名称"，其中，资源类型可以是图像、字符串或布局文件，资源名称是资源文件名或XML文件中的对象名。例

如:R.drawable.background 表示引用资源文件夹中的 res\drawable\background.png 图片文件;R.string.title 表示引用资源文件 res\values\string.xml 中定义的 title 字符串;R.layout.activity_main 表示引用资源文件夹中的 res\layout\activity_main.xml 布局文件;R.id.tv_result 表示引用布局文件中 id 为 tv_result 的 TextView 对象。

1. 图片资源的管理与使用

Android Studio 工程项目提供了 mipmap 文件夹和 drawable 文件夹管理图片资源文件。新建工程项目时,系统会在资源文件夹 res 中自动创建多个 drawable 或 mipmap 文件夹,如 drawable-hdpi、drawable-mdpi、mipmap-hdpi、mipmap-mdpi 等,具体取决于 Android Studio 的版本。当应用程序安装在不同显示分辨率的终端上时,程序会自适应地选择加载某个文件夹中的资源。例如,一部屏幕密度为 320 的手机,会自动使用 drawable_xhdpi 文件夹下的图片。如果有默认文件夹 drawable,则系统在其他 dpi 文件夹下找不到图片时会使用 drawable 中的图片。

谷歌公司建议将应用程序的图标文件放在 mipmap 文件夹中,这样可以提高系统渲染图片的速度,提高图片质量,减小 GPU 压力。mipmap 支持多尺度缩放,系统会根据当前缩放范围选择 mipmap 文件夹中适当的图片,而不是像 drawable 文件夹根据当前设备的屏幕密度选择恰当的图片。

【例 3-3】 示例工程 Demo_03_UseImageResource 以设置 ImageView 的图片属性为例演示了如何在 XML 文件中引用图片资源。

首先将图片文件复制到工程中的 mipmap 文件夹下,图 3-9 是把 background.jpg 复制到工程中的效果。

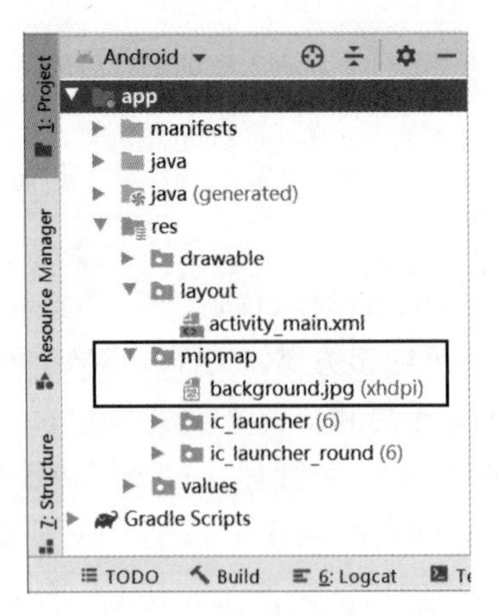

图 3-9 在工程中添加图片

在布局 XML 文件中,通过"@mipmap/图片文件名"的方式引用 mipmap 文件夹中的图片文件,实现代码如代码段 3-8 所示,运行结果如图 3-10 所示。

代码段 3-8 在 XML 文件中引用图片资源

```
<?xml version="1.0" encoding="utf-8"?>
```

```
<LinearLayout xmlns:android="http://schemas.android.com/apk/res/android"
    android:orientation="vertical"
    android:layout_width="match_parent"
    android:layout_height="match_parent">
    <TextView
        android:layout_width="wrap_content"
        android:layout_height="wrap_content"
        android:text="在 ImageView 中引用图片资源:"
        android:textColor="#000000"
        android:textSize="25sp"
        android:layout_margin="16dp"/>
     <ImageView
         android:layout_width="wrap_content"
         android:layout_height="wrap_content"
         android:src="@mipmap/background"
         android:scaleType="centerCrop"/>
</LinearLayout>
```

图 3-10 设置 ImageView 的图片属性

如果是在Java代码中,则通过"R.mipmap.图片文件名"的方式引用mipmap文件夹中的图片文件。例如代码段3-9将mipmap文件夹中background.jpg设置为App的背景。

代码段 3-9 在 Activity 中设定 App 的背景

```
protected void onCreate(Bundle savedInstanceState) {
```

```
    super.onCreate(savedInstanceState);
    this.getWindow().setBackgroundDrawableResource(R.mipmap.background);
    //用指定图片作为背景
    setContentView(R.layout.activity_main);
}
```

2. 字符串资源的管理与使用

字符串资源描述文件 strings.xml 一般位于工程 res 文件夹下的 values 子文件夹中。如果需要在 Activity 代码或布局文件中使用字符串，可以在 strings. xml 文件中的<resources>标签下添加相应的<string>元素，定义字符串资源。<string>元素的基本格式如下：

```
<string name="字符串名称"> 字符串的内容 </string>
```

代码段 3-10 是一个典型的 strings.xml 示例，其中定义了两个字符串资源。

```
代码段 3-10  string.xml 代码示例
<?xml version="1.0" encoding="utf-8"?>
<resources>
    <string name="app_name">MyFirstApplication</string>
    <string name="hello_world">Hello world!</string>
</resources>
```

上述代码段的第 1 行定义了 XML 版本与编码方式；第 2 行以后在<resources>标签下定义了两个<string>元素，定义了两个字符串，字符串的名称分别为 app_name 和 hello_world。如果需要在 Java 程序代码中使用这些字符串，可以用“R.string.字符串名称”的方式引用。如果在 XML 文件中使用这些字符串，则用“@string/字符串名称”的方式引用。Android 解析器会从工程的 res/values/strings. xml 文件里读取相应名称对应的字符串值并进行替换。

3. 数组资源的管理与使用

与字符串资源类似，数组描述文件 arrays. xml 位于工程 res 文件夹下的 values 子文件夹中。数组资源也定义在<resources>标签下，其基本语法如下：

```
<数据类型-array name="数组名">
    <item>数组元素值 1</item>
    <item>数组元素值 2</item>
    ⋮
</数据类型-array>
```

代码段 3-11 是一个典型的 arrays. xml 示例，在其中定义了两个字符串数组，数组名分别是 citys 和 modes。

代码段 3-11　arrays.xml 代码示例

```
<?xml version="1.0" encoding="utf-8"?>
<resources>
    <string-array name="citys">
        <item>北京</item>
        <item>天津</item>
        <item>上海</item>
    </string-array>
    <integer-array name="modes">
        <item>1</item>
        <item>2</item>
        <item>3</item>
    </integer-array>
</resources>
```

在 XML 中引用数组资源的方法是"@array/数组名称",例如:

```
<Spinner
    android:layout_width="match_parent"
    android:layout_height="wrap_content"
    android:entries="@array/citys"/>
```

在 Java 代码中引用数组资源的方法是"getResources().getXxxArray(R.array.数组名称)",例如:

```
String[] citys=getResources().getStringArray(R.array.citys);
int[] modes=getResources().getIntArray(R.array.modes);
```

4. 颜色描述资源的管理与使用

颜色描述文件 colors.xml 位于工程 res 文件夹下的 values 子文件夹中,其典型内容如代码段 3-12 所示。

代码段 3-12　colors.xml 代码示例

```
<?xml version="1.0" encoding="utf-8"?>
<resources>
    <color name="colorPrimary">#3F51B5</color>
    <color name="colorPrimaryDark">#303F9F</color>
    <color name="colorAccent">#FF4081</color>
</resources>
```

在<resources>标签下添加相应的<color>元素,定义颜色资源,其基本格式如下:

```
<color name="颜色名称"> 该颜色的值 </color>
```

颜色值通常为 8 位的十六进制的颜色值,表达式顺序是＃aarrggbb,其中 aa 表示 alpha 值(00 为完全透明,FF 为完全不透明),aa 可省略,此时表示一个完全不透明的颜色;rr 表示红色分量值;gg 表示绿色分量值;bb 表示蓝色分量值。例如,＃7F0400FF 表示半透明的蓝色。任何一种颜色的值范围都是十六进制 00～FF(0～255)。

在 XML 中引用颜色资源的方法是"@color/颜色名称",例如:

```
android:textColor="@color/colorAccent"
```

在 Java 代码中引用颜色资源的方法是"getResources().getColor(R.color.颜色名称)",或"ContextCompat.getColor(context, R.color.颜色名称)",例如:

```
TextView hello=(TextView)findViewById(R.id.hello);
hello.setTextColor(getResources().getColor(R.color.colorPrimary));
```

5. 引用 assets 文件夹中的资源

同 res 文件夹相似,assets 也是存放资源文件的文件夹,但 res 文件夹中的内容会被编译器所编译,assets 文件夹则不会。也就是说,应用程序运行的时候,res 文件夹中的内容会在启动的时候载入内存,assets 文件夹中的内容只有在被用到的时候才会载入内存,所以一般将一些不经常用到的大资源文件存放在该文件夹下,如应用程序中用到的音频、视频、图片、文本等文件。

在程序中可以使用"getResources.getAssets().open("文件名")"的方式得到资源文件的输入流 InputStream 对象。

3.3 常用的布局

3.3.1 线性布局 LinearLayout

线性布局将其包含的子元素按水平或者垂直方向顺序排列。布局方向由属性 android:orientation 的值来决定,其值为 vertical 时子元素垂直排列,为 horizontal 时子元素水平排列。同时,可使用 android:gravity 属性调整其子元素向左、向右或居中对齐,或使用 android:padding 属性来微调各子元素的摆放位置,还可以通过设置子元素的 android:layout_weight 属性值控制各个元素在容器中的相对大小。

在 XML 布局文件中,线性布局的子元素定义在<LinearLayout></LinearLayout>标签之间。每个线性布局的所有子元素,如果垂直分布则仅占一列,如果水平分布则仅占一行。线性布局中如果子元素所需位置超过一行或一列,不会自动换行或换列,超出屏幕的子元素将不会被显示。

【例 3-4】 示例工程 Demo_03_LinearLayout 演示了线性布局的用法。

在 Android Studio 中新建一个工程，选用空白的 Activity 模板，系统会自动为该 Activity 建立一个位于 res/layout/中的布局文件，自动建立的内容采用约束布局。可以把这个约束布局直接修改为线性布局，如代码段 3-13 所示。本例中采用垂直布局，在布局中添加了 3 个按钮，示例工程运行结果如图 3-11 所示。

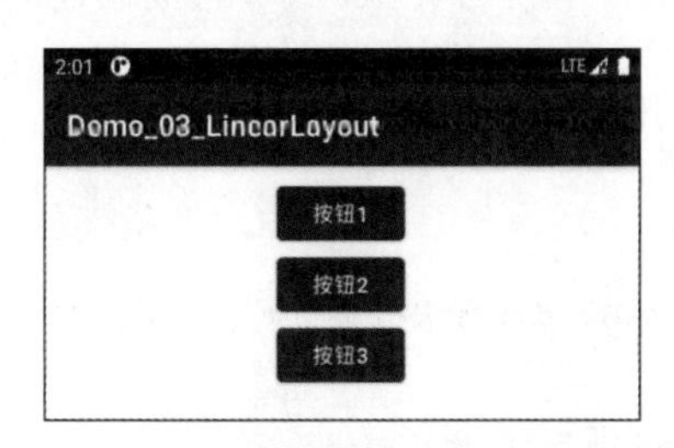

图 3-11　线性布局示例工程的运行结果

代码段 3-13　线性布局示例

```
<?xml version="1.0" encoding="utf-8"?>
<LinearLayout
    xmlns:android="http://schemas.android.com/apk/res/android"
    android:orientation="vertical"
    android:layout_width="match_parent"
    android:layout_height="match_parent"
    android:gravity="center_horizontal"
    android:paddingTop="8dp">
    <Button
        android:text="按钮 1"
        android:id="@+id/button1"
        android:layout_width="wrap_content"
        android:layout_height="wrap_content" />
    <Button
        android:text="按钮 2"
        android:id="@+id/button2"
        android:layout_width="wrap_content"
        android:layout_height="wrap_content" />
    <Button
        android:text="按钮 3"
        android:id="@+id/button3"
        android:layout_width="wrap_content"
        android:layout_height="wrap_content" />
</LinearLayout>
```

在代码段 3-13 中，为每个按钮对象定义了 id 属性。在 XML 布局文件中，可以通过设置 android:id 属性来给相应的 UI 元素指定 id，通常是以字符串的形式定义一个 id，格

式如下:

```
android:id="@+id/id字符串"
```

这里在"@+id/"后面的字符是设定的id,@表示XML解析器应该解析id字符串并把它作为id资源;+表示这是一个新的资源名字,它被创建后应加入R资源文件中。通过这个id,可在XML布局或Activity代码中引用相应的UI元素。引用id时不需要符号+。例如,代码段3-14演示了在Activity中通过id引用布局中的第一个按钮,并设置其text属性值。

```
代码段 3-14  通过 findViewById()方法引用布局中的 UI 对象
@Override
public void onCreate(Bundle savedInstanceState) {
    super.onCreate(savedInstanceState);
    setContentView(R.layout.activity_main);
    Button myButton=(Button)findViewById(R.id.button1);
    //取得 Button 控件句柄,存储到 myButton 对象中
    myButton.setText("hello");
    //字符串 hello 显示在 id 为 button1 的按钮上面
}
```

另外,一般情况下每个View对象都需要设置宽度和高度(layout_width和layout_height)属性。可以指定宽度和高度的绝对值,如50dp,也可指定为match_parent或者wrap_content。match_parent使UI元素对象扩展以填充布局单元内尽可能多的空间,如果设置一个元素的layout_width和layout_height属性值为match_parent,它将被强制性布满整个父容器。而wrap_content使UI元素对象扩展以显示其全部内容,例如,TextView和ImageView对象,设置其layout_width和layout_height属性值为wrap_content,将恰好完整显示其内部的文本或图像,UI元素将会根据其内容自动更改大小并包裹住文字或图片内容。除此之外,还可以通过设置UI元素对象的对齐方式、边距、边界等,调整其在界面中的位置。例如,代码段3-13中,通过设置根布局的android:gravity属性使3个按钮水平居中。

线性布局 LinearLayout

【例3-5】 示例工程Demo_03_BrowserByLinearLayout采用线性布局,实现了一个简易浏览器界面。

本例演示了线性布局中子元素在容器中的相对大小比例的控制。本例使用了android:layout_weight属性,该属性用于定义控件对象所占空间分割父容器的比例。

android:layout_weight属性只有在LinearLayout中才有效,其默认值为0。其含义是一旦View对象设置了该属性,那么该对象的所占空间等于android:layout_width或layout_height设置的空间加上剩余空间的占比。即LinearLayout如果显式包含layout_weight属性,则会计算两次对象所占尺寸,第一次将正常计算所有View对象的宽高,第二次将结合layout_weight的值分配剩余的空间。例如,假设屏幕宽度为L,两个View对象的宽度都为match_parent,其layout_weight的值分别是1和2,则两个View的原有

宽度都为 L，那么剩余宽度为 $L-(L+L)=-L$，第一个 View 对象占比为 1/3，所以总宽度是 $L+(-L)\times1/3=(2/3)L$。

一般推荐当使用 layout_weight 属性时，将 android：layout_width 或 layout_height 设为 0dp，这样 layout_weight 值就可以简单理解为空间占比了。

示例工程的布局效果预览如图 3-12(a)所示，运行结果如图 3-12(b)所示。XML 布局文件的内容如代码段 3-15 所示。

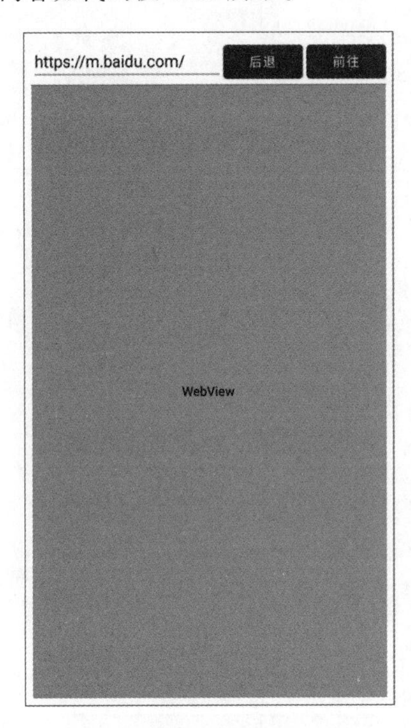

(a) 布局效果预览

(b) 运行结果

图 3-12　线性布局实现简易浏览器界面

代码段 3-15　采用线性布局实现简易浏览器界面

```
<?xml version="1.0" encoding="utf-8"?>
<LinearLayout xmlns:android="http://schemas.android.com/apk/res/android"
    android:layout_width="match_parent"
    android:layout_height="match_parent"
    android:orientation="vertical"
    android:padding="8dp">
    <LinearLayout
        android:layout_width="match_parent"
        android:layout_height="wrap_content"
        android:orientation="horizontal">
        <EditText
            android:id="@+id/editText"
```

```
            android:layout_width="wrap_content"
            android:layout_height="wrap_content"
            android:layout_weight="1"
            android:inputType="textUri"
            android:text="https://m.baidu.com/" />
        <Button
            android:id="@+id/btn_back"
            android:layout_width="wrap_content"
            android:layout_height="wrap_content"
            android:layout_marginEnd="4dp"
            android:text="后退" />
        <Button
            android:id="@+id/btn_go"
            android:layout_width="wrap_content"
            android:layout_height="wrap_content"
            android:text="前往" />
    </LinearLayout>
    <WebView
        android:id="@+id/webView"
        android:layout_width="match_parent"
        android:layout_height="wrap_content"
        android:layout_weight="1" />
</LinearLayout>
```

3.3.2 相对布局 RelativeLayout

在相对布局中，子元素的位置是相对兄弟元素或父容器而确定的，例如，在某个给定 View 对象的左边或者下面，或相对于某个特定区域的位置(如底部对齐、中间偏左)等来定位元素。在设计相对布局时要按照元素之间的依赖关系排列，如 View A 的位置相对于 View B 来决定，则需要保证在布局文件中 View B 在 View A 的前面。还需要注意的是，在进行相对布局时要避免出现循环依赖。例如，设置相对布局的父容器的大小为 WRAP_CONTENT，就不能再将其子元素设置为 ALIGN_PARENT_BOTTOM。因为这样会造成子元素和父元素相互依赖和参照的错误。

相对布局的子元素定义在<RelativeLayout></RelativeLayout>标签之间。

相对布局可以单独指定某个 Layout 或某个对象对齐到另一个 Layout 或对象的位置，而不必像线性布局一样必须将所有的 Layout 与对象水平或垂直对齐，是一种比较灵活的布局。在使用相对布局时会用到很多与位置和距离有关的属性，例如，android:layout_above 属性将 UI 对象放在其他某个对象上方、android:layout_alignLeft 属性将 UI 对象与其他某个对象左端对齐等。限于篇幅，具体请参阅相关 API 文档。

相对布展 RelativeLayout

【例 3-6】 示例工程 Demo_03_BrowserByRelativeLayout 采用相对布局完成例 3-5 中的简易浏览器界面。其布局文件如代码段 3-16 所示。

代码段 3-16　采用相对布局实现简易浏览器界面

```
<?xml version="1.0" encoding="utf-8"?>
<RelativeLayout xmlns:android="http://schemas.android.com/apk/res/android"
    android:layout_width="match_parent"
    android:layout_height="match_parent"
    android:padding="8dp">
    <Button
        android:id="@+id/btn_go"
        android:layout_width="wrap_content"
        android:layout_height="wrap_content"
        android:layout_alignParentEnd="true"
        android:text="前往" />
    <Button
        android:id="@+id/btn_back"
        android:layout_width="wrap_content"
        android:layout_height="wrap_content"
        android:layout_marginEnd="4dp"
        android:layout_toStartOf="@id/btn_go"
        android:text="后退" />
    <EditText
        android:id="@+id/editText"
        android:layout_width="match_parent"
        android:layout_height="wrap_content"
        android:layout_toStartOf="@id/btn_back"
        android:text="https://m.baidu.com/" />
    <WebView
        android:id="@+id/webView"
        android:layout_width="match_parent"
        android:layout_height="match_parent"
        android:layout_below="@id/btn_go" />
</RelativeLayout>
```

3.3.3　表格布局 TableLayout

表格布局的子元素定义在<TableLayout></TableLayout>标签之间。

表格布局是一种以类似表格的方式显示元素的布局，它将包含的元素以行和列的形式进行排列，但它并没有表格线，而是用行和列标识位置。一个 TableLayout 由许多的行组成。行可以是一个 TableRow 对象，也可以是一个 View 对象。当行是一个 View 对象时，该 View 对象将跨越该行的所有列。

一般在<TableLayout>元素中定义<TableRow>子元素，每个 TableRow 代表一行，在 TableRow 中还可以添加子元素，每添加一个子元素为一列。TableLayout 中可以有空的单元格，也可以有跨越多个列的单元格。在 TableLayout 布局中，一列的宽度由该列中最宽的那个单元格决定,而表格的宽度由父容器决定。要特别注意的是,行号和列号是从 0 开始的。

TableLayout 继承自 LinearLayout 类,除了继承来自父类的属性和方法,TableLayout 类中还包含表格布局所特有的属性和方法,例如,android:layout_span 属性用于设置该控件所跨越的列数。表 3-2 是表格布局及其元素的部分属性。

表 3-2 表格布局及其元素的部分属性

属 性 名	功 能
android:layout_colum	元素的属性,设置该控件在 TableRow 中所处的列
android:layout_span	元素的属性,设置该控件所跨越的列数
android:collapseColumns	将 TableLayout 里面指定的列隐藏。列 id 从 0 开始,多个列用“,”分隔
android:stretchColumns	设置指定的列为可自动伸展的列。列 id 从 0 开始,多个列用“,”分隔
android:shrinkColumns	设置指定的列为可自动收缩的列。列 id 从 0 开始,多个列用“,”分隔。可以用 * 表示所有列,同一列可以同时设置为 shrinkable 和 stretchable

表格布局的总宽度由其父容器决定,子对象不能指定 android:layout_width 属性,其值为 match_parent。子对象可以定义 android:layout_height 属性,其默认值是 wrap_content,但是如果子对象是 TableRow,其高度永远是 wrap_content。

列的宽度由该列所有行中最宽的一个单元格决定,但是表格布局可以通过 shrinkColumns 和 stretchColumns 两个属性来标记某些列可以收缩或可以拉伸,以使表格能够适应其父容器的大小。列可以同时具有可拉伸和可收缩属性。

表格布局 TableLayout

【例 3-7】 示例工程 Demo_03_BrowserByTableLayout 采用表格布局完成例 3-5 中的简易浏览器界面。其布局文件如代码段 3-17 所示。

代码段 3-17 采用表格布局实现简易浏览器界面

```
<?xml version="1.0" encoding="utf-8"?>
<TableLayout xmlns:android="http://schemas.android.com/apk/res/android"
    android:layout_width="match_parent"
    android:layout_height="match_parent"
    android:padding="8dp"
    android:stretchColumns="0">
    <TableRow
        android:layout_width="match_parent"
        android:layout_height="match_parent">
        <EditText
            android:id="@+id/editText"
            android:layout_width="match_parent"
            android:layout_height="wrap_content"
            android:text="https://m.baidu.com/" />
        <Button
```

```
            android:id="@+id/btn_back"
            android:layout_width="wrap_content"
            android:layout_height="wrap_content"
            android:layout_marginEnd="4dp"
            android:layout_weight="1"
            android:text="后退" />
        <Button
            android:id="@+id/btn_go"
            android:layout_width="wrap_content"
            android:layout_height="wrap_content"
            android:layout_weight="1"
            android:text="前往" />
    </TableRow>
    <TableRow
        android:layout_width="match_parent"
        android:layout_height="match_parent"
        android:layout_weight="1">
        <WebView
            android:id="@+id/webView"
            android:layout_width="match_parent"
            android:layout_height="match_parent"
            android:layout_span="3" />
    </TableRow>
</TableLayout>
```

3.3.4　网格布局 GridLayout

网格布局的子元素定义在<GridLayout></GridLayout>标签之间。

网格布局是 Android 4.0 以后引入的一个新布局，它把整个容器划分成 n 行 m 列网格，每个网格可以放置一个 UI 控件。GridLayout 类似于 3.3.3 节所介绍的 TableLayout，但它减少了布局嵌套层次，所以性能更高。GridLayout 可以自己设置布局中子元素的排列方式，可以自定义网格布局的行、列数，可以直接设置子元素位于某行某列，可以设置子元素横跨几行或者几列。表 3-3 列出了网格布局中元素的常用属性。

表 3-3　网格布局中元素的常用属性

属性名	功能
android:layout_column	指定该单元格在第几列显示
android:layout_row	指定该单元格在第几行显示
android:layout_columnSpan	指定该单元格占据的列数
android:layout_rowSpan	指定该单元格占据的行数

续表

属　性　名	功　　能
android:layout_gravity	指定该单元格在容器中的对齐方式
android:layout_columnWeight	列权重
android:layout_rowWeight	行权重

网格的行高由行中所有子元素的最大高度决定,如果该行没有子元素,则行高为 0。列宽由列中所有子元素的最大宽度决定,如果该列没有子元素,列宽为 0。

使用 GridLayout,首先要设置属性 android:rowCount 和 android:columnCount,定义子元素的行数和列数,然后设置每个子元素所在的行或者列,以及设置子元素横跨几行或者几列。

在网格布局中,子元素的 android:layout_row 和 android:layout_column 属性用于确定其在布局中的网格坐标。如果子元素没有设置这两个属性,则 GridLayout 自动确定其坐标,但这种做法是不推荐的。

GridLayout 会把所有子元素的 layout_width 和 layout_height 属性设置为 wrap_content,所以通常子元素不需要设置这两个属性。

网格布局 GridLayout

【例 3-8】 示例工程 Demo_03_BrowserByGridLayout 采用网格布局完成例 3-5 中的简易浏览器界面。其布局文件如代码段 3-18 所示。

代码段 3-18　采用网格布局实现简易浏览器界面

```
<?xml version="1.0" encoding="utf-8"?>
<GridLayout xmlns:android="http://schemas.android.com/apk/res/android"
    android:layout_width="match_parent"
    android:layout_height="match_parent"
    android:columnCount="3"
    android:rowCount="2"
    android:padding="8dp">
    <EditText
        android:id="@+id/editText"
        android:layout_row="0"
        android:layout_column="0"
        android:layout_columnWeight="1"
        android:inputType="textUri"
        android:text="https://m.baidu.com/" />
    <Button
        android:id="@+id/btn_back"
        android:layout_row="0"
        android:layout_column="1"
        android:layout_marginEnd="4dp"
        android:text="后退" />
    <Button
```

```
        android:id="@+id/btn_go"
        android:layout_row="0"
        android:layout_column="2"
        android:text="前往" />
    <WebView
        android:id="@+id/webView"
        android:layout_row="1"
        android:layout_column="0"
        android:layout_columnSpan="3"
        android:layout_gravity="fill" />
</GridLayout>
```

3.3.5　帧布局 FrameLayout

帧布局的子元素定义在<FrameLayout></FrameLayout>标签之间。采用帧布局时，子元素的位置只能被放置在父容器空间的左上角。如果在一个帧布局上有多个元素，后放置的元素将遮挡先放置的元素，所以如果子元素一样大，同一时刻只能看到最上面的子元素。例如，在代码段 3-19 中依次放置了 3 个 TextView 控件在帧布局中，由于覆盖的原因，出现了如图 3-13 所示的效果。该布局在运行时所有的子元素都自动地对齐到父容器的左上角，3 个 TextView 控件是按照字号从大到小排列的，因此字号小的在最上层。

代码段 3-19　帧布局示例

```
<?xml version="1.0" encoding="utf-8"?>
<FrameLayout xmlns:android="http://schemas.android.com/apk/res/android"
    android:layout_width="match_parent"
    android:layout_height="match_parent">
    <TextView
        android:layout_width="wrap_content"
        android:layout_height="wrap_content"
        android:text="较大的文字"
        android:textColor="#dddddd"
        android:textSize="50sp" />
    <TextView
        android:layout_width="wrap_content"
        android:layout_height="wrap_content"
        android:text="中等的文字"
        android:textColor="#aaaaaa"
        android:textSize="35sp" />
    <TextView
        android:layout_width="wrap_content"
        android:layout_height="wrap_content"
```

```
        android:text="较小的文字"
        android:textColor="#000000"
        android:textSize="20sp" />
</FrameLayout>
```

图 3-13 帧布局的显示效果

3.3.6 约束布局 ConstraintLayout

约束布局的子元素定义在<ConstraintLayout></ConstraintLayout>标签之间。它可以有效地解决布局嵌套过多的问题,以灵活的方式定位和调整内部元素。

ConstraintLayout 使用约束的方式来指定各个控件的位置和关系,它类似于 RelativeLayout,但比 RelativeLayout 更灵活,性能更出色,例如,ConstraintLayout 可以按照比例约束控件位置和尺寸,能够更好地适配屏幕大小不同的机型。

另外,在传统的 Android 开发当中,界面主要是靠编写 XML 代码完成的,虽然 Android Studio 也支持以可视化的方式来编写界面,但是操作起来并不方便,而 ConstraintLayout 可以解决这一问题,非常适合使用可视化的方式来编写界面。当然,可视化操作的背后仍然还是使用 XML 代码来实现的,只不过这些代码是由 Android Studio 自动生成的。

将 Android Studio 的编辑器切换到 Design 视图,从左侧的 Palette 区域拖曳一个 UI 对象到预览界面,就可以把它添加到界面上。但需要注意,此时还没有给这个 UI 对象添加任何约束,所以在预览界面上看到的元素位置并不是它最终运行后的实际位置,它在运行后会自动位于界面的左上角。

可以在 4 个方向上给 UI 对象添加约束,如图 3-14 所示。在图中 UI 对象的上、下、左、右各有一个圆圈表示的约束控制点,将鼠标指针指向某一个控制点,拖曳到父容器 ConstraintLayout 的边线,就可以将约束添加到 ConstraintLayout,此时在 Design 视图中会出现一条弹簧线。例如,如果想把一个 UI 对象在布局里面居中显示,则分别指向该对象上、下、左、右控制点,拖曳到父容器 ConstraintLayout 的上、下、左、右边线,对应的代码如下:

```
app:layout_constraintBottom_toBottomOf="parent"
app:layout_constraintEnd_toEndOf="parent"
app:layout_constraintStart_toStartOf="parent"
app:layout_constraintTop_toTopOf="parent"
```

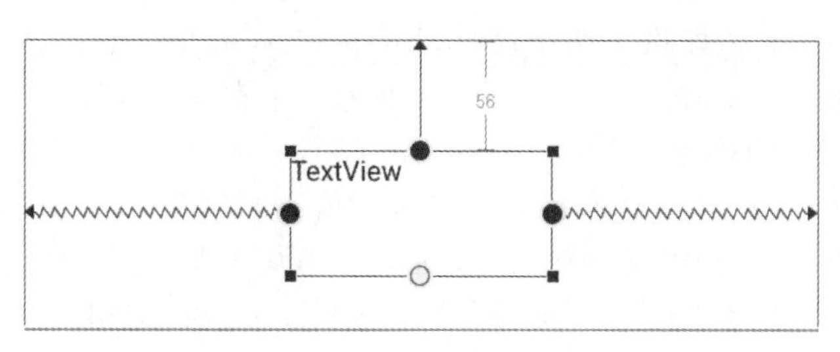

图 3-14　为 UI 对象添加约束(一)

还可以使用约束让一个 UI 对象相对于另一个 UI 对象进行定位，操作方法是将鼠标指针指向 UI 对象某一个控制点，拖曳到其他 UI 对象边线上的控制点。例如，想把一个 UI 对象放置到另一个 UI 对象的下方，则将鼠标指针指向该对象左侧的控制点，拖曳到定位 UI 对象的左边线控制点，再将鼠标指针指向该对象右侧的控制点，拖曳到定位 UI 对象的右边线控制点，再将鼠标指针指向该对象上侧的控制点，拖曳到定位 UI 对象的下边线控制点，则这个 UI 对象就位于定位对象的下侧，上下拖曳这个 UI 对象可以调整它们之间的间距。最终预览效果如图 3-15 所示，对应的代码如下：

```
android:layout_marginTop="48dp"
app:layout_constraintEnd_toEndOf="@+id/textView1"
app:layout_constraintStart_toStartOf="@+id/textView1"
app:layout_constraintTop_toBottomOf="@+id/textView1" />
```

当选中任意一个 UI 对象时，在右侧的 Attributes 面板就会出现如图 3-16 所示的属性选项。在这里可以设置当前对象的所有属性，如对象大小、间距、文本、颜色、点击事件等。

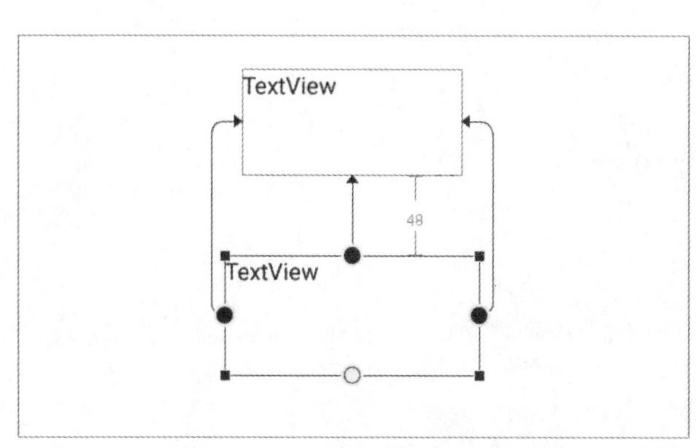

图 3-15　为 UI 对象添加约束(二)

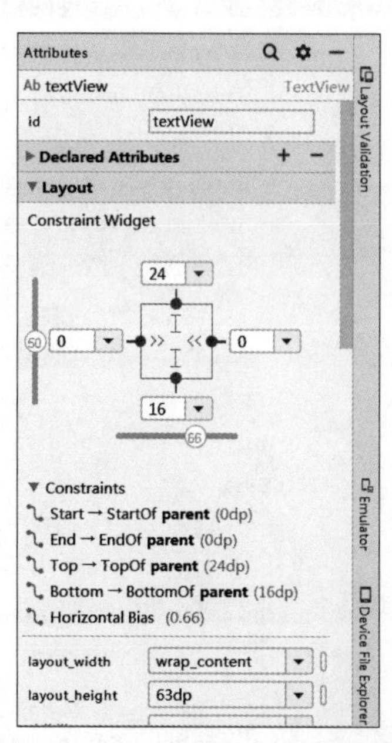

图 3-16　UI 对象的 Attributes 面板

ConstraintLayout 还提供了两个属性,即 app:layout_constraintHorizontal_bias 和 app:layout_constraintVertical_bias(控制水平偏移和垂直偏移),其属性值为 0~1。假如让 TextView1 实现水平偏移,则设置其 layout_constraintHorizontal_bias 属性值。假如赋值为 0,则 TextView1 在布局的最左侧;假如赋值为 1,则 TextView1 在布局的最右侧;假如赋值为 0.5,则水平居中;假如赋值为 0.3,则更倾向于左侧。垂直偏移同理。

约束布局 ConstraintLayout

【例 3-9】 示例工程 Demo_03_BrowserByConstraintLayout 采用约束布局完成例 3-5 中的简易浏览器界面。其布局文件如代码段 3-20 所示。

代码段 3-20 采用约束布局实现简易浏览器界面

```
<?xml version="1.0" encoding="utf-8"?>
<androidx.constraintlayout.widget.ConstraintLayout
    xmlns:android="http://schemas.android.com/apk/res/android"
    xmlns:app="http://schemas.android.com/apk/res-auto"
    xmlns:tools="http://schemas.android.com/tools"
    android:layout_width="match_parent"
    android:layout_height="match_parent"
    android:padding="8dp"
    tools:context=".MainActivity">
    <EditText
        android:id="@+id/editText"
        android:layout_width="0dp"
        android:layout_height="wrap_content"
        android:inputType="textUri"
        android:text="https://m.baidu.com/"
        app:layout_constraintEnd_toStartOf="@+id/btn_back"
        app:layout_constraintStart_toStartOf="parent"
        app:layout_constraintTop_toTopOf="parent" />
    <Button
        android:id="@+id/btn_back"
        android:layout_width="wrap_content"
        android:layout_height="wrap_content"
        android:layout_marginEnd="4dp"
        android:text="后退"
        app:layout_constraintEnd_toStartOf="@+id/btn_go"
        app:layout_constraintTop_toTopOf="parent" />
    <Button
        android:id="@+id/btn_go"
        android:layout_width="wrap_content"
        android:layout_height="wrap_content"
        android:text="前往"
        app:layout_constraintEnd_toEndOf="parent"
        app:layout_constraintTop_toTopOf="parent" />
```

```
    <WebView
        android:id="@+id/webView"
        android:layout_width="0dp"
        android:layout_height="0dp"
        app:layout_constraintBottom_toBottomOf="parent"
        app:layout_constraintEnd_toEndOf="parent"
        app:layout_constraintStart_toStartOf="parent"
        app:layout_constraintTop_toBottomOf="@+id/editText" />
</androidx.constraintlayout.widget.ConstraintLayout>
```

3.4　本章小结

本章介绍了 Activity 的相关知识和 Android 界面布局与常用资源的使用方法，包括以 XML 布局文件和 Activity Java 源码编程两种方法设定和使用布局的方法、如何使用存放在 Android 工程中的资源文件，以及常用的界面布局类型。学习本章要重点要掌握 Activity 的生命周期，以及线性布局、相对布局、网格布局、约束布局等常用布局的使用方法，并能灵活运用这些布局。

习　　题

1. 简述 Android 系统的 4 种基本组件，即 Activity、Service、BroadcastReceiver 和 ContentProvider 的用途。

2. 简述 Activity 生命周期的 4 种状态，以及状态之间的变换关系。

3. 当手机的“屏幕自动旋转”模式设置为打开时，横竖屏切换的过程中 Activity 会依次调用哪些生命周期方法？

4. 如果后台的 Activity 由于某个原因被系统回收了，如何在被系统回收之前保存当前状态？

5. Android 应用程序的界面布局有哪几种方式？各有什么优缺点？

6. 分别以 Java 编程的方法和 XML 布局文件的方法实现一个 Activity。要求界面有说明文字，以及姓名、性别、年龄输入框，底部给出“确定”和“取消”两个按钮。

7. 分别以线性布局、相对布局、表格布局、网格布局、约束布局的方式实现一个 Activity。要求界面有说明文字，以及姓名、性别、年龄输入框，底部给出“确定”和“取消”两个按钮。

8. 如果想让 TextView 中的文本居中显示，应当设置其 android:gravity 属性的值还是 android:layout_ gravity 属性的值为 center？

第4章 常用UI控件及其应用

本章介绍Android中常用的UI控件及其事件处理机制，内容包括文本显示框TextView、文本输入框EditText、带自动提示的文本输入框AutoCompleteTextView、按钮Button、开关按钮ToggleButton和Switch、单选按钮RadioButton、复选框CheckBox、日期选择器DatePicker、时间选择器TimePicker、计时器Chronometer、列表ListView、下拉列表框Spinner等常用UI控件的使用与编程技巧，以及相关的事件处理方法。

4.1 UI控件概述

在Android系统中进行用户界面设计时，UI控件是必不可少的重要元素。UI控件用于绘制交互屏幕内的元素，它们对应的类多数是View或ViewGroup类的子类，定义在android.widget包中。常见的UI控件有TextView、EditText、AutoCompleteTextView、Button、ImageButton、ToggleButton、Switch、RadioButton、CheckBox、ListView、Spinner、GridView、ScrollView、WebView、ProgressBar、RatingBar、SeekBar、DatePicker、TimePicker、Chronometer等，限于篇幅，本章仅介绍部分常用UI控件。

通常，首先在XML布局文件中提前定义UI对象并设置其属性，然后通过在Activity中调用setContentView()方法来引用该布局文件，并调用findViewById()方法引用该布局文件中的UI对象。很多UI对象既可以在XML文件中设定各种属性，也可以在Java代码中设定属性。如果需要在程序运行的过程中动态改变某些属性值，则通常要在Java代码中实现。

4.2 Android的事件处理机制

在用户图形界面的开发设计中，有两个非常重要的内容：一个是界面中UI对象的布局；另一个就是UI对象的事件处理。Android的事件处理机制主要涉及如下3个概念。

(1) 事件。表示用户在图形界面的操作的描述，通常被封装成各种类，例如，键盘事件相关的类为KeyEvent，触摸屏的移动事件类为MotionEvent等。

(2) 事件源。指发生事件的控件对象，如Button对象、EditText对象等。

(3) 事件处理者。指接收事件并对其进行处理的对象，一般是一个实现某些特定接口类的对象。

Android系统的用户与应用程序之间的交互是通过事件处理来完成的,各控件对象在不同情况下触发的事件可能并不相同,但对事件的处理方法主要有两类,即基于监听接口的处理方法和基于回调机制的处理方法。前者使用事件监听器(Event Listener)来处理事件,后者使用事件处理器(Event Handler)来处理事件。另外,Android还提供一种更简单的绑定事件监听器的方式,即直接在界面布局文件中为UI对象绑定事件处理方法。

4.2.1 基于监听接口的事件处理方式

与Java中的监听处理模型一样,Android也提供了同样的基于监听接口的事件处理模型。事件监听器是一个在View类中的接口,包括一个单独的回调方法,部分常见的事件监听器如表4-1所示。

表4-1 部分常见的事件监听器

监　听　器	说　　明
View.OnClickListener	当前View被点击时,或者当前View获得焦点时,或在用户按下轨迹球后被调用,并触发其中的onClick(View v)方法
View.OnLongClickListener	当前View被长按时被调用,并触发其中的onLongClick(View v)方法
View.OnFocusChangeListener	当前View焦点变化时被调用,并触发其中的onFocusChange(View v, Boolean hasFocus)方法
View.OnKeyListener	当前View获得焦点,或者用户按下键时被调用,并触发其中的onKey(View v, int keyCode, KeyEvent event)方法
View.OnTouchListener	当触摸事件(包括按下、抬起、移动等)传递给当前View时被调用,并触发其中的onTouch(View v, MotionEvent event)方法

将事件源与事件监听器联系在一起,就需要为事件源注册事件监听器,即为事件源对象添加某个事件的监听。当事件发生时,系统会将事件封装成相应类型的事件对象,并发送给注册到事件源的事件监听器。当监听器对象接收到事件对象之后,就会调用事件监听器中相应的回调方法来处理事件。

1. 对点击事件的处理

UI对象被点击的事件由接口android.view.View.OnClickListener监听并对其进行处理。在触控模式下,它是针对某个View(如Button)上按下并抬起的组合动作;在键盘模式下它是针对某个View获得焦点后按确定键或者按下轨迹球的事件。监听到点击事件后触发该接口中的回调方法onClick()。该方法的定义如下:

```
public void onClick (View v)
```

参数v就是事件发生的事件源。处理UI对象点击事件时,一般需要调用该UI对象实例的setOnClickListener()方法注册事件监听器,并把OnClickListener对象的实例作为参数传入。在该 OnClickListener 对象的回调方法 onClick()中添加处理点击事件的程序代码。

采用基于监听接口的事件处理方法,可以在定义 Activity 时直接实现接口,这样 Activity 本身就是事件监听器,可以实现对事件的监听和响应;也可以定义内部类或使用匿名内部类实现接口,从而实现对事件的监听和响应。

对 Button 点击事件的处理

【例 4-1】 示例工程 Demo_04_ButtonOnClickListener 演示了对 Button 点击事件的处理方法。该示例的 Activity 中有一个按钮,程序监听这个按钮被点击的次数,当点击次数达到设定的次数时就退出应用程序。

Button 是用户界面中的基本元素,通常在 XML 布局文件中添加及设定其位置、形态、显示文字等。如果需要设计其点击后的处理逻辑,则在 Activity 中通过监听相应的事件来进行处理。

代码段 4-1 采用 Activity 直接实现接口 OnClickListener 对 Button 点击事件的监听和响应。

代码段 4-1 Activity 直接实现接口 onClickListener 对 Button 点击事件的响应

```
//package 和 import 语句略
public class MainActivity extends AppCompatActivity implements View.
OnClickListener {                                   //Activity 实现监听器接口
    int count=0;
    Button myBtn;
    @Override
    protected void onCreate(Bundle savedInstanceState) {
        super.onCreate(savedInstanceState);
        setContentView(R.layout.activity_main);
        myBtn=(Button)findViewById(R.id.myButton);
        myBtn.setOnClickListener(this);              //为事件源注册事件监听器
    }
    @Override
    public void onClick(View view) {                 //处理 Button 的点击事件
        count++;
        if (count==5)
            finish();                                //程序退出
        else
            myBtn.setText("我被点击了:"+count+"次");
    }
}
```

点击按钮前的程序界面如图 4-1(a)所示,点击按钮后的程序界面如图 4-1(b)所示。

从例 4-1 可以看出,对点击事件的处理主要是继承并完成 OnClickListener 接口中的 onClick()方法,并且将其绑定在事件源中,从而达到事件处理的效果。

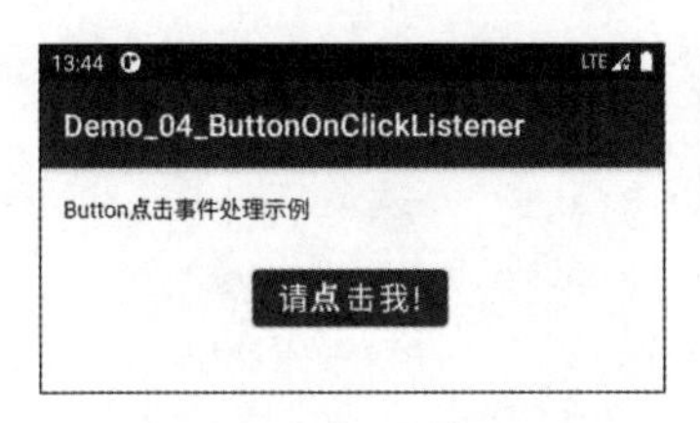

(a) 点击按钮前的程序界面

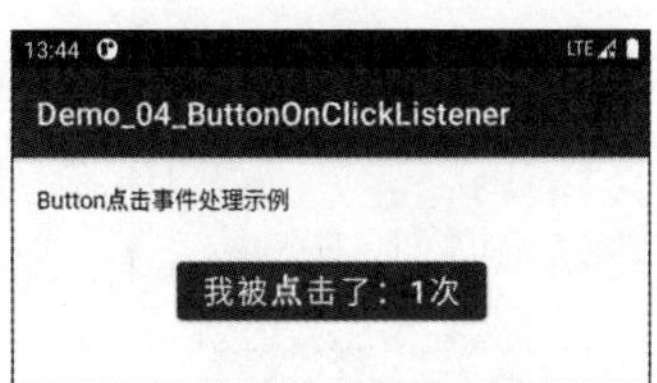

(b) 点击按钮后的程序界面

图 4 1　示例工程的运行结果

2. 对键盘按键事件的处理

对手机键盘进行监听的接口是 android.view.View.OnKeyListener。它对某个 View 对象进行监听，当该对象获得焦点并有按键操作时，触发该接口中的回调方法 OnKey()，并传入 3 个参数 v、keyCode 和 event。该抽象方法的定义如下：

```
public boolean OnKey(View v, int keyCode, KeyEvent event)
```

其中，第 1 个参数 v 为事件源控件，第 2 个参数 keyCode 为手机键盘的键盘码，第 3 个参数 event 为键盘事件封装类的对象，其中包含了事件的详细信息，如发生的事件、类型等。按键包括按下和抬起两个动作过程，可以根据 event 对象判断不同的微观过程，从而执行不同的处理逻辑。

该方法的返回值是一个 boolean 类型的值，返回 true 时表示已经完整地处理了事件，不希望其他回调方法再次处理；而返回 false 时表示并没有完全处理完该事件，希望其他回调方法继续对其进行处理。

处理键盘按键事件时，一般需要调用对应 View 对象的 setOnKeyListener()方法注册事件监听器，并把 OnKeyListener 对象的实例作为参数传入。具体实现方法与处理点击事件类似，可以使用 Activity 直接实现接口的处理方式、内部类处理方式或匿名内部类处理方式。

【例 4-2】　示例工程 Demo_04_OnKeyListener 演示了通过内部类方式处理键盘按键事件。

对键盘按键事件的处理

该程序监听被按下的按键信息，并将按键事件和键盘码显示到 TextView 中，采用内部类方式处理键盘按键事件，如代码段 4-2 所示。运行结果如图 4-2 所示。

代码段 4-2　通过内部类方式处理键盘按键事件

```
//package 和 import 语句略
public class MainActivity extends AppCompatActivity {
    TextView textView;
    EditText editText;
    String keyType="", keyCodeStr="";
    @Override
    protected void onCreate(Bundle savedInstanceState) {
```

```
        super.onCreate(savedInstanceState);
        setContentView(R.layout.activity_main);
        textView=(TextView)findViewById(R.id.textView);
        editText=(EditText)findViewById(R.id.editText);
        editText.setOnKeyListener(new MyOnKeyListener());
    }
    class MyOnKeyListener implements OnKeyListener {
                                                //定义实现监听器接口的内部类
        @Override
        public boolean onKey(View view, int i, KeyEvent keyEvent) {
            switch (i) {
                case KeyEvent.KEYCODE_ENTER:
                    keyType="回车键";
                    break;
                case KeyEvent.KEYCODE_DEL:
                    keyType="删除键";
                    break;
                case KeyEvent.KEYCODE_VOLUME_UP:
                    keyType="加大音量键";
                    break;
                case KeyEvent.KEYCODE_VOLUME_DOWN:
                    keyType="减小音量键";
                    break;
                default:
                    keyType="其他";
            }
            switch (keyEvent.getAction()) {
                case KeyEvent.ACTION_UP:              //按键松开
                    keyCodeStr=keyCodeStr+keyType+"--键盘松开--键盘码"+i+"\n";
                    textView.setText(keyCodeStr);
                    break;
                case KeyEvent.ACTION_DOWN:            //键盘按下
                    keyCodeStr=keyCodeStr+keyType+"--键盘按下--键盘码"+i+"\n";
                    textView.setText(keyCodeStr);
                    break;
                default:
                    break;
            }
            return false;
        }
    }
}
```

图 4-2　示例工程的运行结果

3. 对触摸事件的处理

对触摸事件进行监听的接口是 android.view.View.OnTouchListener。它对某个 View 对象进行监听，当指定区域监听到用户的触摸动作时，触发该接口中的回调方法 OnTouch()，并传入两个参数 v 和 event。该抽象方法的定义如下：

```
public boolean onTouch(View v, MotionEvent event)
```

其中，第 1 个参数 v 为事件源控件，第 2 个参数 event 为触摸事件的封装类对象。该方法的返回值是一个 boolean 类型的值，返回 true 时表示已经完整地处理了事件，不希望其他回调方法再次处理。

触摸动作包括从手指按下到离开手机屏幕的整个过程，在微观形式上，具体表现为 ACTION_DOWN、ACTION_MOVE 和 ACTION_UP 等过程。在重写事件处理的 onTouch() 方法时，可以根据传入的 event 对象判断不同的微观过程，从而执行不同的处理逻辑。

处理触摸事件时，一般需要调用对应 View 对象的 setOnTouchListener()方法注册事件监听器，并把 OnTouchListener 对象的实例作为参数传入。具体实现方法与处理点击事件类似。

【例 4-3】 示例工程 Demo_04_OnTouchListener 演示了监听 ImageView 上的触摸事件并将触摸点坐标信息显示到下方的 TextView 中。程序采用匿名内部类方式实现事件的监听和处理，主要代码如代码段 4-3 所示。

对触摸事件的处理

Android 系统的坐标系与 Java 相同，以左上顶点为原点坐标(0,0)，向右为 X 轴正方向，向下为 Y 轴正方向，运行结果如图 4-3 所示。

代码段 4-3　通过匿名内部类方式处理触摸事件

```
//package 和 import 语句略
public class MainActivity extends AppCompatActivity {
    String sInfo="";
    @Override
    protected void onCreate(Bundle savedInstanceState) {
```

```
        super.onCreate(savedInstanceState);
        setContentView(R.layout.activity_main);
        ImageView image=(ImageView) findViewById(R.id.imageView);
        image.setOnTouchListener(new View.OnTouchListener() {
                                                        //注册 OnTouch 监听器
            @Override
            public boolean onTouch(View v, MotionEvent event) {
                TextView tvMessage=(TextView) findViewById(R.id.tv_message);
                switch (event.getAction()) {
                    case MotionEvent.ACTION_DOWN:     //按下
                        sInfo=sInfo + "\n 触摸点坐标:X="+String.valueOf(event.
                                getX())+"  Y="+String.valueOf(event.getY());
                        sInfo=sInfo+"--按下";
                        tvMessage.setText(sInfo);
                        break;
                    case MotionEvent.ACTION_MOVE:     //移动
                        sInfo=sInfo+"--移动";
                        tvMessage.setText(sInfo);
                        break;
                    case MotionEvent.ACTION_UP:       //松开
                        sInfo=sInfo+"\n 触摸点坐标:X="+String.valueOf(event.
                              getX())+"  Y="+String.valueOf(event.getY());
                        sInfo=sInfo+"--松开";
                        tvMessage.setText(sInfo);
                        break;
                    default: break;
                }
                return true;
            }
        });
    }
}
```

图 4-3　示例工程的运行结果

4.2.2 基于回调机制的事件处理方式

在 Android 中任何一个 UI 控件都直接或者间接继承自 android.view.View，View 和 Activity 都已经实现了 KeyEvent.Callback 等接口，并且都定义了自己的事件处理回调方法，开发人员可以通过重写 View 或 Activity 中的这些回调方法来实现对事件的响应。当某个事件没有被任何一个 View 处理时，便会调用 Activity 中相应的回调方法。

1. onKeyDown()和 onKeyUp()方法

onKeyDown()和 onKeyUp()方法是接口 KeyEvent.Callback 中的抽象方法，用于捕获按键信息并对其进行处理。onKeyDown()方法用于捕获设备键盘被按下的事件，onKeyUp()方法用于捕获设备键盘被抬起的事件，所有的 View 全部实现了该接口并重写了这两个方法。以 onKeyDown()为例，方法定义如下：

```
public boolean onKeyDown(int keyCode, KeyEvent event)
```

其中，参数 keyCode 为被按下的键盘码，设备键盘中每个按钮都会有其单独的键盘码，在应用程序中通过键盘码可以知道用户按下的是哪个键，参数 event 是按键事件对应的对象，其中包含了触发事件的详细信息，如事件的状态、事件的类型、事件发生的时间等。当用户按下按键时，系统会自动将事件封装成 KeyEvent 对象供应用程序使用。

该方法的返回值是一个 boolean 类型的值，返回 true 表示已经完整地处理了事件，不希望其他回调方法再次处理。

【例 4-4】 示例工程 Demo_04_OnKeyDown 演示了通过 Activity 的 onKeyDown()方法来监听被按下的按键信息并将其显示到 TextView 中。Java 代码如代码段 4-4 所示，程序运行后，当按下某键时，显示按键的键盘码和键值，运行结果如图 4-4 所示。

代码段 4-4 通过 Activity 的回调方法处理键盘按键事件

```
//package 和 import 语句略
public class MainActivity extends AppCompatActivity {
    String keyCodeStr="";
    @Override
    protected void onCreate(Bundle savedInstanceState) {
        super.onCreate(savedInstanceState);
        setContentView(R.layout.activity_main);
    }
    @Override
    public boolean onKeyDown(int keyCode, KeyEvent event) {
        TextView tvMessage=(TextView) findViewById(R.id.tv_message);
        keyCodeStr=keyCodeStr+"键盘码:"+keyCode+"按键:"
            +KeyEvent.keyCodeToString(keyCode).substring(8)+"\n";
        tvMessage.setText(keyCodeStr);
        return true;
    }
}
```

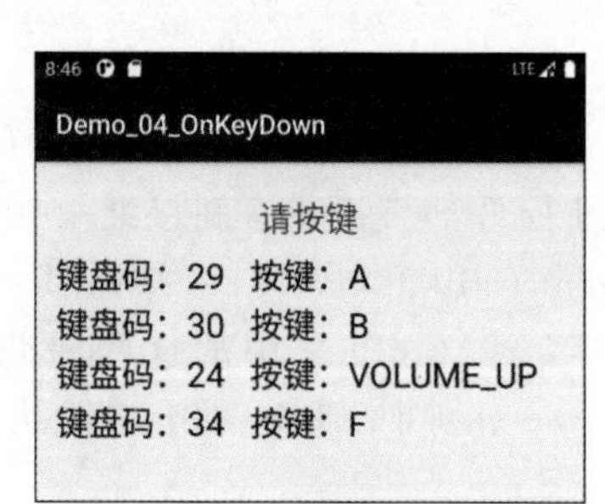

图 4-4 示例工程的运行结果

2. onTouchEvent()方法

Activity 和 View 中都定义了 onTouchEvent()方法，用于捕获触摸屏幕事件并对其进行处理。onTouchEvent()处理传递到 View 的手势事件，包括 ACTION_DOWN、ACTION_MOVE、ACTION_UP、ACTION_CANCEL 4 种事件。Android 系统支持触摸屏幕操作，应用程序可以通过该方法处理移动设备屏幕的触摸事件。

onTouchEvent()方法的定义如下：

```
public boolean onTouchEvent (MotionEvent event)
```

其中，参数 event 为手机触摸屏事件封装类的对象，它封装了该事件的所有信息，如触摸的位置、类型以及触摸的时间等。该对象会在用户触摸手机屏幕时被创建。onTouchEvent()方法的返回值与 onKeyDown()等方法相似，当已经完整地处理了该事件且不希望其他回调方法再次处理时返回 true，否则返回 false。

一般情况下，手指按在屏幕上、手指离开屏幕、手指在屏幕上滑动 3 种事件全部由 onTouchEvent()方法处理。该方法捕捉到这些事件后，将相关的事件信息封装到 event 对象中。可以在重写 onTouchEvent()方法时，调用 event.getAction()方法来获取动作值，判断发生的是哪个动作，然后分别处理。

【例 4-5】 示例工程 Demo_04_OnTouchEvent 演示了通过 Activity 的 onTouchEvent()方法来监听触摸屏幕事件并将触摸点坐标信息显示到 TextView 中。

其主要代码如代码段 4-5 所示。示例程序运行后，触摸屏幕的响应结果如图 4-5 所示。

代码段 4-5 通过 Activity 的回调方法处理触摸事件

```
//package 和 import 语句略
public class MainActivity extends AppCompatActivity {
    TextView txtAction, txtPosition;
    @Override
    protected void onCreate(Bundle savedInstanceState) {
        super.onCreate(savedInstanceState);
        setContentView(R.layout.activity_main);
```

```
        txtAction = (TextView) findViewById(R.id.tv_action);
        txtPosition= (TextView) findViewById(R.id.tv_postion);
    }
    @Override
    public boolean onTouchEvent(MotionEvent event) {
        String actionString="";
        int myAction=event.getAction();
        switch (myAction) {
            case MotionEvent.ACTION_DOWN:
                actionString="ACTION_DOWN";
                break;
            case MotionEvent.ACTION_MOVE:
                actionString="ACTION_MOVE";
                break;
            case MotionEvent.ACTION_UP:
                actionString="ACTION_UP";
                break;
        }
        float x=event.getX();
        float y=event.getY();
        txtAction.setText("触屏动作:"+actionString+"\n 动作值:"+myAction);
        txtPosition.setText("触摸点坐标:"+"("+x+", "+y+")");
        return true;
    }
}
```

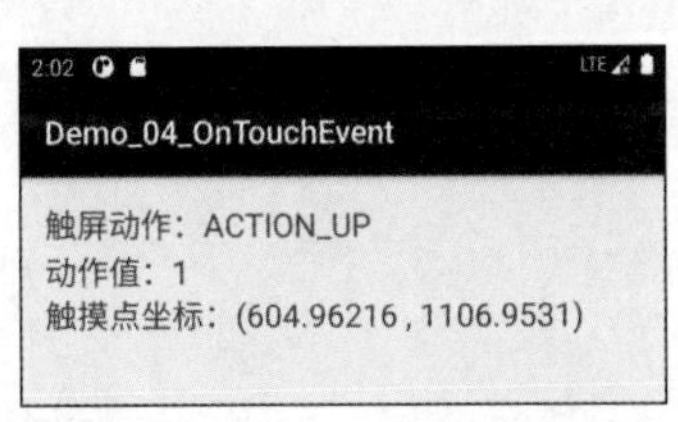

图4-5　示例工程的运行结果

4.2.3 直接绑定到XML标签的事件处理方式

Android还提供一种更简单的绑定事件监听器的方式，直接在界面布局文件中为指定控件绑定事件处理方法。很多View对象都支持onClick、onLongClick等属性，这种属性的属性值就是一个形如xxx(View source)方法的方法名。该方法定义在引用布局的Activity中，事件会触发回调指定的方法。

【例4-6】 示例工程Demo_04_ButtonClickByXML演示了采用上述方法处理按钮的点击事件，完成例4-1的功能。

该示例的XML布局文件中定义了一个按钮，并设置了这个按钮的android:onClick

属性,为按钮绑定一个事件处理方法 onButtonClick(),如代码段 4-6 所示。

代码段 4-6 在布局文件中定义 Button

```
<Button
    android:id="@+id/button"
    android:layout_width="wrap_content"
    android:layout_height="wrap_content"
    android:text="请点击我!"
    android:textSize="20sp"
    android:onClick="onButtonClick"/>        <!--定义 onClick 属性,指定按钮点
击时的回调方法-->
```

同时需要在该界面布局对应的 Activity 中定义一个 public void onButtonClick(View v) 方法,该方法将会负责处理该按钮上的点击事件,如代码段 4-7 所示。需要注意的是,这个方法必须是 public 类型,没有返回值,有且只有一个 View 类型的参数。

代码段 4-7 在 Activity 中定义 public void buttonClick(View v)方法

```
//package 和 import 语句略
public class MainActivity extends AppCompatActivity {
    int count=0;
    @Override
    protected void onCreate(Bundle savedInstanceState) {
        super.onCreate(savedInstanceState);
        setContentView(R.layout.activity_main);
    }
    public void onButtonClick (View v) {
        Button myBtn= (Button) findViewById(R.id.button);
        count++;
        if (count==5)
            finish();                                  //退出
        else
            myBtn.setText("我被点击了:"+count+"次");
    }
}
```

4.3 文本的输入和输出

4.3.1 TextView 和 EditText

TextView 通常用于在 Activity 上显示文字,而 EditText 通常用于在 Activity 上接收用户从键盘输入的文本信息。TextView 常用于 EditText 的前面,用于显示文本输入框的提示文字。

TextView和EditText的创建与使用方法类似，通常会首先在XML布局文件中定义TextView或EditText对象并设置其位置和属性，如id属性、显示文字的内容、宽度、高度、颜色等属性。如果在程序运行过程中需要对其进行控制，则在Activity中调用findViewById()方法引用布局文件中定义的TextView或EditText对象，设置或获取对象的属性。例如，调用setText()方法设置对象上显示的文字，调用getText()方法取得对象上的文字。

在XML布局文件和Java代码中都可以设置TextView或EditText的各种属性，如文字的字体、字号、颜色等。如果TextView显示文字内容较多，可以将其放置在ScrollView中，使TextView成为ScrollView的子元素，这样运行程序后如果TextView上的文字超出了屏幕范围就会出现滚动条，保证TextView的文字内容显示完整。

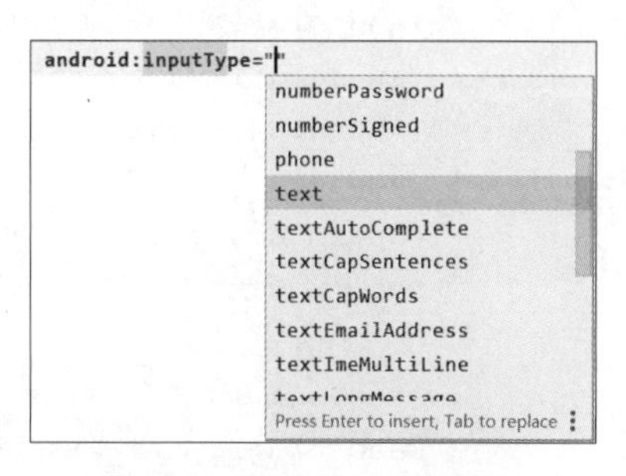

图4-6　指定EditText对象的inputType属性

EditText是TextView的子类，所以TextView的方法和属性同样适用于EditText。EditText控件还具有一些与TextView不同的属性，如以密码方式显示、设定其hint提示信息等。通过指定EditText对象的inputType属性，还可以设置其输入方式，如图4-6所示。

【例4-7】　示例工程Demo_04_TextViewAndEditText演示了如何在一个Activity中使用activity_main.xml中的TextView和EditText控件。该程序在EditText中输入的内容以密码形式显示，而TextView则将输入的密码以明文的方式显示。

文本的输入输出

首先，在Android Studio中新建一个工程项目，在资源文件夹res\layout中定义XML布局文件，本例中设置EditText对象的文本以密码方式显示，其android:inputType属性值设置为textPassword。在Java代码中处理了EditText的按键事件后，当用户在文本框中输入字符时，更新TextView对象(id为tv_out)显示的文字内容。

activity_main.xml文件内容如代码段4-8所示，Java代码如代码段4-9所示。示例工程的运行结果如图4-7所示。

代码段4-8　在XML布局文件中定义TextView和EditText对象

```
<?xml version="1.0" encoding="utf-8"?>
<LinearLayout xmlns:android="http://schemas.android.com/apk/res/android"
    android:layout_width="match_parent"
    android:layout_height="match_parent"
    android:layout_margin="16dp"
    android:orientation="vertical">
    <TextView
        android:layout_width="match_parent"
        android:layout_height="wrap_content"
        android:text="TextView和EditText示例\n" />
```

```
    <TextView
        android:layout_width="match_parent"
        android:layout_height="wrap_content"
        android:text="请输入密码:"
        android:textColor="#ff00ff"
        android:textSize="20sp"
        android:textStyle="italic" />
    <EditText
        android:id="@+id/txt_input"
        android:layout_width="match_parent"
        android:layout_height="wrap_content"
        android:hint="请在这里输入密码"
        android:inputType="textPassword"
        android:textSize="18sp" />   <!--inputType 属性值设置为"textPassword"-->
    <TextView
        android:id="@+id/tv_out"
        android:layout_width="wrap_content"
        android:layout_height="wrap_content" />
</LinearLayout>
```

代码段 4-9 设置 TextView 和 EditText 的相关属性

```
//package 和 import 语句略
public class MainActivity extends AppCompatActivity {
    EditText txtInput;
    @Override
    protected void onCreate(Bundle savedInstanceState) {
        super.onCreate(savedInstanceState);
        setContentView(R.layout.activity_main);
        txtInput=(EditText) findViewById(R.id.txt_input);
        txtInput.setOnKeyListener(new View.OnKeyListener() {
                                                          //监听对输入框的按键操作
            @Override
            public boolean onKey(View v, int keyCode, KeyEvent event) {
                TextView tvOut=(TextView) findViewById(R.id.tv_out);
                tvOut.setTextSize(20.0f);                      //设置文字大小
                tvOut.setTypeface(null, Typeface.BOLD); //设置文字字体
                tvOut.setTextColor(Color.BLACK);          //设置文字颜色
                tvOut.setText("\n 您输入的密码是"+txtInput.getText().toString());
                                           //得到文本框的输入内容并在 TextView 中显示
                return false;
            }
        });
    }
}
```

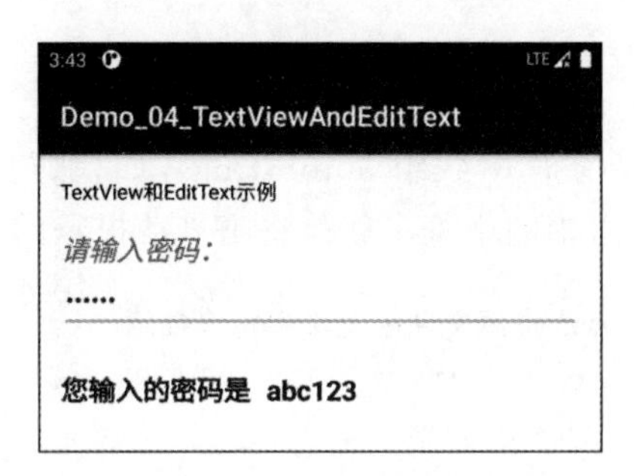

图 4-7 示例工程的运行结果

4.3.2 AutoCompleteTextView

使用自动提示文本输入框可以简化输入过程，在输入框中输入部分内容后，和内容相关的文字选项会被自动列出来，用户可以从中选择一项快速完成输入。Android 系统中提供了两种类型的智能文本输入框，即 AutoCompleteTextView 和 MultiAutoCompleteTextView，鉴于篇幅，本书仅介绍 AutoCompleteTextView 的使用方法。

AutoCompleteTextView 继承自 android.widget.EditText。输入框显示的自动提示文本一般是从一个数组数据适配器 ArrayAdapter 中获取的，ArrayAdapter 能够将控件和底层数据绑定到一起。

ArrayAdapter 的构造方法如下：

```
ArrayAdapter<T>(Context context, int textViewResourceId, T[] objects)
```

它需要 3 个参数，依次为当前的上下文环境、列表项布局文件的资源 id、数据源。例如，可以这样定义 ArrayAdapter 的实例对象：

```
ArrayAdapter<String>adapter=new ArrayAdapter<String> (this,R.layout.list_
    item, getResources().getStringArray(R.array.autoStrings));
```

这里的布局文件描述的是提示文字列表每行的布局，可以引用自己定义的布局，也可以引用系统定义好的布局，例如 android.R.layout.simple_dropdown_item_1line、android.R.layout.simple_spinner_dropdown_item 等。

调用 AutoCompleteTextView 对象的 setAdapter()方法，可以为 AutoCompleteTextView 控件对象设置适配器，例如：

```
atv.setAdapter(adapter);
```

系统会根据用户在输入框中已经输入的文字到适配器中查找前几个字符与输入相匹配的字符串，并将其列于输入框的下方，供用户选择。

AutoComplete-TextView

【例 4-8】 示例工程 Demo_04_AutoCompleteTextView 演示了具有自动提示功能的 AutoCompleteTextView 控件的用法。

本例的实现步骤如下。

步骤 1：将自动提示文本定义在 XML 资源文件中的一个字符串数组中。本例在 arrays.xml 资源文件中定义字符串数组 autoStrings，如代码段 4-10 所示。或者在 Java 代码中定义字符串数组，数组中的字符串就是将来自动提示的字符串。

代码段 4-10　在 arrays.xml 资源文件中定义字符串数组

```
<?xml version="1.0" encoding="utf-8"?>
<resources>
    <string-array name="autoStrings">
        <item>北京大学</item>
        <item>北京交通大学</item>
        <item>北京天安门</item>
        <item>北京理工大学</item>
        <item>北方天气</item>
        <item>南方航空</item>
        <item>南方航空公司</item>
    </string-array>
</resources>
```

步骤 2：定义列表项的布局文件 list_item.xml。如代码段 4-11 所示，定义了列表项的文字大小、颜色和间距。

代码段 4-11　列表项的布局文件 list_item.xml

```
<?xml version="1.0" encoding="utf-8"?>
<TextView xmlns:android="http://schemas.android.com/apk/res/android"
    android:layout_width="match_parent"
    android:layout_height="match_parent"
    android:padding="10dp"
    android:textSize="18sp"
    android:textColor="#0000ff">
  </TextView>
```

步骤 3：在 activity_main.xml 布局文件中加入 AutoCompleteTextView 控件，如代码段 4-12 所示。

代码段 4-12　在 activity_main.xml 布局文件中加入 AutoCompleteTextView 控件

```
<AutoCompleteTextView
    android:id="@+id/autoComplete"
    android:layout_width="match_parent"
    android:layout_height="wrap_content"/>
```

步骤 4：在 Activity 中利用字符串数组创建并实例化适配器。在 Activity 中获得 AutoCompleteTextView 实例，调用其 setAdapter()方法设置适配器。Activity 的主要代码如代码段 4-13 所示。

代码段 4-13　通过 ArrayAdapter 设置 AutoCompleteTextView 的数据源

```
//package 和 import 语句略
public class MainActivity extends AppCompatActivity {
    @Override
    protected void onCreate(Bundle savedInstanceState) {
        super.onCreate(savedInstanceState);
        setContentView(R.layout.activity_main);
        //创建适配器
        ArrayAdapter<String> adapter=new ArrayAdapter<String>(this,
                    R.layout.list_item,
                    getResources().getStringArray(R.array.autoStrings));
        AutoCompleteTextView autoInput=(AutoCompleteTextView) findViewById
(R.id.autoComplete);
        //为 AutoCompleteTextView 对象设置适配器
        autoInput.setAdapter(adapter);
    }
}
```

示例工程 Demo_04_AutoCompleteTextView 的运行结果如图 4-8 所示。当输入两个字符之后就会根据当前已经输入的文字列出自动提示。

图 4-8　示例工程的运行结果

4.4　按钮和复选框

4.4.1　Button

按钮是用户交互中使用最多的控件之一，在很多应用程序中都很常见。Button 继承自 android.widget.TextView，可以在布局文件中定义，也可以在程序运行过程中创建并加入界面中。Button 常用的属性有 clickable（设置是否允许点击）、background（设置背景色）、text（设置按钮上显示的文字）、textSize（设置文字大小）、textColor（设置文字颜色）、onClick（设置点击事件的回调方法）等。

当用户点击按钮时,会触发一个 Click 事件。本章例 4-1、例 4-6 演示了按钮的基本用法。需要注意的是,Button 对象的 setOnClickListener 优先级比 XML 中的 android:onClick 高,如果同时设置了点击事件的监听,只有 setOnClickListener 有效。

可以通过指定 android:background 属性为按钮增加背景颜色或背景图片,如果将背景图片设为不规则的背景图片,则可以设计各种不规则形状的按钮。如果只是使用普通的背景颜色或背景图片,那么这些背景是固定的,不会随着用户的动作而改变。如果需要让按钮的背景颜色、背景图片随用户动作动态改变,则需要使用自定义 drawable 对象来实现。

4.4.2 ToggleButton 和 Switch

ToggleButton 和 Switch 都是开关按钮,其区别是 ToggleButton 是按下弹起的开关按钮,而 Switch 是左右滑动的开关按钮。ToggleButton 将选中/未选中状态显示为带有指示灯的按钮,默认情况下伴随文字 ON/开启或 OFF/关闭。Switch 默认状态下没有文字,用户可以左右拖曳来选择选项,也可以像复选框一样点击切换。

ToggleButton 和 Switch 都继承自 android.widget.CompoundButton 类。除了和 Button 一致的属性外,其他常用的属性如表 4-2 所示。

表 4-2 ToggleButton 和 Switch 的部分常用属性

属性名	说明
android:checked	设置按钮状态是选中还是未选中状态。默认值是 false,即未选中状态
android:textOff	属性值是按钮没有被选中时显示的文字。如果不设置,默认值是 OFF
android:textOn	属性值是按钮被选中时显示的文字。如果不设置,默认值是 ON
android:showText	Switch 的属性。属性值为 true 时,Switch 上显示文字,默认文字为 ON 和 OFF
android:track	Switch 的属性。设置 Switch 底部的图片
android:thumb	Switch 的属性。设置 Switch 滑块的图片

对于 ToggleButton 和 Switch 对象,通常会监听其 CheckedChange 事件,对应的监听器接口是 CompoundButton.OnCheckedChangeListener。

ToggleButton、Switch 和 Toast

【例 4-9】 示例工程 Demo_04_ToggleButtonAndSwitch 演示了 ToggleButton 和 Switch 的用法。

其 XML 布局文件如代码段 4-14 所示,Activity 的主要代码如代码段 4-15 所示。示例工程的运行结果如图 4-9 所示。

代码段 4-14 XML 布局文件 activity_main.xml

```
<?xml version="1.0" encoding="utf-8"?>
<LinearLayout xmlns:android="http://schemas.android.com/apk/res/android"
    android:layout_width="match_parent"
    android:layout_height="match_parent"
```

```
    android:layout_margin="16dp"
    android:orientation="vertical">
    <TextView
        android:layout_width="wrap_content"
        android:layout_height="wrap_content"
        android:text="默认的 ToggleButton 样式:"
        android:textSize="18sp" />
    <ToggleButton
        android:id="@+id/toggleButton1"
        android:layout_width="wrap_content"
        android:layout_height="wrap_content"
        android:layout_gravity="center_horizontal" />
    <TextView
        android:layout_width="wrap_content"
        android:layout_height="wrap_content"
        android:text="默认的 Switch 样式:"
        android:textSize="18sp" />
    <Switch
        android:id="@+id/switch1"
        android:layout_width="wrap_content"
        android:layout_height="wrap_content"
        android:layout_gravity="center_horizontal" />
    <TextView
        android:layout_width="wrap_content"
        android:layout_height="wrap_content"
        android:text="用图片定义 Switch 的外观:"
        android:textSize="18sp" />
    <Switch
        android:id="@+id/switch2"
        android:layout_width="wrap_content"
        android:layout_height="wrap_content"
        android:layout_gravity="center_horizontal"
        android:thumb="@drawable/switch_thumb"
        android:track="@drawable/switch_track" />
</LinearLayout>
```

代码段 4-15　MainActivity.java 部分代码

```
//package 和 import 语句略
public class MainActivity extends AppCompatActivity {
    @Override
    protected void onCreate(Bundle savedInstanceState) {
        super.onCreate(savedInstanceState);
        setContentView(R.layout.activity_main);
```

```
        ToggleButton tb1= (ToggleButton) findViewById(R.id.toggleButton1);
        Switch mSwitch1= (Switch) findViewById(R.id.switch1);
        Switch mSwitch2= (Switch) findViewById(R.id.switch2);
        tb1.setOnCheckedChangeListener(myCheckedChangeListener);
        mSwitch1.setOnCheckedChangeListener(myCheckedChangeListener);
        mSwitch2.setOnCheckedChangeListener(myCheckedChangeListener);
    }
    private OnCheckedChangeListener myCheckedChangeListener = new
        OnCheckedChangeListener() {
        @Override
        public void onCheckedChanged(CompoundButton compoundButton, boolean
            isChecked) {
            if (isChecked) {
              Toast.makeText(MainActivity.this, "ToggleButton/Switch  开",
                  Toast.LENGTH_SHORT).show();
            } else {
              Toast.makeText(MainActivity.this, "ToggleButton/Switch  关",
                  Toast.LENGTH_SHORT).show();
            }
        }
    };
}
```

本例中，当按钮的开关状态变化时会触发 CheckedChanged 事件，在屏幕下方显示一个 Toast 提示信息，如图 4-10 所示。

图 4-9　示例工程的运行结果

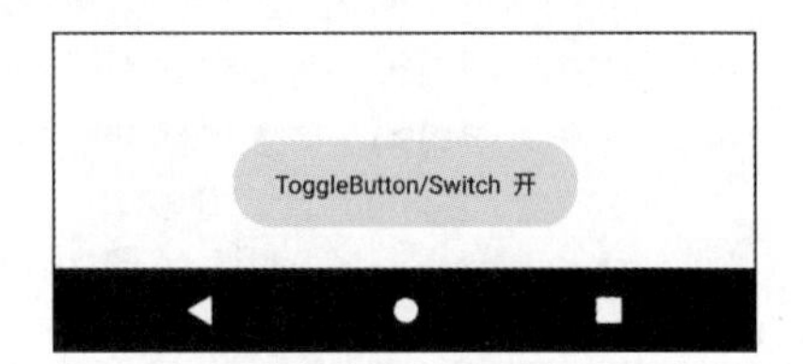

图 4-10　Toast 提示信息

Toast 是 Android 中用来显示提示信息的一种机制。与其他 UI 控件不同的是，Toast 不能获取焦点且显示时间有限，它不会打断用户当前的操作，信息浮动显示片刻后会自动消失。一般通过调用 Toast 类的静态方法 makeText()或 make()来创建一个 Toast 对象。该方法可以设置显示文本和时长，返回一个 Toast 对象，格式如下：

```
public static Toast makeText(Context context, CharSequence text, int duration);
```

其中，第 1 个参数是当前的上下文环境；第 2 个参数是要显示的字符串，可以使用格式化的文本，也可以是 string 资源的 id；第 3 个参数是显示的时间长短，Toast 默认有两个时长，即 LENGTH_LONG(3.5 秒)和 LENGTH_SHORT(2 秒)。

然后，调用 Toast 对象的 show()方法在屏幕上显示提示信息。如果需要显示较为复杂的信息，可以通过调用 Toast 对象的 setView()方法添加 View 控件的方式来实现。另外，可以调用 setGravity()方法来定位 Toast 对象在屏幕上的位置，如下面的语句把 Toast 对象定位到屏幕垂直居中的位置。

```
toast.setGravity(Gravity.CENTER_VERTICAL, 0, 0);
```

4.4.3　RadioButton 和 RadioGroup

RadioButton 为单选按钮，主要用于多值选一的操作，如性别的选择，仅能从男或女中选择一项，那么就可以使用单选按钮实现。在 Android 中实现单选需要使用 RadioButton 和 RadioGroup 两个视图控件，它们结合使用才能达到单选的效果。

RadioButton 继承自 android.widget.CompoundButton 类。使用 RadioButton 时一般要使用 RadioGroup 来对几个 RadioButton 进行分组。RadioGroup 是 android.widget.LinearLayout 的子类，它是 RadioButton 的承载体，在程序运行时不可见。一个 Activity 中可包含一个或多个 RadioGroup，而每个 RadioGroup 可包含一个或多个 RadioButton。

默认的选中按钮可以在 XML 文件中通过设置 RadioButton 的 android:checked 属性值或设置 RadioGroup 的 android:checkedButton 属性值实现，也可以在 Java 代码中调用 RadioButton 对象的 setChecked()方法或 RadioGroup 对象的 Check()方法实现。

对于单选按钮组，通常需要监听并处理 CheckedChange 事件。具体方法是调用 RadioGroup 对象的 setOnCheckedChangeListener()方法注册事件监听器，并把 android.widget.RadioGroup.OnCheckedChangeListener 接口的实例作为其参数传入。在接口实例的 onCheckedChanged()方法里，可以获取单选按钮的状态并进行事件的响应和处理。

【例 4-10】 示例工程 Demo_04_RadioButton 演示了 RadioButton 和 RadioGroup 的用法。

RadioButton
和RadioGroup

布局文件的代码如代码段 4-16 所示，布局中包括 2 个 TextView 和 3 个 RadioButton，RadioButton 垂直排列。Activity 的主要代码如代码段 4-17 所示，示例工程的运行结果如图 4-11 所示，当改变单选按钮的选项时，下方显示出相应的文字提示。

代码段 4-16　activity_main.xml 布局文件

```
<?xml version="1.0" encoding="utf-8"?>
<LinearLayout xmlns:android="http://schemas.android.com/apk/res/android"
    android:orientation="vertical"
    android:layout_width="match_parent"
    android:layout_height="match_parent"
    android:padding="16dp">
```

```
    <TextView
        android:id="@+id/favourite_label"
        android:layout_width="match_parent"
        android:layout_height="wrap_content"
        android:textSize="20sp"
        android:text="请选择一个您感兴趣的图书类别"
        android:layout_marginBottom="8dp"/>
    <RadioGroup
        android:id="@+id/favor"
        android:layout_width="match_parent"
        android:layout_height="wrap_content"
        android:orientation="vertical">
        <RadioButton
            android:id="@+id/rbt_classical"
            android:checked="true"
            android:layout_width="match_parent"
            android:layout_height="wrap_content"
            android:text="古典文学"
            android:textSize="18sp"/>
        <!--设置 android:checked 属性值为 true,将该选项设置为选中状态-->
        <RadioButton
            android:id="@+id/rbt_novel"
            android:layout_width="match_parent"
            android:layout_height="wrap_content"
            android:text="当代小说"
            android:textSize="18sp"/>
        <RadioButton
            android:id="@+id/rbt_essays"
            android:layout_width="match_parent"
            android:layout_height="wrap_content"
            android:text="散文随笔"
            android:textSize="18sp"/>
    </RadioGroup>
    <TextView
        android:id="@+id/tv_result"
        android:layout_width="match_parent"
        android:layout_height="wrap_content"
        android:textColor="#0000ff"
        android:textSize="20sp"
        android:text="\n 您感兴趣的图书:古典文学" />
</LinearLayout>
```

代码段 4-17　Activity 的主要代码

```
//package 和 import 语句略
public class MainActivity extends AppCompatActivity {
    RadioButton rb1, rb2, rb3;
    RadioGroup rg;
    TextView tvResult;
    @Override
    protected void onCreate(Bundle savedInstanceState) {
        super.onCreate(savedInstanceState);
        setContentView(R.layout.activity_main);
        tvResult = (TextView) findViewById(R.id.tv_result);
        rb1 = (RadioButton) findViewById(R.id.rbt_classical);
                                              //通过 id 引用 CheckBox 对象
        rb2 = (RadioButton) findViewById(R.id.rbt_novel);
        rb3 = (RadioButton) findViewById(R.id.rbt_essays);
        rg = (RadioGroup) findViewById(R.id.favor);
        rb3.setChecked(true);                 //设置"散文随笔"为选中状态,也可写为
                                              //rg.check(R.id.rbt_essays);
        tvResult.setText("\n 您感兴趣的图书:"+rb3.getText().toString());
        rg.setOnCheckedChangeListener(cBoxListener);
                                              //对 RadioGroup 进行监听
    }
    private RadioGroup.OnCheckedChangeListener cBoxListener = new
        OnCheckedChangeListener() {
        @Override
        public void onCheckedChanged(RadioGroup group, int checkedId) {
            if (R.id.rbt_classical==checkedId) {
                tvResult.setText("\n 您感兴趣的图书:"+rb1.getText().toString());
            } else if (R.id.rbt_novel==checkedId) {
                tvResult.setText("\n 您感兴趣的图书:"+rb2.getText().toString());
            } else if (R.id.rbt_essays==checkedId) {
                tvResult.setText("\n 您感兴趣的图书:"+rb3.getText().toString());
            }
        }
    };
}
```

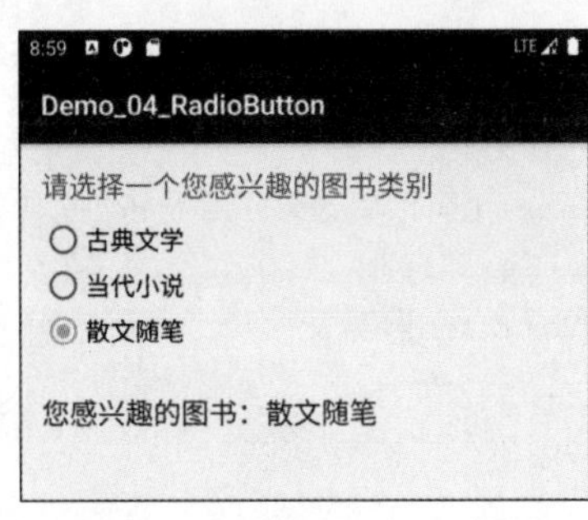

图 4-11　示例工程的运行结果

4.4.4 CheckBox

复选框 CheckBox 继承自 android.widget.CompoundButton 类，是一个可以同时选择多个选项的视图控件。CheckBox 对象的勾选状态可以在 XML 布局文件中通过声明 CheckBox 的 android:checked 属性值设置，也可以在 Java 代码中通过调用 CheckBox 对象的 setChecked()方法动态改变。

与单选按钮类似，通常需要监听并处理 CheckBox 对象的 CheckedChange 事件。具体方法是调用 CheckBox 对象的 setOnCheckedChangeListener()方法注册事件监听器，并把 android.widget.CompoundButton.OnCheckedChangeListener 接口的实例作为其参数传入，在接口实例的 onCheckedChanged()方法里，取得复选框的状态并进行事件的响应和处理。

CheckBox

【例 4-11】 示例工程 Demo_04_CheckBox 演示了对复选框的操作，包括设置选中状态、CheckedChange 事件的监听和处理等。

本例的布局中包括 2 个 TextView 和 3 个 CheckBox，布局文件的内容如代码段 4-18 所示，Activity 的主要代码如代码段 4-19 所示。示例工程的运行结果如图 4-12 所示，当改变复选框的选择状态时，下方显示出相应的文字提示。

代码段 4-18 activity_main.xml 布局文件

```
<?xml version="1.0" encoding="utf-8"?>
<LinearLayout xmlns:android="http://schemas.android.com/apk/res/android"
    android:orientation="vertical"
    android:layout_width="match_parent"
    android:layout_height="match_parent"
    android:padding="16dp">
    <TextView
        android:layout_width="match_parent"
        android:layout_height="wrap_content"
        android:textSize="20sp"
        android:text="请勾选您感兴趣的图书类别" />
    <CheckBox
        android:id="@+id/cbox_classical"
        android:layout_width="match_parent"
        android:layout_height="wrap_content"
        android:checked ="true"
        android:textSize="18sp"
        android:text="古典文学" />
    <!--设置 android:checked 属性值为 true,将该"古典文学"选项设置为选中状态-->
    <CheckBox
        android:id="@+id/cbox_novel"
        android:layout_width="match_parent"
        android:layout_height="wrap_content"
```

```
        android:textSize="18sp"
        android:text="当代小说" />
    <CheckBox
        android:id="@+id/cbox_essays"
        android:layout_width="match_parent"
        android:layout_height="wrap_content"
        android:textSize="18sp"
        android:text="散文随笔" />
    <TextView
        android:id="@+id/tv_result"
        android:layout_width="match_parent"
        android:layout_height="wrap_content"
        android:textColor="#0000ff"
        android:textSize="20sp"
        android:text="\n 您感兴趣的图书:古典文学" />
</LinearLayout>
```

代码段 4-19 CheckBox 及其 CheckedChange 事件的监听和处理

```
//package 和 import 语句略
public class MainActivity extends AppCompatActivity {
    CheckBox cbox1,cbox2,cbox3;
    TextView tvResult;
    String myResults="";
    @Override
    protected void onCreate(Bundle savedInstanceState) {
        super.onCreate(savedInstanceState);
        setContentView(R.layout.activity_main);
        tvResult=(TextView) findViewById(R.id.tv_result);
        cbox1=(CheckBox) findViewById(R.id.cbox_classical);
        cbox2=(CheckBox) findViewById(R.id.cbox_novel);
        cbox3=(CheckBox) findViewById(R.id.cbox_essays);
        cbox1.setOnCheckedChangeListener(cBoxListener);
                                                    //对 CheckBox 进行监听
        cbox2.setOnCheckedChangeListener(cBoxListener);
        cbox3.setOnCheckedChangeListener(cBoxListener);
    }
    private OnCheckedChangeListener cBoxListener = new OnCheckedChangeListener() {
        @Override
        public void onCheckedChanged(CompoundButton buttonView, boolean
isChecked) {
            myResults="\n 您感兴趣的图书:";
            if (cbox1.isChecked()) {          //如果第一个复选框处于选中状态
                myResults=myResults+"  "+cbox1.getText().toString();
```

```
            }
            if (cbox2.isChecked()) {          //如果第二个复选框处于选中状态
                myResults=myResults+"  "+cbox2.getText().toString();
            }
            if (cbox3.isChecked()) {          //如果第三个复选框处于选中状态
                myResults=myResults+"  "+cbox3.getText().toString();
            }
            tvResult.setText(myResults);  //将选中的信息显示在 TextView 对象中
        }
    };
}
```

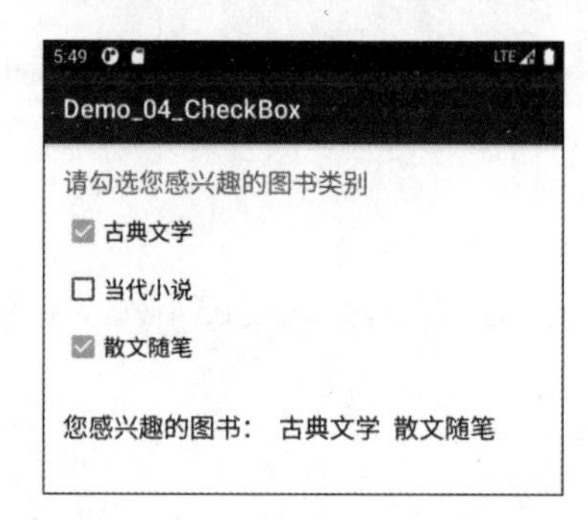

图 4-12　示例工程的运行结果

4.5　日期和时间控件

Android 系统提供了一些与日期和时间有关的控件,常见的有日期选择器 DatePicker、时间选择器 TimePicker、文本时钟 TextClock、模拟时钟 AnalogClock、计时器 Chronometer 等。

4.5.1　DatePicker 和 TimePicker

日期选择器 DatePicker 和时间选择器 TimePicker 都继承自 android.widget.FrameLayout 类。DatePicker 用来实现日期的输入设置,日期的设置范围为 1900 年 1 月 1 日至 2100 年 12 月 31 日。改变日期会触发 DateChanged 事件,所以要监听日期值的改变,需要实现接口 android.widget.DatePicker.OnDateChangedListener 中的 onDateChanged()方法。TimePicker 向用户显示一天中的时间,并允许用户进行选择。时间的改变会触发 TimeChanged 事件,所以要监听时间值的改变,需要实现接口 android.widget.TimePicker.OnTimeChangedListener 中的 onTimeChanged()方法。

DatePicker和TimePicker

【例 4-12】 示例工程 Demo_04_DateAndTimePicker 演示了 DatePicker 和 TimePicker 控件的用法。

程序主界面设置了两个按钮：点击第一个按钮，跳转到 DatePickerActivity，显示 DatePicker 控件；点击第二个按钮，跳转到 TimePickerActivity，显示 TimePicker 控件。

DatePickerActivity 类的主要代码如代码段 4-20 所示。

代码段 4-20　DatePickerActivity 类的主要代码

```
//package 和 import 语句略
public class DatePickerActivity extends AppCompatActivity {
    @Override
    protected void onCreate(Bundle savedInstanceState) {
        super.onCreate(savedInstanceState);
        setContentView(R.layout.date);
        DatePicker myDatePicker= (DatePicker) findViewById(R.id.datePicker);
        myDatePicker.setOnDateChangedListener(new OnDateChangedListener() {
        //调用 setOnDateChangedListener 要求最低 API level 26
            @Override
            public void onDateChanged(DatePicker datePicker, int year, int
monthOfYear, int dayOfMonth) {
                TextView textDate= (TextView) findViewById(R.id.textDate);
                textDate.setText("\n 您选择的日期是"+ year+ "年"+ (monthOfYear+
1) + "月"+ dayOfMonth+ "日");
            }
        });
    }
}
```

TimePickerActivity 类的主要代码如代码段 4-21 所示。

代码段 4-21　TimePickerActivity 类的主要代码

```
//package 和 import 语句略
public class TimePickerActivity extends AppCompatActivity {
    @Override
    protected void onCreate(Bundle savedInstanceState) {
        super.onCreate(savedInstanceState);
        setContentView(R.layout.time);
        TimePicker myTimePicker= (TimePicker) findViewById(R.id.timePicker);
        myTimePicker.setOnTimeChangedListener(new OnTimeChangedListener() {
            @Override
            public void onTimeChanged(TimePicker view, int hourOfDay, int
                minute) {
                TextView textTime= (TextView) findViewById(R.id.textTime);
                textTime.setText("您选择的时间是: "+hourOfDay+"时"+minute+"分");
            }
        });
    }
}
```

示例工程中,在 DatePicker 和 TimePicker 控件的下方设置了 TextView 控件,当用户选择了日期或时间后,触发相应事件,在 TextView 中显示选择的日期或时间。运行结果如图 4-13 所示。

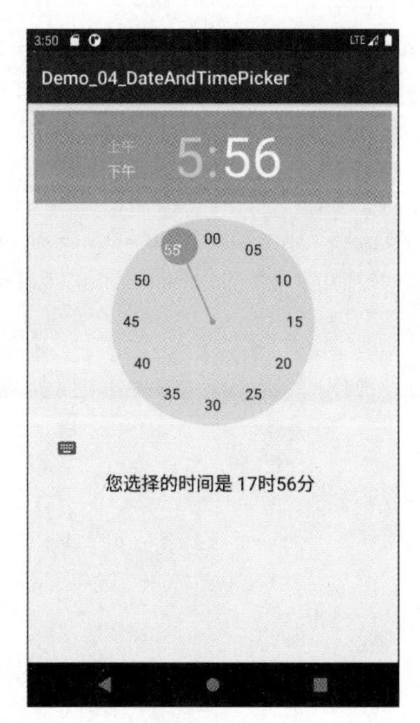

图 4-13 DatePicker 和 TimePicker 的运行结果

4.5.2 TextClock 和 AnalogClock

文本时钟 TextClock 继承自 android.widget.TextView,模拟时钟 AnalogClock 继承自 android.view.View,它们用来在用户界面中显示时钟。

TextClock 是在 Android 4.2(API 17)后推出的用来替代 DigitalClock 的一个控件,以字符串格式显示当前的日期和时间。TextClock 有两种不同的显示格式:一种是以二十四进制显示时间和日期;另一种是以十二进制显示时间和日期。采用哪种格式显示取决于当前 Android 系统采用的时间格式。可以通过调用 TextClock 对象的 is24HourModeEnabled()方法来查看当前系统是否在使用二十四进制时间。

AnalogClock 以时钟图像的方式显示当前时间。时钟的背景和指针都可以自己定义,android:dial 属性用于定义时钟背景的图片,android:hand_hour 属性用于定义时钟时针的图片,android:hand_minute 属性用于定义时钟分针的图片。

4.5.3 Chronometer

计时器 Chronometer 继承自 android.widget.TextView,用来在程序中实现计时。Chronometer 的时间显示格式可以在布局文件中由 android:format 属性设置,也可以在 Activity 中通过调用 Java 方法 setFormat(String format)设置。如果指定格式字符串,计时器将显示此字符串，字符串中的第一个%s 将替换为 MM:SS 或 H:MM:SS 形式的当前计时值。格式字符串中只能有一个%s，s 大小写均可。

调用 Chronometer 对象的 start()方法计时器开始计时，调用其 stop()方法计时器停止计时。计时器数字的改变会触发 ChronometerTick 事件，所以要监听计时器数字的改变，需要实现接口 Chronometer.OnChronometerTickListener 中的 onChronometerTick()方法。

【例 4-13】 示例工程 Demo_04_ClockAndChronometer 演示了时钟和计时器的用法。布局文件如代码段 4-22 所示，Activity 的主要代码如代码段 4-23 所示。

时钟和计时器

代码段 4-22　activity_main.xml 布局文件

```
<?xml version="1.0" encoding="utf-8"?>
<LinearLayout xmlns:android="http://schemas.android.com/apk/res/android"
    android:layout_width="match_parent"
    android:layout_height="match_parent"
    android:layout_margin="8dp"
    android:gravity="center_horizontal"
    android:orientation="vertical">
    <AnalogClock
        android:layout_width="wrap_content"
        android:layout_height="wrap_content"
        android:dial="@mipmap/clock_bg_1"
        android:hand_hour="@mipmap/clock_hour_1"
        android:hand_minute="@mipmap/clock_minute_1" />
    <TextClock
        android:layout_width="wrap_content"
        android:layout_height="wrap_content"
        android:format12Hour="EEEE, MMMM dd, yyyy h:mm aa"
        android:format24Hour="EEEE, MMMM dd, yyyy k:mm"
        android:textSize="20sp"
        android:textColor="#000000"/>
    <Chronometer
        android:id="@+id/myChronometer"
        android:layout_width="wrap_content"
        android:layout_height="wrap_content"
        android:format="计时器 %s"
        android:textSize="30sp"
        android:textColor="#0000ff"/>
    <LinearLayout
        android:layout_width="match_parent"
        android:layout_height="wrap_content"
        android:layout_margin="8dp"
        android:orientation="horizontal">
        <Button
            android:id="@+id/btnStart"
            android:layout_width="match_parent"
```

```
            android:layout_height="wrap_content"
            android:layout_weight="1"
            android:text="开始计时" />
        <Button
            android:id="@+id/btnStop"
            android:layout_width="match_parent"
            android:layout_height="wrap_content"
            android:layout_weight="1"
            android:text="停止计时" />
        <Button
            android:id="@+id/btnReset"
            android:layout_width="match_parent"
            android:layout_height="wrap_content"
            android:layout_weight="1"
            android:text="重置" />
    </LinearLayout>
</LinearLayout>
```

代码段 4-23 MainActivity 的主要代码

```
//package 和 import 语句略
public class MainActivity extends AppCompatActivity {
    private Chronometer myChronometer;
    private long recordingTime = 0;                    //记录暂停时的计数值
    @Override
    protected void onCreate(Bundle savedInstanceState) {
        super.onCreate(savedInstanceState);
        setContentView(R.layout.activity_main);
        myChronometer=(Chronometer) findViewById(R.id.myChronometer);
        Button btn_start=(Button) findViewById(R.id.btnStart);
        Button btn_stop=(Button) findViewById(R.id.btnStop);
        Button btn_base=(Button) findViewById(R.id.btnReset);
        myChronometer.setOnChronometerTickListener(new Chronometer.
OnChronometerTickListener() {
            @Override
            public void onChronometerTick(Chronometer chronometer) {
                recordingTime=SystemClock.elapsedRealtime()-myChronometer.
getBase();
                String time=chronometer.getText().toString();
                if (time.equals("计时器  00:20")) {
                    Toast.makeText(MainActivity.this, "时间到了~", Toast.
LENGTH_LONG).show();
                }
            }
        });
```

```
        btn_start.setOnClickListener(new MyOnClickListener());
        btn_stop.setOnClickListener(new MyOnClickListener());
        btn_base.setOnClickListener(new MyOnClickListener());
    }
    class MyOnClickListener implements View.OnClickListener {
        @Override
        public void onClick(View view) {
            switch (view.getId()) {
                case R.id.btnStart:
                    myChronometer.setBase(SystemClock.elapsedRealtime()-
recordingTime);
                    myChronometer.start();              //开始计时
                    break;
                case R.id.btnStop:
                    myChronometer.stop();               //停止计时
                    recordingTime=SystemClock.elapsedRealtime()-
myChronometer.getBase();
                    break;
                case R.id.btnReset:
                    myChronometer.setBase(SystemClock.elapsedRealtime());
                                                        //重置
                    myChronometer.stop();
                    recordingTime=0;
                    break;
            }
        }
    }
}
```

示例工程运行结果如图 4-14 所示,界面中分别显示了一个模拟时钟、一个文本时钟和一个计时器。3 个按钮分别用于计时器开始计时、停止计时,以及计时器重置为 00:00。计时 20 秒时显示一个 Toast 提示信息。

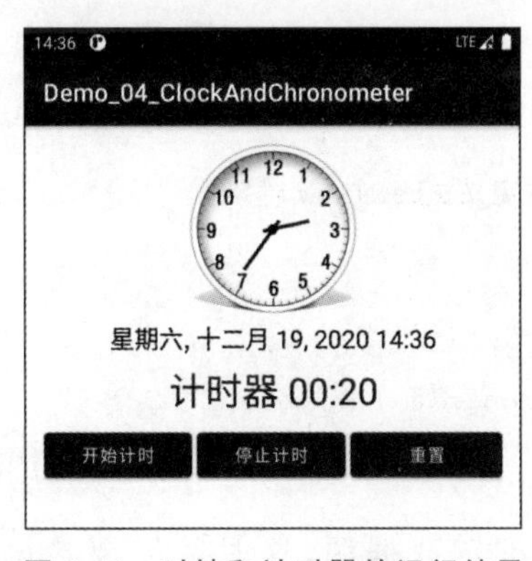

图 4-14 时钟和计时器的运行结果

4.6 列　　表

列表 ListView 是 android.view.ViewGroup 的间接子类,是一个容器类的控件。ListView 以垂直列表的形式展示内容,可以按设定的规则自动填充并展示一组列表信息,同时能够根据数据的长度自适应显示,如果显示内容过多,会自动出现垂直滚动条。

一般来说,ListView 的设置需要如下 3 个要素。

(1) ListView 实例化对象:用来展示列表内容的视图对象。

(2) Adapter(适配器):用于把数据映射到 ListView 对象上的“桥梁”。Adapter 有 ArrayAdapter、SimpleAdapter 和 SimpleCursorAdapter 等几种不同的类型。其中,ArrayAdapter 最简单,但每项只能展示一行文字;SimpleAdapter 有较好的扩充性,可以自定义出各种效果;SimpleCursorAdapter 可以看作 SimpleAdapter 与数据库的简单结合,可以把数据库的内容以列表的形式展示出来。

(3) 数据:指将被映射到列表中的字符串、图片或 View 对象等,如字符串数组。

ListView 支持列表项点击事件的处理,列表项 Item 被点击会触发 ItemClick 事件。响应 ItemClick 事件会调用事件监听器接口定义的 onItemClick()方法,该方法的定义如下:

```
onItemClick(AdapterView<?> parent, View view, int position, long id)
```

ListView 也支持列表项长按事件的处理,列表项 Item 被长按会触发 ItemLongClick 事件。响应 ItemLongClick 事件会调用事件监听器接口定义的 onItemLongClick()方法,该方法的定义如下:

```
onItemLongClick(AdapterView<?> parent, View view, int position, long id)
```

这两个方法有 4 个参数。其中,parent 表示适配器控件,即发生事件的 ListView 对象;view 表示适配器内部的控件,即被点击或长按的 Item 子项;position 表示子项的位置;id 表示子项的 id 号。

如果使用默认的适配器显示文字列表,可以通过在 XML 布局文件中设置 android:entries 属性值来绑定 ListView 的数据源,例如,代码段 4-24 定义的 ListView 对象,其列表数据源为资源文件中的字符串数组 autoStrings。

代码段 4-24　在布局文件中定义 ListView 对象

```
<ListView
    android:id="@+id/listview"
    android:layout_width="wrap_content"
    android:layout_height="match_parent"
    android:entries="@array/autoStrings"/>
```

也可以在 Java 代码中动态绑定数据源,这时就需要自己定义适配器对象。本节以 ArrayAdapter 和 SimpleAdapter 为例介绍 ListView 的使用方法。

【例4-14】 示例工程Demo_04_ListViewWithArrayAdapter演示了如何设置ListView及对列表项被点击做出响应。点击列表项会显示一个Toast提示，显示内容是当前被点击列表项上的文字。本例使用了ArrayAdapter装配数据。

ListView 和 ArrayAdapter

本例的实现步骤如下。

步骤1：将列表项文字定义到一个字符串数组中。本例定义到XML资源文件中，如代码段4-10所示，在arrays.xml资源文件中定义字符串数组autoStrings，然后在Java文件中引用。

步骤2：定义列表项的布局。可以直接使用Android系统提供的布局文件，如android.R.layout.simple_list_item_1，这样就不需要自己定义列表项的布局了。也可以定制自己的布局，这时需要新建一个XML布局文件，定义列表中每行的布局。本例中自定义了布局文件，名为list_item.xml，内容如代码段4-11所示。

步骤3：定义Activity使用的XML布局文件activity_main.xml，其中包含一个ListView控件，activity_main.xml文件的内容如代码段4-25所示。

代码段4-25 activity_main.xml文件的内容

```
<?xml version="1.0" encoding="utf-8"?>
<LinearLayout xmlns:android="http://schemas.android.com/apk/res/android"
    android:orientation="vertical"
    android:layout_width="match_parent"
    android:layout_height="wrap_content"
    android:padding="16dp">
    <TextView
        android:layout_width="match_parent"
        android:layout_height="wrap_content"
        android:text="ListView示例\n" />
    <ListView
        android:id="@+id/listView"
        android:layout_width="wrap_content"
        android:layout_height="match_parent"/>
</LinearLayout>
```

除了与其他UI控件类似的属性外，ListView的常用属性还有android:divider和android:dividerHeight，前者用于设置相邻两个列表项之间的分界线样式，后者用于设置相邻两个列表项之间的分界线高度。本例中这些属性都使用默认值。

步骤4：定义Activity，在Activity中实例化ListView控件，绑定ListView控件的数据源，处理列表项的点击事件等。对应的主要代码如代码段4-26所示。

代码段4-26 ListView及其ArrayAdapter的应用

```
//package和import语句略
public class MainActivity extends AppCompatActivity {
    @Override
    protected void onCreate(Bundle savedInstanceState) {
        super.onCreate(savedInstanceState);
        setContentView(R.layout.activity_main);
        ListView myListView=(ListView) findViewById(R.id.listView);
        //创建并实例化适配器
```

```
        ArrayAdapter < String >  adapter = new ArrayAdapter < String > (this, R.
layout.list_item,getResources().getStringArray(R.array.autoStrings));
        myListView.setAdapter(adapter);          //绑定 ListView 控件的数据源
        myListView.setOnItemClickListener(new AdapterView.OnItemClickListener() {
            //处理列表项的点击事件
            @Override
             public void onItemClick(AdapterView<? > parent, View view, int
position, long id) {
                String itemString=((TextView) view).getText().toString();
                Toast.makeText(MainActivity.this, "您点击了列表项:"+itemString,
Toast.LENGTH_LONG).show();
            }
        });
        myListView.setOnItemLongClickListener(new AdapterView.
            OnItemLongClickListener() {
            //处理列表项的长按事件
            @Override
            public boolean onItemLongClick(AdapterView<? > parent, View view,
int position, long id) {
                String itemString=((TextView) view).getText().toString();
                Toast.makeText(MainActivity.this, "您长按了列表项:" + itemString,
Toast.LENGTH_LONG).show();
                return true;
            }
        });
    }
}
```

运行效果如图 4-15 所示。

图 4-15　使用 ArrayAdapter 绑定数据的运行效果

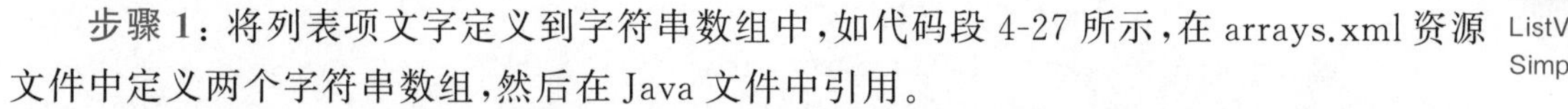

【例 4-15】 示例工程 Demo_04_ListViewWithSimpleAdapter 演示了如何使用 SimpleAdapter 设置 ListView。

ListView 和 SimpleAdapter

本例的实现步骤如下。

步骤 1：将列表项文字定义到字符串数组中，如代码段 4-27 所示，在 arrays.xml 资源文件中定义两个字符串数组，然后在 Java 文件中引用。

代码段 4-27　定义字符串数组

```
<?xml version="1.0" encoding="utf-8"?>
<resources>
    <string-array name="userName">
        <item>张三丰</item>
        <item>黄飞鸿</item>
        <item>李莫愁</item>
        <item>小龙女</item>
        <item>孙悟空</item>
    </string-array>
    <string-array name="userID">
        <item>00001</item>
        <item>00002</item>
        <item>00003</item>
        <item>00004</item>
        <item>00005</item>
    </string-array>
</resources>
```

步骤 2：定义列表项的布局。本例中自定义了布局文件，名为 list_item.xml，内容如代码段 4-28 所示。

代码段 4-28　list_item.xml 文件的内容

```
<?xml version="1.0" encoding="utf-8"?>
<LinearLayout xmlns:android="http://schemas.android.com/apk/res/android"
    android:layout_width="match_parent"
    android:layout_height="wrap_content"
    android:orientation="horizontal"
    android:padding="8dp">
    <ImageView
        android:id="@+id/user_image"
        android:layout_width="0dp"
        android:layout_height="30dp"
        android:layout_weight="1" />
    <TextView
        android:id="@+id/user_name"
        android:layout_width="0dp"
```

```
        android:layout_height="wrap_content"
        android:layout_weight="2"
        android:gravity="center_horizontal"
        android:textColor="#0000ff"
        android:textSize="20sp" />
    <TextView
        android:id="@+id/user_id"
        android:layout_width="0dp"
        android:layout_height="wrap_content"
        android:layout_weight="2"
        android:gravity="center_horizontal"
        android:textColor="#ff00ff"
        android:textSize="20sp" />
</LinearLayout>
```

步骤 3：定义 Activity 使用的 XML 布局文件 activity_main.xml，其中包含一个 ListView 控件。activity_main.xml 文件的内容如代码段 4-29 所示，在其中定义了列表的表头文字。

代码段 4-29 activity_main.xml 文件的内容

```
<?xml version="1.0" encoding="utf-8"?>
<LinearLayout xmlns:android="http://schemas.android.com/apk/res/android"
    android:layout_width="match_parent"
    android:layout_height="wrap_content"
    android:layout_margin="16dp"
    android:orientation="vertical">
    <TextView
        android:layout_width="match_parent"
        android:layout_height="wrap_content"
        android:text="ListView 示例\n" />
    <LinearLayout
        android:layout_width="match_parent"
        android:layout_height="wrap_content"
        android:orientation="horizontal"
        android:padding="8dp">
        <TextView
            style="@style/MyBlackText15"
            android:layout_weight="1"
            android:text="头像" />
        <TextView
            style="@style/MyBlackText15"
            android:layout_weight="2"
            android:text="姓名" />
```

```
        <TextView
            style="@style/MyBlackText15"
            android:layout_weight="2"
            android:text="编号" />
    </LinearLayout>
    <ListView
        android:id="@+id/listView"
        android:layout_width="match_parent"
        android:layout_height="match_parent" />
</LinearLayout>
```

步骤 4：定义 Activity，在 Activity 中实例化 ListView 控件，绑定 ListView 控件的数据源，处理列表项的点击事件等。

首先将列表中的数据存放进由 HashMap 对象组成的 ArrayList 中，ListView 的一行数据对应一个 HashMap 对象。HashMap 对象以列名作为键，以该列的值作为 Value。MainActivity 的主要代码如代码段 4-30 所示。

代码段 4-30　ListView 及其 SimpleAdapter 的应用

```
//package 和 import 语句略
public class MainActivity extends AppCompatActivity {
    ArrayList<HashMap<String, Object>>listItems=null;
    HashMap<String, Object>map=null;
    @Override
    protected void onCreate(Bundle savedInstanceState) {
        super.onCreate(savedInstanceState);
        setContentView(R.layout.activity_main);
        ListView myListView=(ListView) findViewById(R.id.listView);
        listItems=new ArrayList<HashMap<String, Object>>();
        int[] userImg={R.mipmap.icon_70_01, R.mipmap.icon_70_02, R.mipmap.
            icon_70_03, R.mipmap.icon_70_04, R.mipmap.icon_70_05};
        String[] userName=getResources().getStringArray(R.array.userName);
        String[] userID=getResources().getStringArray(R.array.userID);
        for (int i=0; i<userID.length; i++) {
            map=new HashMap<String, Object>();
        //为避免产生空指针异常,有几行就创建几个 map 对象,有几列就创建几个键-值对
            map.put("img", userImg[i]);
            map.put("ID", userID[i]);
            map.put("name", userName[i]);
            listItems.add(map);
        }
        //创建并实例化 SimpleAdapter 适配器
```

```
        SimpleAdapter adapter = new SimpleAdapter(this,
                listItems, R.layout.list_item,
                new String[]{"img", "name", "ID"},
                new int[]{R.id.user_image, R.id.user_name, R.id.user_id});
        myListView.setAdapter(adapter);           //绑定 ListView 控件的数据源
        myListView.setOnItemClickListener(new AdapterView.OnItemClickListener() {
                                                   //处理列表项的点击事件
            @Override
            public void onItemClick(AdapterView<?> parent, View view, int
position, long id) {
                HashMap<String, Object> item = (
                        HashMap<String, Object>) parent.getItemAtPosition(position);
                Toast.makeText(getApplicationContext(), "您点击了列表项:" +
                        (String) item.get("name"), Toast.LENGTH_LONG).show();
            }
        });
    }
}
```

Activity 的运行效果如图 4-16 所示,SimpleAdapter 可以实现图片和多列的显示,比 ArrayAdapter 更灵活,功能更强。

图 4-16 使用 SimpleAdapter 绑定数据的运行效果

4.7　下拉列表框

下拉列表框 Spinner 也是 android.view.ViewGroup 的间接子类，是一个能从多个选项中选择一个选项的控件，它使用浮动菜单为用户提供选择。

与 ListView 类似，为了给 Spinner 提供数据，也要使用适配器 Adapter，可以使用 ArrayAdapter 或自定义 Adapter 来实现。ArrayAdapter 的参数含义及其使用与在 ListView 中类似，在此不再赘述。

Spinner 也可以通过在 XML 布局文件中设置其 android:entries 属性值来绑定列表数据源，但采用这种方式列表只能使用默认的布局。

Spinner 支持列表项选择事件的处理，点击列表项，新选择项与原选择项不同时，会触发 ItemSelected 事件。响应该事件会回调事件监听器接口定义的 onItemSelected()方法，该方法的定义如下：

```
onItemSelected(AdapterView<?> parent, View view, int position, long id)
```

该方法有 4 个参数。其中，parent 表示适配器控件，即发生事件的 Spinner 对象；view 表示适配器内部的控件，即被选择的 Item 子项；position 表示子项的位置；id 表示子项的 id 号。

【例 4-16】　示例工程 Demo_04_Spinner 演示了 Spinner 的用法。

本例的实现步骤如下。

步骤 1：本例引用的字符串数组资源文件和列表项的布局文件与例 4-8 相同，如代码段 4-10 和代码段 4-11 所示。

步骤 2：定义 Activity 使用的 XML 布局文件 activity_main.xml，其中必须包含一个 Spinner 控件，定义 Spinner 控件的部分代码如代码段 4-31 所示。

代码段 4-31　定义 Spinner 控件

```
<Spinner
    android:id="@+id/spinner1"
    android:layout_width="match_parent"
    android:layout_height="wrap_content" />
```

步骤 3：定义 Activity，在 Activity 中实例化 Spinner 控件，绑定 Spinner 控件的数据源，处理相关事件等。MainActivity 类的部分代码如代码段 4-32 所示。

代码段 4-32　Spinner 及其 ArrayAdapter 的使用

```
//package 和 import 语句略
public class MainActivity extends AppCompatActivity {
    @Override
    protected void onCreate(Bundle savedInstanceState) {
        super.onCreate(savedInstanceState);
```

```
        setContentView(R.layout.activity_main);
        ArrayAdapter<String> adapter=new ArrayAdapter<String>(this,
                R.layout.list_item, getResources().getStringArray(R.array.
autoStrings));
        Spinner mySpinner=(Spinner) findViewById(R.id.spinner);
        mySpinner.setAdapter(adapter);              //为 Spinner 对象设置适配器
        mySpinner.setOnItemSelectedListener(new AdapterView.
OnItemSelectedListener() {
            public void onItemSelected(AdapterView<?> parent, View view, int
position, long id) {
                Spinner spinner=(Spinner) parent;
                Toast.makeText(MainActivity.this, "您选择了列表项:"
                        + spinner.getSelectedItem().toString(), Toast.LENGTH_
LONG).show();
            }
            public void onNothingSelected(AdapterView<?> parent) {
            }
        });
    }
}
```

Spinner 的展开及选择效果如图 4-17 所示，与 ListView 不同的是，当用户点击控件时，下拉列表才会显示，当用户选择某个列表项后，系统会响应相应的事件，同时列表会自动收回。

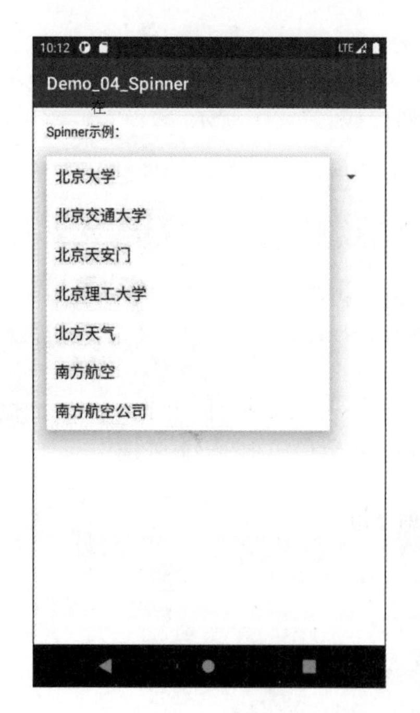

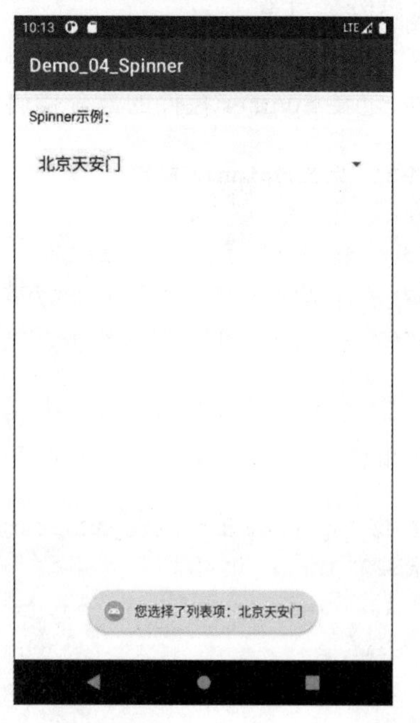

图 4-17　Spinner 的展开及选择效果

4.8　本 章 小 结

本章主要介绍了 Android 事件处理机制和常用 UI 控件及其使用方式，并通过诸多实例讲解了相关的编程技巧。通过本章的学习可知，在 UI 设计时除了需要学会使用常用的控件外，还要了解常见的事件监听与响应方法。限于篇幅，本章未对所有 UI 控件的使用进行说明，详情可参阅相关文献资料。

习　　题

1. 界面中有两个按钮，程序初始状态只显示第一个按钮，编程实现通过监听按钮被按下的动作，使当前按钮不可见并显示另一个按钮。

2. 设计一个应用程序，在文本输入框中输入银行卡号，输入的同时用较大字体 4 个一组分隔回显。

3. 设计一个应用程序，界面中包括 EditText、Button 和 TextView。用户在 EditText 中输入一个数字，判断该数能否同时被 5 和 7 整除。点击“判断”按钮，判断的结果用蓝色文字显示在一个 TextView 中。如果用户在 EditText 中输入的不是一个数字，点击“判断”按钮，则在该 TextView 中用红色文字显示“非法输入！”。

4. 编写一个体质指数计算器，用户输入身高和体重，自动判断其体型是否正常，并给出锻炼建议。体质指数计算公式：体质指数＝体重/身高^2。其中，体重的单位为千克，身高的单位为米。例如：$75/1.8^2=23.15$。体型判断标准：小于 18.5 为过轻，18.5～23.9 为正常，24～27.9 为偏重，28～32 为肥胖，大于 32 为过度肥胖。

5. 设计一个应用程序，用户在 EditText 中输入一个 0～100 的数字，点击“转换”按钮后，按照输入数字所属的分数段（90～100，优秀；80～89，良好；70～79，中等；60～69，及格；0～59，不及格），在 TextView 中显示文字“优秀”、“良好”、“中等”、“及格”或“不及格”，如果用户输入的不是 0～100 的数字，则弹出 Toast 提示信息，要求用户重新输入。

6. 完成如图 4-18 所示的用户界面，要求：当用户选择“普通”时，输入相应的金额后，点击“计算折后金额”按钮，在上方显示不打折的金额；当选择 VIP 时，输入相应的金额

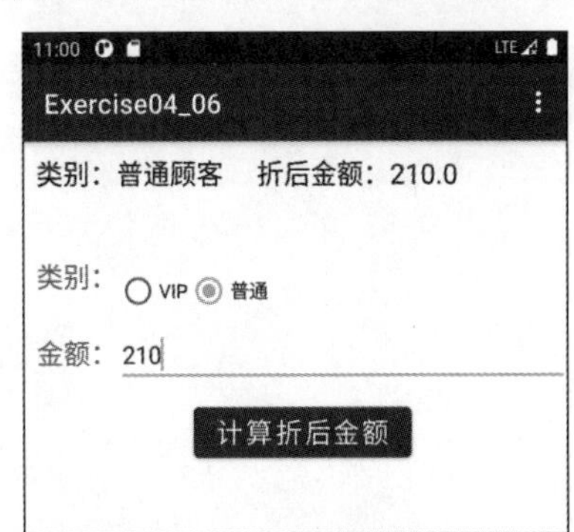

图 4-18　第 6 题 UI 界面

后,点击“计算折后金额”按钮,在上方显示打 8 折的金额。

7. 设计一个以 ListView 方式显示歌手姓名的应用程序,当用户选择其中的某个列表项后,在列表上方的输入框 EditText 中填入该歌手的姓名。

8. 设计一个程序,实现动态 Spinner。用户界面由 1 个 EditText、2 个 Button、1 个 Spinner 控件组成。如果用户在 EditText 中输入文本,点击“添加”按钮,能够将其存储在 Spinner 项目中;如果在 EditText 中输入文本,点击“删除”按钮,能够将指定内容的项从 Spinner 项中删除。

9. 修改第 8 题的程序,当用户在 EditText 中输入文本时,点击“添加”按钮,能够将其存储在 Spinner 项目中;当用户在 Spinner 列表中点击某项时,选项文本显示在 EditText 中,点击“删除”按钮,能够将该项从 Spinner 项中删除。

10. GridView 是一个与 ListView 类似的 UI 控件,用于按照多行多列的网格形式显示列表项。查阅相关 API 文档,利用 GridView 和 SimpleAdapter 设计一个如图 4-19 所示的用户界面。

图 4-19　第 10 题用户界面

第5章 对话框、菜单和状态栏通知

作为用户交互的重要工具和手段，对话框、菜单和状态栏通知在UI设计中发挥着重要的作用。对话框是一种浮于Activity之上的界面元素，一般用于给出提示信息或弹出一个与主进程直接相关的子程序；菜单能够在不占用界面空间的前提下为应用程序提供相应的功能和界面；状态栏通知是一种具有全局效果的提醒机制，不会打断用户当前的操作。本章将介绍这些界面元素的使用方法。

5.1 对话框

在Android中，对话框是提示用户做出决定或输入额外信息的小窗口。对话框不会填充屏幕，通常用于需要用户采取行动才能继续执行的情形。当显示对话框时，当前Activity失去焦点而由对话框负责所有的交互。常用的对话框有提示对话框(AlertDialog)、日期选择对话框(DatePickerDialog)、时间选择对话框(TimePickerDialog)等，其中AlertDialog是最常用的对话框。这些对话框都是android.app.Dialog的子类。

5.1.1 提示对话框

AlertDialog是一个消息提示对话框，能构造默认的3个按钮，分别用于肯定、否定和中立。创建AlertDialog的主要步骤如下。

步骤1：获得AlertDialog的静态内部类Builder对象，并由该对象来创建对话框。

步骤2：通过Builder对象设置对话框的标题、文字等属性。表5-1列出了Builder对象的部分常用方法。

表5-1 Builder对象的部分常用方法

方法名	说明
setIcon()	设置显示在对话框标题左侧的图标
setTitle()	设置对话框的标题
setMessage()	设置对话框的提示文字
setItems()	设置对话框显示一个列表

续表

方 法 名	说 明
setSingleChoiceItems()	设置对话框显示一个单选的选项列表
setMultiChoiceItems()	设置对话框显示一系列的复选框
setPositiveButton()	使肯定按钮可见并为其设置 Click 事件监听器
setNegativeButton()	使否定按钮可见并为其设置 Click 事件监听器
setNeutralButton()	使中立按钮可见并为其设置 Click 事件监听器
setView()	设置一个自定义的 View 对象作为对话框的显示内容。调用该方法可以在对话框中显示一个布局或 UI 对象
setCancelable()	设置对话框是否能被取消
create()	创建 AlertDialog 对象,该方法的返回值为 AlertDialog 对象
show()	创建 AlertDialog 对象并显示对话框,该方法的返回值为 AlertDialog 对象

步骤 3:设置对话框的按钮以及点击按钮的事件响应处理程序。

对话框中可以有肯定、否定和中立 3 个按钮。一般用户使用肯定按钮来接受并继续执行操作,如确定操作;使用否定按钮来取消操作;中立按钮则用于用户不想继续执行操作,但也未必想要取消操作的情况,如"稍后提醒我"的操作。生成器 Builder 负责设置对话框上的按钮,并为按钮注册 OnClickListener 监听器。OnClickListener 在 android.content. DialogInterface 包中,事件处理时回调 onClick()方法。无论用户点击哪个按钮,对话框都会关闭,并导致接口中的 onClick()方法被调用。onClick()方法的定义如下:

```
abstract void onClick(DialogInterface dialog, int which)
```

其中,参数 dialog 就是当前要关闭的对话框,参数 which 是用户点击的按钮,其取值可以是 DialogInterface. BUTTON_NEGATIVE、DialogInterface. BUTTON_NEUTRAL 或 DialogInterface.BUTTON_POSITIVE。

步骤 4:调用 Builder 对象的 show()方法创建并显示对话框。或者调用 Builder 对象的 create()方法创建 AlertDialog 对象,再调用 AlertDialog 对象的 show()方法显示对话框。

如果不希望用户点击设备的"返回"按钮或在对话框外部点击使对话框消失,而是要求用户必须点击对话框中的按钮,可以通过调用 AlertDialog 对象的 setCancelable(false)方法来进行设置。

1. 简单提示对话框

简单提示对话框仅包括文字标题、标题左侧的图标、文字提示信息、按钮等基本元素。

【例 5-1】 示例工程 Demo_05_AlertDialog 演示了 AlertDialog 对话框的用法。

AlertDialog

在主界面中有"弹出 AlertDialog 对话框"按钮，点击该按钮后弹出 AlertDialog，如图 5-1 所示，主要代码如代码段 5-1 所示。

图 5-1　AlertDialog 提示

代码段 5-1　创建简单的 AlertDialog

```
btnStart.setOnClickListener(new View.OnClickListener() {
    public void onClick(View v) {
        AlertDialog.Builder myDialog=new AlertDialog.Builder(MainActivity.
          this);                                //创建 AlertDialog.Builder 对象
        myDialog.setIcon(R.mipmap.ic_launcher);              //设置图标
        myDialog.setTitle("提示");                           //设置标题
        myDialog.setMessage("这是一个 AlertDialog!");        //设置消息内容
        myDialog.setNegativeButton("取消", null);            //否定按钮
        myDialog.setNeutralButton("稍后提醒我", null);       //中立按钮
        myDialog.setPositiveButton("确定", new DialogInterface.
OnClickListener() {                                          //肯定按钮
            @Override
            public void onClick(DialogInterface dialog, int which) {
                Toast.makeText(getApplicationContext(), "您点击了"确定"按
                  钮!", Toast.LENGTH_LONG).show();
            }
        });
        myDialog.show();                                     //显示对话框
    }
});
```

2. 其他风格的提示对话框

除了按钮对话框，还可以创建列表对话框、单选对话框、多选对话框。通过调用 setItems()方法，可以在 AlertDialog 中添加列表项；通过调用 setSingleChoiceItems()/setMultiChoiceItems()方法，可以在 AlertDialog 中添加单选或多选列表。

【例 5-2】 示例工程 Demo_05_ListDialog 演示了列表对话框的用法。

在 Activity 中点击“弹出列表对话框”按钮后，弹出 AlertDialog，运行效果如图 5-2 所示。当在对话框中选择了一项之后，Activity 中 TextView 的显示内容随之更新。

图 5-2 列表对话框

首先在 values 下 arrays.xml 文件中定义字符串数组，内容如代码段 5-2 所示。创建列表对话框的主要代码如代码段 5-3 所示。

代码段 5-2 定义字符串数组

```
<?xml version="1.0" encoding="utf-8"?>
<resources>
    <string-array name="favor">
        <item>音乐</item>
        <item>体育</item>
        <item>美术</item>
    </string-array>
</resources>
```

代码段 5-3 创建列表对话框

```
btnStart.setOnClickListener(new View.OnClickListener() {
    public void onClick(View v) {
        AlertDialog.Builder myDialog=new AlertDialog.Builder(MainActivity.
            this);
        myDialog.setTitle("列表对话框,请选择")      //设置对话框的标题
                .setItems(                          //用字符串数组设置列表中的各个属性
                    R.array.favor, new DialogInterface.OnClickListener() {
                                                    //设置监听器
                        public void onClick(DialogInterface dialog, int which) {
                            TextView message=(TextView) findViewById(R.id.text1);
                            message.setText("您选择了:" + getResources().
                                getStringArray(R.array.favor)[which]);
```

```
                    }
                })
                .setNeutralButton("取消", new DialogInterface.OnClickListener() {
                    @Override
                    public void onClick(DialogInterface dialogInterface, int i) {
                        Toast.makeText(getApplicationContext(), "您取消了选
                            择", Toast.LENGTH_SHORT).show();
                    }
                })
                .show();
    }
});
```

【例 5-3】 示例工程 Demo_05_RadioButtonDialog 演示了单选对话框的用法。

本例使用与例 5-2 示例工程中相同的数组资源,当点击"弹出单选对话框"按钮后,弹出 AlertDialog,运行效果如图 5-3 所示。创建单选对话框的主要代码如代码段 5-4 所示。

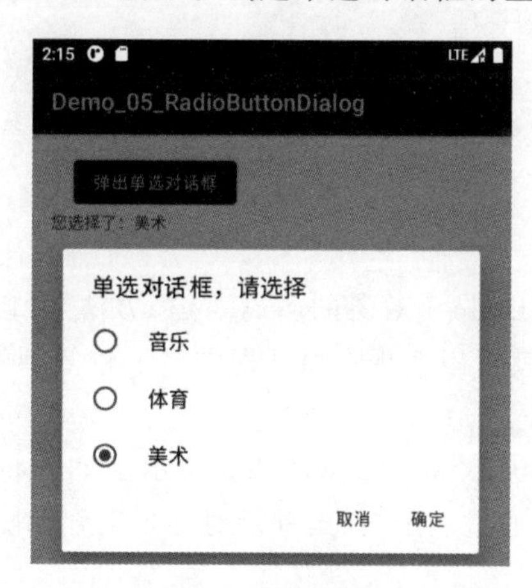

图 5-3　单选对话框

代码段 5-4　创建单选对话框

```
btnStart.setOnClickListener(new View.OnClickListener() {
    public void onClick(View v) {
        AlertDialog.Builder myDialog=new AlertDialog.Builder(MainActivity.
this);
        myDialog.setTitle("单选对话框,请选择")          //设置对话框的标题
                .setSingleChoiceItems(                 //设置单选按钮选项
                        R.array.favor, selectedItem, new DialogInterface.
OnClickListener() {
                            public void onClick(DialogInterface dialog, int which) {
                                selectedItem=which;
                            }
```

```
                    });
        myDialog.setPositiveButton("确定", new DialogInterface.OnClickListener() {
            @Override
            public void onClick(DialogInterface dialogInterface, int i) {
                TextView message=(TextView) findViewById(R.id.text1);
                message.setText("您选择了:"+getResources().
getStringArray(R.array.favor)[selectedItem]);
            }
        });
        myDialog.setNegativeButton("取消", new DialogInterface.OnClickListener() {
            @Override
            public void onClick(DialogInterface dialogInterface, int i) {
              Toast.makeText(getApplicationContext(), "您取消了选择", Toast
.LENGTH_SHORT).show();
            }
        });
        myDialog.show();
    }
});
```

3. 具有复杂界面的提示对话框

通过调用 AlertDialog.Builder 对象的 setView()方法,可以将自定义的 View 或布局添加至 AlertDialog。这样就可以实现在对话框中显示较复杂的内容。在默认情况下,自定义布局会填充整个对话框。

具有复杂界面的提示对话框

【例 5-4】 示例工程 Demo_05_ViewDialog 演示了如何将自定义的 View 作为其内容显示在对话框中,该程序通过点击"弹出登录对话框"按钮来弹出一个用来显示登录界面的对话框。

为了实现上述功能,需要为对话框设计相应的布局。在 res\layout 下创建一个 XML 布局文件 dialog_view.xml,布局的主要内容是提示文字及对应的文本输入框,分别用于输入用户名和密码,其主要代码如代码段 5-5 所示。对话框中的"登录""注册""退出"按钮不需要在布局文件中设定,而是在 Builder 被实例化后通过调用 setPositiveButton()、setNegativeButton()和 setNeutralButton()方法来添加,并在其中分别设定 3 个按钮对应的事件处理程序。

代码段 5-5 dialog_view.xml 布局文件

```
<?xml version="1.0" encoding="utf-8"?>
<LinearLayout xmlns:android="http://schemas.android.com/apk/res/android"
    android:orientation="vertical"
    android:layout_width="match_parent"
    android:layout_height="match_parent"
```

```
        android:padding="24dp" >
    <TextView
        android:layout_height="wrap_content"
        android:layout_width="wrap_content"
        android:textSize="18sp"
        android:text="用户名:" />
    <EditText
        android:id="@+id/ed_username"
        android:layout_height="wrap_content"
        android:layout_width="match_parent"/>
    <TextView
        android:layout_height="wrap_content"
        android:layout_width="wrap_content"
        android:layout_marginTop="24dp"
        android:textSize="18sp"
        android:text="密码:"/>
    <EditText
        android:id="@+id/ed_password"
        android:layout_height="wrap_content"
        android:layout_width="match_parent"
        android:inputType="textPassword"/>
</LinearLayout>
```

示例工程中，点击“弹出登录对话框”按钮后弹出对话框，如图 5-4 所示。

图 5-4　具有复杂界面的提示对话框

如果主界面中按钮被点击，则定义一个 LayoutInflater 类的实例。LayoutInflater 类的作用类似于 findViewById()，不同点是 LayoutInflater 是用来引入 Layout 下的 XML 布局文件并且实例化，而 findViewById()是引入 XML 文件中定义的具体 UI 对象(如

Button、TextView 等)。这里通过调用 LayoutInflater 实例的 inflate()方法引入 XML 布局文件 dialog_view.xml,然后通过调用 Builder 对象的 setView(View)方法,在对话框中加载这个布局文件。创建对话框的主要代码如代码段 5-6 所示。

代码段 5-6　定义对话框及其按钮功能

```
btnStart.setOnClickListener(new View.OnClickListener() {
    public void onClick(View v) {
        LayoutInflater dialogInflater=LayoutInflater.from(MainActivity.this);
        final View myViewOnDialog=dialogInflater.inflate(R.layout.dialog_
            view, null);                                    //引入布局
        AlertDialog.Builder myDialogInstance=new AlertDialog.Builder
            (MainActivity.this)
              .setIcon(R.mipmap.ic_launcher)        //对话框的标题图标
              .setTitle("用户登录")
              .setView(myViewOnDialog)              //参数是上面定义的 View 实例
                                                    //名,显示 dialog_view 布局
              .setPositiveButton("登录", new DialogInterface.OnClickListener() {
                                                    //肯定按钮
                  public void onClick(DialogInterface dialog, int whichButton) {
                                                    //监听点击事件
                      EditText editText= (EditText)myViewOnDialog.
                          findViewById(R.id.ed_username);
                      Toast.makeText(getApplicationContext(), "您的用户名是"+
                          editText.getText(), Toast.LENGTH_LONG).show();
                  }
              })
              .setNegativeButton("注册", new DialogInterface.OnClickListener() {
                                                    //否定按钮
                  public void onClick(DialogInterface dialog, int whichButton) {
                                                    //监听点击事件
                      Toast.makeText(getApplicationContext(), "欢迎您注册为新
                          用户", Toast.LENGTH_LONG).show();
                  }
              })
              .setNeutralButton("退出", new DialogInterface.OnClickListener() {
                                                    //中立按钮
                  @Override
                  public void onClick(DialogInterface dialogInterface, int i) {
                      MainActivity.this.finish();  //退出程序
                  }
              });
        myDialogInstance.show();                          //显示对话框
    }
});
```

5.1.2 日期和时间选择对话框

DatePickerDialog 和 TimePickerDialog 用来显示日期选择和时间选择对话框。可以在程序中直接通过 new 的方式实例化这两个类来得到对话框对象，二者的使用方法非常类似。

对于 DatePickerDialog，其常用的构造方法定义如下：

```
DatePickerDialog(Context con, OnDateSetListener call, int year, int month,
int day)
```

该方法有 5 个参数，其中第 2 个参数是一个 DatePickerDialog.OnDateSetListener 对象，当用户选择好日期点击“确定”按钮时，会调用其中的 onDateSet()方法。最后 3 个参数分别用于指定对话框弹出时初始选择的年、月、日。

TimePickerDialog 类常用的构造方法定义如下：

```
TimePickerDialog(Context con, OnTimeSetListener call, int h, int m, boolean
is24Hour)
```

该方法有 5 个参数，其中第 2 个参数是一个 TimePickerDialog.OnTimeSetListener 对象，当用户选择好时间点击对话框上的“确定”按钮时，会调用其中的 onTimeset()方法。第 3 个参数和第 4 个参数为弹出对话框时初始显示的小时和分钟，最后一个参数设置是否以 24 时制显示时间。

【例 5-5】 示例工程 Demo_05_DateAndTimePickerDialog 演示了 DatePickerDialog 和 TimePickerDialog 的用法。

日期和时间选择对话框

在主界面的布局中定义两个按钮，点击第 1 个按钮，则弹出日期选择对话框，如图 5-5(a) 所示。点击“确定”按钮关闭对话框后，利用 Toast 显示所选择的日期。点击第 2 个按钮，

(a) 日期选择对话框

(b) 时间选择对话框

图 5-5 示例工程的运行结果

弹出时间选择对话框,如图 5-5(b)所示。点击“确定”按钮关闭对话框后,利用 Toast 显示所选择的时间。如果想要使弹出对话框时初始选择某一个日期或时间,可以利用 java.util.Calendar 类获取日期或时间。

MainActivity 类的主要代码如代码段 5-7 所示。

代码段 5-7 MainActivity 类的主要代码

```
//package 和 import 语句略
public class MainActivity extends AppCompatActivity {
    @Override
    protected void onCreate(Bundle savedInstanceState) {
        super.onCreate(savedInstanceState);
        setContentView(R.layout.activity_main);
        Button btn1=(Button)findViewById(R.id.btn_1);
        btn1.setOnClickListener(new View.OnClickListener() {
                                                    //"DatePickerDialog 示例"按钮
            public void onClick(View v) {
                //创建一个 DatePickerDialog
                DatePickerDialog datePickerDialog=new DatePickerDialog
                    (MainActivity.this,
                    new DatePickerDialog.OnDateSetListener() {
                      public void onDateSet(DatePicker view, int year, int
                          monthOfYear, int dayOfMonth)  {
                        Toast.makeText(getApplicationContext(), "您选择的日
                            期:"+year+"-"+(monthOfYear+1)+"-"+dayOfMonth,
                        Toast.LENGTH_LONG).show();
                      }
                    }, 2020, 10, 6);
                    datePickerDialog.show();    //显示 DatePickerDialog
            }
        });
        Button btn2=(Button)findViewById(R.id.btn_2);
        btn2.setOnClickListener(new View.OnClickListener() {
                                                    //"TimePickerDialog 示例"按钮
            public void onClick(View v) {
                //创建一个 TimePickerDialog
                TimePickerDialog timePickerDialog = new TimePickerDialog
                    (MainActivity.this,
                  new TimePickerDialog.OnTimeSetListener() {
                    public void onTimeSet(TimePicker view, int hourOfDay,
                        int minute)  {
                        Toast.makeText(getApplicationContext(), "您选择的时
                            间: "+hourOfDay+":"+minute, Toast.LENGTH_LONG).
                        show();
```

```
                    }
                }, 8, 15, true);
                timePickerDialog.show();        //显示 TimePickerDialog
            }
        });
    }
}
```

5.2 菜　　单

菜单是许多应用程序不可或缺的一部分，它能够在不占用界面空间的前提下为应用程序提供统一的功能和设置界面。Android 的菜单正常情况下都是隐藏的，其主要目的是节省显示空间。在 Android 3.0(API 11)以下版本的设备上，菜单可通过按移动设备上的 Menu 键弹出。而对于 Android 3.0 及以上版本，硬件菜单键成为了可选项，菜单的功能由应用栏(App Bar)操作项和溢出菜单代替。另外，利用 DrawerLayout 还可以实现侧滑菜单，这部分内容将在 6.4 节介绍。

Android SDK 提供的菜单主要有如下 4 种。

(1) 选项菜单。在 Android 3.0 之前的设备上，选项菜单(Options Menu)是最常规的菜单，即按下 Menu 键时打开的菜单。在 Android 3.0 及以上版本的设备上，选项菜单项默认在应用栏的溢出菜单(Overflow Menu)中。

(2) 溢出菜单。在 Android 3.0 及以上版本中，不适合放在应用栏中的操作项以及未标识为操作项的菜单项将会在溢出菜单中显示。点击应用栏右侧溢出菜单按钮，如图 5-6 所示，就会弹出菜单项列表。如果移动设备有 Menu 键，按该键时，溢出菜单的菜单项将在悬浮窗口显示。

通过设置菜单项的 app:showAsAction 属性值为 always 或 ifRoom，可以让菜单项显示为应用栏操作项，通常以一个图标的形式显示，如图 5-6 所示。

图 5-6　应用栏中的操作项图标和溢出菜单按钮

(3) 子菜单。如果菜单项有子菜单(Submenu)，点击菜单项就会弹出子菜单。子菜单不支持嵌套，即子菜单中不能再包括其他子菜单。

(4) 上下文菜单。上下文菜单(Context Menu)是在界面中长按 UI 控件对象后出现的菜单，类似于 Windows 应用程序中的右键快捷菜单。

5.2.1 使用XML资源定义菜单项

Android提供了标准的XML格式的资源文件来定义菜单项,并且对所有菜单类型都支持。这种处理方式可以方便地为不同的硬件配置、语言、位置创建不同的菜单。

存放菜单资源的XML文件需要创建在工程项目的res/menu文件夹中,每个菜单结构都必须创建为一个单独的文件。文件中使用<menu>元素作为根节点,使用一组<item>元素指定每个菜单项。<item>元素的属性用于指定菜单项的文本、图标、快捷键等。代码段5-8是一个XML菜单文件的示例。

代码段5-8 XML菜单文件示例

```
<?xml version="1.0" encoding="utf-8"?>
<menu
    xmlns:android="http://schemas.android.com/apk/res/android"
    xmlns:app="http://schemas.android.com/apk/res-auto">
    <item
        android:id="@+id/menu_settings"
        android:title="设置"
        android:icon="@mipmap/icon_apple"
        app:showAsAction="always"/>
    <item
        android:id="@+id/menu_help"
        android:title="帮助"
        app:showAsAction="ifRoom">
</menu>
```

<item>元素除了具有常规的id、icon、title等属性,还有一个重要的属性:showAsAction。这个属性描述了菜单项何时以何种方式加入应用栏中。例如,代码段5-8将菜单项“设置”定义为应用栏操作项。而菜单项“帮助”则定义为:当应用栏上有足够的空间时,菜单项作为应用栏操作项显示,当应用栏上的空间不够时,该项在溢出菜单中显示。一般建议使用ifRoom而不是always,这样可以使系统在布局时具有最大的灵活性。

在Java代码中调用MenuItem对象的setShowAsActionFlags()方法,也可以达到上述效果。例如,将其参数设为MenuItem.SHOW_AS_ACTION_ALWAYS,会强制一个菜单项一直作为应用栏操作项显示。

可以使用<group>元素对菜单项进行分组,以组的形式操作菜单项。分组后的菜单显示效果并没有区别,唯一的区别在于可以针对菜单组进行操作,这样对于分类的菜单项,操作起来更方便,例如,可以设置菜单组内的菜单是否都可选、是否隐藏菜单组的所有菜单、菜单组的菜单是否可用等。

子菜单通过在<item>元素中嵌套<menu>来实现。也可以在Java代码中调用Menu对象的addSubMenu(int groupId, int itemId, int order, int titleRes)方法创建子菜单,然后通过调用subMenu对象的add()方法添加子菜单项。

当创建好一个 XML 菜单资源文件之后，可以使用 MenuInflater.inflate()方法填充菜单资源，使 XML 资源变成一个可编程的对象。

5.2.2　创建菜单

在 Android 中，一个 Menu 对象代表一个菜单，在 Menu 对象中可以添加菜单项 MenuItem，也可以添加子菜单 SubMenu。编写程序时一般不需要创建 Menu 对象，每个 Activity 默认都包含一个 Menu 对象。编程者只需添加菜单项和响应菜单项的选择事件，所以编写菜单程序一般包括创建并初始化菜单项和处理菜单项事件两个步骤。

在 Android 应用程序设计中，通常通过回调方法来创建菜单并处理菜单的选择事件。Activity 中提供了两个回调方法，即 OnCreateOptionsMenu()和 OnOptionsMenuSelected()，用于创建菜单项和响应菜单项的选择事件。表 5-2 列出了选项菜单方法及其对应的功能。

表 5-2　选项菜单方法及其对应的功能

方　法　名	功能说明
public boolean onCreateOptionsMenu(Menu menu)	初始化选项菜单，该方法只在首次显示菜单时被调用
public boolean onOptionsItemSelected(MenuItem item)	处理菜单项的选择事件，当菜单中某个选项被选中时调用该方法，默认返回 false
publicboolean onPrepareOptionsMenu(Menu menu)	为程序准备选项菜单，在每次选项菜单显示前会调用该方法。可以通过该方法设置某些菜单项可用/不可用、修改菜单项的内容等。重写该方法时需要返回 true，否则选项菜单将不会刷新显示

onCreateOptionsMenu()方法的功能是为程序初始化选项菜单，可在此方法中添加指定的菜单项。在 Android 3.0 之前的设备上，当按 Menu 键时，Android 系统调用此方法生成一个菜单。在 Android 3.0 及其以上版本中，每次 Activity 布局完成创建应用栏时调用 onCreateOptionsMenu()方法生成菜单。需要特别注意的是，该方法只在首次显示菜单时调用一次，如果要动态显示菜单项，则需要重写 onPrepareOptionsMenu()方法。因为当菜单项显示在应用栏中时，系统会将选项菜单视为始终处于打开状态，如果要执行菜单更新，则必须调用 invalidateOptionsMenu()来请求系统调用 onPrepareOptionsMenu()方法。

【例 5-6】　示例工程 Demo_05_MenuByXML 演示了如何利用资源文件生成菜单和子菜单。

菜单和子菜单

首先，在工程项目的 res/menu 文件夹中创建菜单 XML 文件，文件名为 mymenu.xml，代码如代码段 5-9 所示。

代码段 5-9　把菜单项和子菜单项定义为 XML 资源

```
<?xml version="1.0" encoding="utf-8"?>
<menu xmlns:android="http://schemas.android.com/apk/res/android"
```

```
    xmlns:app="http://schemas.android.com/apk/res-auto">
    <item
        android:id="@+id/menu_save"
        android:checkable="true"
        android:checked="true"
        android:title="自动保存"/>
    <item
        android:id="@+id/menu_help"
        android:title="帮助">
        <menu>
            <item
                android:id="@+id/menu_document"
                android:title="联机文档" />
            <item
                android:id="@+id/menu_search"
                android:title="搜索" />
            <item
                android:id="@+id/menu_about"
                android:title="关于" />
        </menu>
    </item>
    <item
        android:id="@+id/menu_exit"
        android:orderInCategory="100"
        android:title="退出"
        app:showAsAction="never" />
</menu>
```

在 onCreateOptionsMenu()方法中调用 MenuInflater 对象的 inflate()方法，就可以引用上述定义的菜单资源，如代码段 5-10 所示。也可以不使用 XML 资源文件，直接通过调用 menu 对象的 add()方法添加相应的菜单项。

代码段 5-10　初始化菜单

```
@Override
public boolean onCreateOptionsMenu(Menu menu) {
    super.onCreateOptionsMenu(menu);
    MenuInflater inflater=this.getMenuInflater();
    inflater.inflate(R.menu. mymain, menu);
    return true;
}
```

程序运行后的菜单界面如图 5-7 所示。应用栏右侧有一个溢出菜单按钮，点击这个按钮，就会弹出溢出菜单，如图 5-7(a)所示，选择其中的“帮助”菜单项，就会弹出相应的子

菜单,如图 5-7(b)所示。

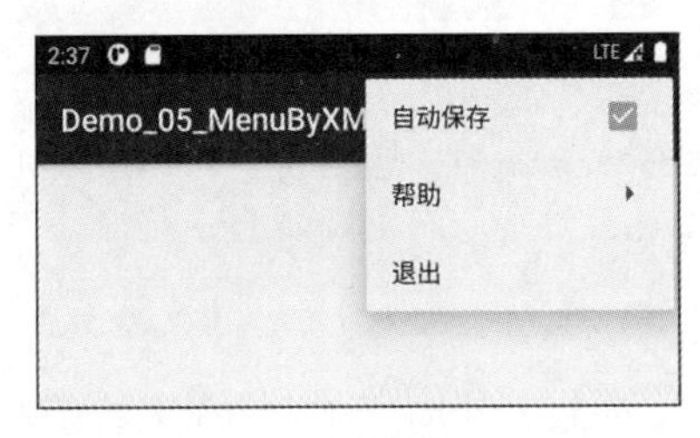

(a) 溢出菜单

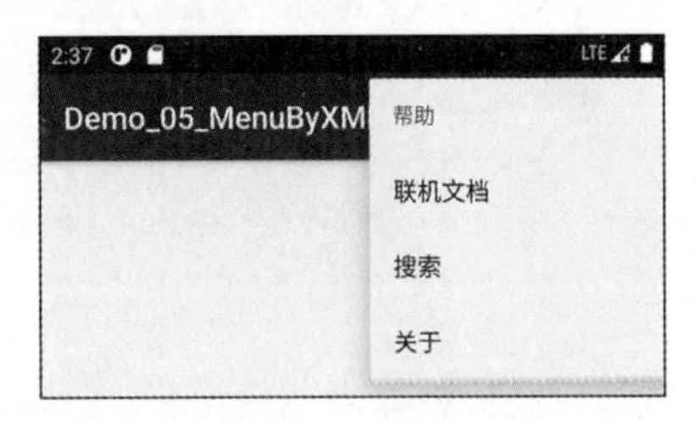

(b) 点击菜单项"帮助"后弹出的子菜单

图 5-7　溢出菜单和子菜单

5.2.3　响应和处理菜单项的选择事件

Activity 中的回调方法 public boolean onOptionsItemSelected(MenuItem item)用于处理菜单项的选择事件,当菜单中某个选项被选中时会自动调用该方法,方法的默认返回值是 false。方法传入一个 MenuItem 对象,就是当前被选中的菜单项。在响应菜单时需要通过 id 来判断哪个菜单项被选择了,然后分情况进行处理。

除了用回调方法 onOptionsItemSelected()来处理用户选中菜单事件外,还可以调用每个菜单项(即 MenuItem)对象的 onMenuItemClickListener()方法来监听并处理菜单项上的点击事件。

【例 5-7】　处理示例工程 Demo_05_MenuByXML 中的每个菜单项的选择事件。

重写 Activity 的 onOptionsItemSelected()方法,处理每个菜单项的选择事件,如代码段 5-11 所示。在代码中调用 item 对象的 getItemId()方法,可以获取当前被选择的菜单项 id,然后在 switch-case 语句中分情况进行处理。

这里需要注意,本例中的"自动保存"菜单项的 Checkable 属性值为 true,菜单项上会显示一个复选框。该复选框的勾选状态不会因为用户的点击而自动改变,必须自己写代码实现这样的效果。另外,复选框的勾选状态在程序关闭后不会保存,如果需要保存,推荐使用 SharedPreferences 保存其勾选状态,SharedPreferences 的具体用法见 9.1 节。

代码段 5-11　重写 Activity 的 onOptionsItemSelected()方法,处理菜单项选择事件

```
@Override
public boolean onOptionsItemSelected(MenuItem item) {
    switch (item.getItemId()){
        case R.id.menu_save:
            item.setChecked(!item.isChecked());   //每次点击,改变复选框的勾选状态
            String save="关";
            if(item.isChecked()){
                save="开";
            }
            Toast.makeText(getApplicationContext(), "您点击了菜单项:自动保存"+
                save,
```

```
                Toast.LENGTH_LONG).show();
            return true;
        case R.id.menu_document:
            Toast.makeText(getApplicationContext(), "您点击了菜单项:联机文档",
                    Toast.LENGTH_LONG).show();
            return true;
        case R.id.menu_search:
            Toast.makeText(getApplicationContext(), "您点击了菜单项:搜索",
                    Toast.LENGTH_LONG).show();
            return true;
        case R.id.menu_about:
            AlertDialog.Builder exitAlert=new AlertDialog.Builder
                (MainActivity.this);
            exitAlert.setTitle("版权声明:")
                    .setMessage("这是教材的示例程序!\n 版本号:3.0")
                    .setNegativeButton("确定", new DialogInterface.
                        OnClickListener() {
                        public void onClick(DialogInterface arg0, int arg1) {
                        }
                    });
            exitAlert.show();
            return true;
        case R.id.menu_exit:
            MainActivity.this.finish();        //退出程序
            return true;
    }
    return super.onOptionsItemSelected(item);
}
```

5.2.4　上下文菜单

上下文菜单类似于 PC 桌面程序中的右键快捷菜单,但在 Android 中不是通过用户右击而得到的,而是当用户长按界面元素超过 2s 后自动出现的。它可以被注册到任何 View 对象中,如 ListView 的 Item 对象。

提供上下文操作的方法有两种。一种是使用浮动上下文菜单,当用户长按某个支持上下文菜单的 View 对象时,菜单会显示为菜单项的浮动列表,如图 5-8(a)所示。在这种模式下,用户点击任何一个菜单项后的浮动菜单都会关闭,也就是一次只能对一个菜单项目执行上下文操作。另一种是使用关联操作模式菜单,此模式是 ActionMode 的系统实现,它在屏幕顶部显示上下文操作栏,如图 5-8(b)所示。当此模式处于活动状态时,用户点击菜单项后菜单不会自动关闭,可以同时对多项执行操作。关联操作模式可用于 Android 3.0(API 11)及更高版本,是显示上下文菜单的首选方法。

(a) 浮动上下文菜单

(b) 关联操作模式菜单

图 5-8　长按 View 对象出现的上下文菜单

1. 创建浮动上下文菜单

与溢出菜单不同，创建一个上下文菜单，一般需要重写 Activity 的菜单回调方法 onCreateContextMenu()，而响应上下文菜单项选择事件则需要重写 onContextItemSelected() 方法。与 onCreateOptionsMenu()方法仅在选项菜单第一次启动时被调用一次不同，每次为 View 对象调出上下文菜单时都会调用该方法。

onCreateContextMenu()方法的定义如下：

```
onCreateContextMenu(ContextMenu m, View v, ContextMenu.ContextMenuInfo
menuInfo)
```

该方法有 3 个参数，其中参数 m 是创建的上下文菜单，v 是上下文菜单依附的 View 对象，menuInfo 是上下文菜单需要额外显示的信息。

在 onCreateContextMenu()方法里可以引用菜单资源 XML 文件创建菜单项；也可以直接通过调用 menu 对象的 add()方法添加相应的菜单项。

浮动上下文菜单必须通过调用 registerForContextMenu(View view)方法为某个 View 对象注册才能生效。registerForContentMenu()方法一般在 Activity 的 onCreate()方法里面调用，该方法执行后，会自动为指定的 View 对象添加一个 View.OnCreateContextMenuListener 监听器，这样当长按这个 View 对象时就会弹出浮动上下文菜单。

当用户选择了浮动上下文菜单中的选项后，系统会自动调用 Activity 的 onContextItemSelected(MenuItem item)方法进行处理，参数 item 是被选中的上下文菜单项。

2. 启动关联操作模式菜单

关联操作模式将用户交互的重点放在执行上下文操作上。当用户长按 View 对象时，屏幕顶部将出现上下文操作栏，列出关联操作模式菜单，如图 5-8(b)所示，显示用户可对当前所选项执行的操作。启用此模式后，按返回键或选择操作栏左侧的完成图标 ←，该操作模式将会停用，且上下文操作栏将会消失。

如果想在用户长按某个 View 对象时启动关联操作模式，应实现 ActionMode. Callback 接口。在其回调方法中为上下文操作栏上的菜单指定操作，响应操作项的选择事件,以及处理操作模式的其他生命周期事件。然后为 View 对象注册长按事件监听器(OnLongClickListener),当用户长按时调用 startActionMode()方法启用关联操作模式。

需要注意的是,上下文操作栏不一定与应用栏相关联。尽管表面上看来上下文操作栏取代了应用栏的位置,但事实上二者是独立运行的。

上下文菜单

【例 5-8】 示例工程 Demo_05_ContextMenu 实现了如图 5-8 所示的上下文菜单,演示了上下文菜单的使用方法。

首先,在工程项目的 res/menu 文件夹中创建两个 XML 菜单文件,分别用于浮动上下文菜单和关联操作模式菜单,文件名分别为 my_context_menu.xml 和 my_action_menu.xml。两个文件内容类似,以第 1 个文件为例,其代码如代码段 5-12 所示。

代码段 5-12 把菜单定义为 XML 资源(my_context_menu.xml)

```
<?xml version="1.0" encoding="utf-8"?>
<menu
    xmlns:android="http://schemas.android.com/apk/res/android">
    <item
        android:id="@+id/menu_cut"
        android:title="剪切"/>
    <item
        android:id="@+id/menu_copy"
        android:title="复制"/>
    <item
        android:id="@+id/menu_search"
        android:title="搜索"/>
</menu>
```

Activity 中有两个 EditText 对象,为 editText1 注册了浮动上下文菜单,为 editText2 定义了关联操作模式菜单,主要代码如代码段 5-13 所示。

代码段 5-13 为 View 对象定义上下文菜单

```
//package 和 import 语句略
public class MainActivity extends AppCompatActivity {
    ActionMode actionMode;
    @Override
    protected void onCreate(Bundle savedInstanceState) {
        super.onCreate(savedInstanceState);
        setContentView(R.layout.activity_main);
        EditText editText1=(EditText)findViewById(R.id.editText1);
        EditText editText2=(EditText)findViewById(R.id.editText2);
        this.registerForContextMenu(editText1);   //为 View 对象注册浮动上下文菜单
        editText2.setOnLongClickListener(new View.OnLongClickListener() {
                                                //为 View 对象定义关联操作模式菜单
```

```
            public boolean onLongClick(View view) {
                if (actionMode!=null) {
                    return false;
                }
                actionMode=startActionMode(actionModeCallback);
                                                            //启用关联操作模式
                view.setSelected(true);
                return true;
            }
        });
    }
    @Override
    public void onCreateContextMenu(ContextMenu menu, View v, ContextMenu.
        ContextMenuInfo menuInfo) {
                                //初始化浮动上下文菜单
        super.onCreateContextMenu(menu, v, menuInfo);
        if(v==findViewById(R.id.editText1)){
            MenuInflater inflater=this.getMenuInflater();
            inflater.inflate(R.menu.my_context_menu, menu);
                                                            //引用菜单资源,创建菜单
        }
    }
    @Override
    public boolean onContextItemSelected(MenuItem item) {
        //浮动上下文菜单项选中状态变化后的回调方法
        EditText et1=(EditText)findViewById(R.id.editText1);
        switch (item.getItemId()){
            case R.id.menu_cut:
                et1.setText("您选择了浮动上下文菜单项:剪切");
                return true;
            case R.id.menu_copy:
                et1.setText("您选择了浮动上下文菜单项:复制");
                return true;
            case R.id.menu_search:
                et1.setText("您选择了浮动上下文菜单项:搜索");
                return true;
            default:
                return super.onContextItemSelected(item);
        }
    }
    private ActionMode.Callback actionModeCallback = new ActionMode.
        Callback() {
        @Override
```

```
            public boolean onCreateActionMode(ActionMode mode, Menu menu) {
            //初始化关联操作模式菜单
                MenuInflater inflater = mode.getMenuInflater();
                inflater.inflate(R.menu.my_action_menu, menu);   //引用菜单资源,创建菜单
                return true;
            }
            @Override
            public boolean onPrepareActionMode(ActionMode mode, Menu menu) {
                return false;
            }
            @Override
            public boolean onActionItemClicked(ActionMode mode, MenuItem item) {
                //当用户选择一个菜单项时,调用此方法
                EditText et2=(EditText)findViewById(R.id.editText2);
                switch (item.getItemId()){
                    case R.id.menu_settings:
                        et2.setText("您选择了关联操作模式菜单项:设置");
                        return true;
                    case R.id.menu_save:
                        et2.setText("您选择了关联操作模式菜单项:保存");
                        return true;
                    case R.id.menu_help:
                        et2.setText("您选择了关联操作模式菜单项:帮助");
                        mode.finish();                      //执行了操作之后,关闭上下文菜单
                        return true;
                    default:
                        return false;
                }
            }
            @Override
            public void onDestroyActionMode(ActionMode mode) {
                actionMode=null;
            }
        };
    }
```

该程序运行后,在第 1 个 EditText 对象上长按超过 2s 后自动出现的上下文菜单运行效果如图 5-8(a)所示。选择某一菜单项,会实现相应的处理。而长按第 2 个 EditText 对象,会出现关联操作模式菜单,运行效果如图 5-8(b)所示。

5.3 状态栏通知

状态栏通知(Notification)是 Android 系统提供的状态栏提醒机制,是一种具有全局效果的通知。Notification 不仅和 Toast 一样不会打断用户当前的操作,而且还支持更复

杂的点击事件响应，它适用于交互事件的通知。

5.3.1　通知的内容和形式

Notification 通常用于如下情形。

(1) 显示接收到短消息、即时消息等信息，如 QQ、微信、短信等。

(2) 显示客户端的推送消息，如有新版本发布、广告、推荐新闻等。

(3) 显示正在进行的任务，如后台运行的程序、音乐播放器、版本更新时的下载进度等。

Notification 支持文字内容显示、振动、三色灯、铃声等多种提示形式，图 5-9 展示了其普通视图的组成。其中的小图标在通知没有展开时会显示在状态栏中。小图标通过 setSmallIcon()进行设置，是必须提供的属性。小图标右侧的应用名称和时间戳由系统提供。时间戳的默认值是系统接收到消息的时间，可以通过 setWhen()设置一个自定义的时间，或者通过 setShowWhen(false)将其隐藏。右侧的大图标是可选内容，通常用于展示联系人照片而不是应用图标，通过 setLargeIcon()进行设置。通知的标题和文本也都是可选内容，分别通过 setContentTitle()和 setContentText()进行设置。通知的部分详情仅在展开后的视图中显示，其设计由系统模板决定，我们只需要定义模板中各部分的内容。

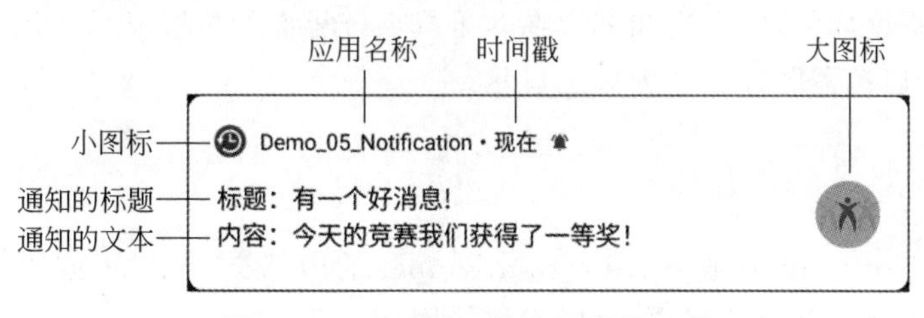

图 5-9　Notification 普通视图的组成

在默认情况下，通知的文本内容会被截断以放在一行。如果想要更长的通知，可以使用 setStyle()添加样式模板来启用可展开的通知。大文本模式仅支持 Android 4.1 及更高版本，可以显示多行通知内容。

5.3.2　通知的渠道和重要程度

从 Android 8.0(API 26)开始，必须为所有通知分配渠道(Channel)，否则通知将不会显示。渠道还可用于指定通知的重要程度等级，发布到同一通知渠道的所有通知的行为都相同。通过将通知归类为不同的渠道，Android 用户可以通过系统设置停用特定通知渠道，而非停用所有通知，还可以控制每个渠道的视觉和听觉选项。在 Android 系统界面中将渠道称作"类别"(Category)。

在如图 5-9 所示通知面板中长按通知，就会显示如图 5-10 所示的界面。在这个界面中可以对这个通知的发送渠道进行设置，如设置成静音模式、关闭该渠道的通知等。

一个应用可以有多个通知渠道，每个渠道对应于该应用发出的每类通知。应用还可以创建通知渠道来响应用户做出的选择。例如,可以为用户在短信应用中创建的每个会话组设置不同的通知渠道。

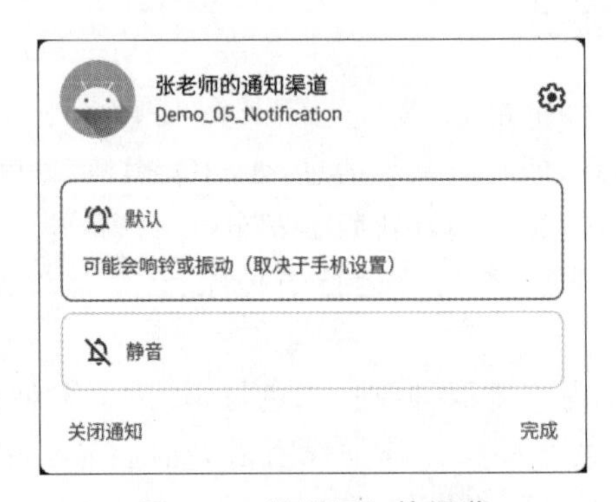

图 5-10　设置通知的渠道

Android 利用通知的重要程度来决定通知应在多大程度上在视觉上和听觉上干扰用户。通知的重要程度越高,干扰程度就越高。在 Android 8.0 及更高版本的系统中,通知的重要程度由通知发布到的渠道的 importance 决定。用户可以在系统设置中更改通知渠道的重要程度。在 Android 8.0 以下版本的设备上,每条通知的重要程度均由通知的 priority 属性决定。

无论重要程度如何,所有通知都会在非干扰系统界面的位置显示。例如,显示在抽屉式通知栏中,在启动器图标上作为标志显示。

5.3.3 创建、更新、移除通知

通常利用 Notification 或 NotificationCompat 的内部类 Builder 创建 Notification 对象。如果不考虑向下兼容的问题,可以直接使用 Notification.Builder 创建 Notification 对象。Builder 类中提供了很多方法,调用这些方法可以为当前的 Notification 对象指定属性。一个 Notification 对象不必对所有的选项都进行设置,但小图标、通知的标题、通知的文本内容 3 项通常需要设置。Builder 对象常用的方法如表 5-3 所示。需要注意的是,对于 Android 5.0 及以上的系统,小图标仅使用白色和透明色两种颜色,而且应尽量简单。如果使用其他颜色,系统会进行处理,仅仅显示上述两种颜色。

表 5-3　Builder 对象的常用方法

方法名	功能及使用说明
setSmallIcon()	设置通知的小图标
setLargeIcon()	设置通知的大图标
setContentTitle()	设置通知的标题
setContentText()	设置通知的内容
setAutoCancel()	设置点击通知后,状态栏自动删除该通知

续表

方 法 名	功能及使用说明
setTimeoutAfter()	设置超时。系统会在指定持续时间过后取消通知
setDefaults()	设置通知的音乐、振动、LED 等
setContentInfo()	与此通知相关的一小段附加信息
setContentIntent()	设置点击通知后将要启动的程序组件对应的 PendingIntent
setOnlyAlertOnce()	设置为 true,则通知只在首次出现时打断用户(通过声音、振动或视觉提示),而之后的更新不会再打断用户
setPriority()	设置此通知的重要程度等级
setShowWhen()	设置是否在视图中显示使用 setWhen()设置的时间戳
setSilent()	如果设置为 true,则使通知的此实例静音,而不管通知或通知渠道上设置的声音或振动如何
setSound()	设置通知的音乐
setStyle()	设置长文本、大图片、媒体播放等通知样式
setWhen()	设置事件发生的时间
build()	利用 Builder 对象设定好的参数创建 Notification 对象。方法返回值为 Notification 对象

程序一般通过 NotificationManagerCompat(或 NotificationManager)对象来发送和取消 Notification。NotificationManagerCompat 对象是状态栏通知的管理类,负责发送通知、移除通知等操作,其常用的方法如表 5-4 所示。

表 5-4　NotificationManagerCompat 对象的常用方法

方 法 名	功能及使用说明
cancelAll()	移除所有的通知(只是针对当前 Context 下的通知)
cancel(int id)	移除指定 id 的通知(只是针对当前 Context 下的通知)
notify()	将通知加入状态栏。该方法有两个参数。第 1 个参数是 notification 的 int 类型 id 或 String 类型 tag,第 2 个参数是加入状态栏的 Notification 对象。在执行这个方法时,如果这个 id 的通知已经存在,就会更新这个 id 的通知信息,而不是发送一个新的通知
createNotificationChannel()	创建通知的发布渠道,参数是 NotificationChannel 对象或 NotificationChannelCompat 对象。该方法还可以用于恢复已删除的渠道,更新现有渠道的名称、说明、组和/或重要程度
getNotificationChannels()/ getNotificationChannelsCompat()	返回属于应用的所有通知渠道。在 Android 8.0 以下版本系统中返回一个空列表

创建并发送 Notification 通知的一般步骤如下。

步骤 1:创建渠道并设置重要程度。要在 Android 8.0 及更高版本的系统中发布通知,必须先通过向 createNotificationChannel()传递一个 NotificationChannel 实例,在系统中注册应用的通知渠道。代码段 5-14 是一个创建渠道的示例。NotificationChannel 构造函数需要一个 importance 参数,它会使用 NotificationManager 类中的一个常量。此参数的值决定出现任何属于此渠道的通知时如何打断用户。但需要注意,如果要支持 Android 7.1 及更低版本,还必须使用 setPriority()设置通知的重要程度级别。

代码段 5-14 创建渠道并设置重要程度

```
private final String CHANNEL_ID="zxm";
CharSequence name="张老师的通知渠道";
String description="这些都是张老师的通知";
int importance=NotificationManager.IMPORTANCE_DEFAULT;
NotificationChannel channel=new NotificationChannel(CHANNEL_ID, name, importance);
channel.setDescription(description);
NotificationManager notificationManager= getSystemService (NotificationManager.
    class);
notificationManager.createNotificationChannel(channel);
```

由于必须先创建通知渠道,然后才能在 Android 8.0 及更高版本上发布通知,因此应在应用启动时立即执行创建渠道的代码。创建现有通知渠道不会执行任何操作,所以反复调用创建渠道的代码是安全的。

步骤 2: 创建 NotificationCompat.Builder 对象,并设置对象的各种属性。通常需要设置小图标、标题、正文文本等。另外考虑兼容性,一般需要通过 setPriority()设置通知的重要程度级别。需要注意的是,NotificationCompat.Builder 构造函数要求提供渠道 id,这是兼容 Android 8.0 及更高版本所必需的,但会被较旧版本忽略。代码段 5-15 是一个创建 NotificationCompat.Builder 对象并设置属性的示例。

代码段 5-15 创建 NotificationCompat.Builder 对象,并设置属性

```
NotificationCompat. Builder builder = new NotificationCompat. Builder (this,
    CHANNEL_ID)
            .setSmallIcon(R.drawable.notification_icon)
            .setContentTitle("通知的标题")
            .setContentText("通知的正文文本")
            .setPriority(NotificationCompat.PRIORITY_DEFAULT);
```

步骤 3: 调用 Builder 对象的 build()方法,获得 Notification 对象。

步骤 4: 调用 NotificationManagerCompat.from(context)方法获取 NotificationManagerCompat 对象的引用,然后调用其 notify(int id, Notification notification)方法发送通知。发送通知的时候需要提供一个唯一 id,如果之后想要更新或移除这个通知,将需要使用这个通知的 id。

如果需要在发出通知后对其进行更新,可以再次调用 notify()方法,并将之前使用的具有同一 id 的通知传递给该方法。执行 notify()方法的时候,如果通知 id 已经存在,就会更新这个 id 的通知信息,而不是发送一个新的通知。如果之前的通知已被关闭,则系

统会创建一个新通知。

移除 Notification 通知有如下 5 种方式。

(1) 用户点击通知栏的"全部清除"按钮,会移除所有可移除的通知。

(2) 用户向右滑动通知项,可移除该项通知。

(3) 调用 NotificationManagerCompat 对象的 cancel(int id)方法,移除指定 id 的通知。

(4) 调用 NotificationManagerCompat 对象的 cancelAll()方法,移除所有该应用之前发送的通知。

(5) 创建通知时调用了 setAutoCancel(true)方法,则用户点击该项通知,通知会自动移除。如果在创建通知时调用 setTimeoutAfter()方法设置了超时,系统会在指定持续时间过后自动取消通知。

【例 5-9】 示例工程 Demo_05_Notification 演示了有关状态栏通知的使用方法,如代码段 5-16 所示,运行结果如图 5-11 所示。

状态栏通知 Notification

代码段 5-16 设置 Notification 及其参数

```
//package 和 import 语句略
public class MainActivity extends AppCompatActivity {
    private final int FIRST_NOTIFICATION_ID=1600; //notification 的 id,整数
    private final int NEW_NOTIFICATION_ID=1700;
    private final int BIG_NOTIFICATION_ID=1800;
    private final String CHANNEL_ID="zxm";          //渠道的 id,字符类型
    NotificationCompat.Builder builder;
    NotificationManagerCompat notificationManager;
    @Override
    public void onCreate(Bundle savedInstanceState) {
        super.onCreate(savedInstanceState);
        setContentView(R.layout.activity_main); //加载布局,在其中定义了 5 个按钮
        Button btnStart= (Button) findViewById(R.id.btnNotifyFirst);
                                                    //发送通知的按钮
        Button btnUpdate= (Button) findViewById(R.id.btnUpdate);
                                                    //更新通知的按钮
        Button btnBigText= (Button) findViewById(R.id.btnNotifyBigText);
                                                    //发送一个长文本通知的按钮
        Button btnNewStart= (Button) findViewById(R.id.btnNotifyNew);
                                                    //发送一个新通知的按钮
        Button btnCancel= (Button) findViewById(R.id.btnCancel);
                                                    //移除通知的按钮
        createNotificationChannel();                //创建通知渠道
        notificationManager = NotificationManagerCompat.from
            (getApplicationContext());
        //创建 NotificationManagerCompat 对象,负责发送与移除 Notification
        btnStart.setOnClickListener(new View.OnClickListener() {
                                                    //发出通知
```

```
        @Override
        public void onClick(View view) {
            builder=new NotificationCompat.Builder(getApplicationContext(),
                CHANNEL_ID)
                    .setPriority(NotificationCompat.PRIORITY_DEFAULT)
                    .setSmallIcon(R.mipmap.icon_48)
                    .setContentTitle("标题:有一个好消息!")
                    .setContentText("内容:竞赛获奖");
            Notification notification=builder.build();
                                                    //获得 Notification 对象
            notificationManager.notify(FIRST_NOTIFICATION_ID, notification);
                                                    //发送通知
        }
    });
    btnUpdate.setOnClickListener(new View.OnClickListener() {//更新通知
        @Override
        public void onClick(View view) {
            builder=new NotificationCompat.Builder(getApplicationContext(),
                CHANNEL_ID)
                    .setPriority(NotificationCompat.PRIORITY_DEFAULT)
                    .setSmallIcon(R.mipmap.icon_48)
                    .setContentTitle("标题:好消息的更新!")
                    .setContentText("内容:竞赛获得第一名!");
            notificationManager.notify(FIRST_NOTIFICATION_ID, builder.
                build());
        }
    });
    btnBigText.setOnClickListener(new View.OnClickListener() {
                                                    //发送一个长文本通知
        @Override
        public void onClick(View view) {
            builder=new NotificationCompat.Builder(getApplicationContext(),
            CHANNEL_ID)
                  .setPriority(NotificationCompat.PRIORITY_DEFAULT)
                  .setSmallIcon(R.mipmap.icon_set)
                  .setContentTitle("标题:这是一个长通知")
                  .setContentText("内容:这是一个长通知")
                  .setLargeIcon(BitmapFactory.decodeResource(getResources(),
                     R.mipmap.icon_16))
                  .setStyle(new NotificationCompat.BigTextStyle()
                    .bigText("这是一个长通知,这是通知的内容这是通知的内容"+
                           "这是通知的内容这是通知的内容这是通知的内容"+
                           "这是通知的内容这是通知的内容这是通知的内容"+
```

```
                        "这是通知的内容这是通知的内容。"));
            notificationManager.notify(BIG_NOTIFICATION_ID, builder.build());
        }
    });
    btnNewStart.setOnClickListener(new View.OnClickListener() {
                                                        //发送一个新通知
        public void onClick(View v) {
            builder=new NotificationCompat.Builder(getApplicationContext(),
                CHANNEL_ID)
                    .setPriority(NotificationCompat.PRIORITY_DEFAULT)
                    .setSmallIcon(R.mipmap.icon_80)
                    .setLargeIcon(BitmapFactory.decodeResource(getResources(),
                        R.mipmap.icon_18))
                    .setContentTitle("标题:增加了一个新消息!")
                    .setContentText("内容:大家一起来庆祝竞赛获奖!");
            notificationManager.notify(NEW_NOTIFICATION_ID, builder.build());
        }
    });
    btnCancel.setOnClickListener(new View.OnClickListener() {
                                                        //移除通知
        public void onClick(View v) {
            notificationManager.cancelAll();
        }
    });
}
private void createNotificationChannel() {
    //创建通知渠道
    if (Build.VERSION.SDK_INT >= Build.VERSION_CODES.O) {
        CharSequence name="张老师的通知渠道";
        String description="这些都是张老师的通知";
        int importance=NotificationManager.IMPORTANCE_DEFAULT;
        NotificationChannel channel=new NotificationChannel(CHANNEL_ID,
            name, importance);
        channel.setDescription(description);
        NotificationManager notificationManager=getSystemService
            (NotificationManager.class);
        notificationManager.createNotificationChannel(channel);
                                                        //创建渠道
    }
}
}
```

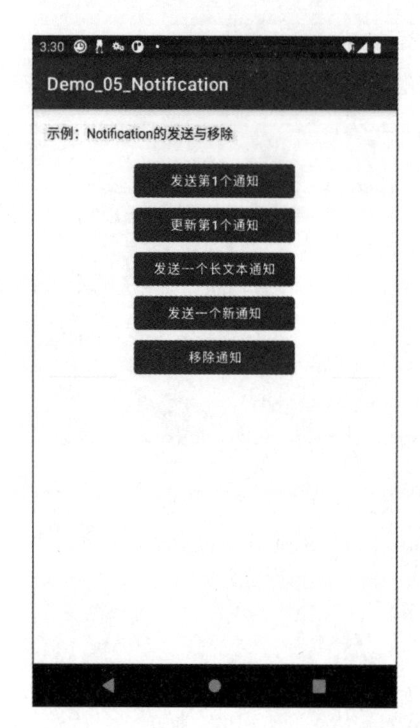

图 5-11　示例工程的运行结果

5.4　本章小结

本章介绍了对话框的设计方法,菜单、子菜单、上下文菜单等常用菜单的编程实现方法,以及状态栏通知的设计和使用方法。这些界面元素是实现用户交互的重要工具和手段,读者应该熟练掌握它们的设计与编程实现方法,并且能够在解决实际问题的过程中灵活运用。

习　题

1. 设计一个选择时间的应用程序,要求 Activity 中有一个文本输入框,当用户点击输入框时,弹出时间选择对话框,时间选择对话框中的默认时间为系统当前时间,用户选择的时间显示在文本输入框中。

2. 在 Android 中使用 Menu 时可能需要重写的方法有哪些?这些方法分别在什么情况下被调用?

3. 设计一个应用程序,界面中有一个 TextView,其中显示一行文字。为 Activity 添加菜单,包括“红”“绿”“蓝”3 个菜单项,用户选择一个菜单项,即将 TextView 中的文字设为相应的颜色。

4. 设计一个应用程序,界面中有两个 TextView,分别显示一行文字。为第 1 个

TextView 对象定义一个浮动上下文菜单，包括“红”“绿”“蓝”3 个菜单项，用户选择一个菜单项，即将 TextView 中的文字设为相应的颜色。为第 2 个 TextView 对象定义一个关联操作模式菜单，包括“大”“中”“小”3 个菜单项，用户选择一个菜单项，即将 TextView 中的文字设为相应的大小。

5. 假设在 Activity 中有多个 View 对象，如何让其中的某些对象能弹出上下文菜单而其余的对象没有上下文菜单项？

6. 设计一个用于注册的 Activity。要求界面中的注册项包括用户名、账号、密码、性别、出生年月日、爱好。用户名文本框中只能输入大写字母；账号文本框只能输入数字；密码文本框不可显示明文；性别用单选按钮，默认选中“男”；出生年月日使用日期选择对话框输入，默认值为当前日期；爱好用复选框实现，至少要有 4 个选项，默认选中第一个和第二个选项。界面中有一个“注册”按钮，“注册”按钮要水平居中。用户点击“注册”按钮后，弹出一个 AlertDialog，对话框的标题为“用户注册”，内容为用户输入的注册信息，对话框包括两个按钮，分别为“取消”和“提交注册”。用户点击“提交注册”按钮，则关闭对话框，同时状态栏显示一个 Notification，通知的标题为“注册完成”，通知中包括注册的用户名。

7. 为第 6 题的 Activity 添加菜单，菜单项为“清空各选项”和“退出”。当用户点击“清空各选项”时，将所有文本输入框的文字清空，所有单选按钮和复选框设为启动时的默认选项。当用户点击“退出”时，弹出警告对话框，用户如果点击“确定”按钮，则关闭 Activity。

第6章 Fragment及其应用

本章介绍Fragment的概念、用途及其使用方式，内容包括Fragment的生命周期，利用Fragment实现界面的切换、侧滑菜单的设计和实现方法。

6.1 Fragment的基本概念

6.1.1 Fragment简介

Android系统的界面展示通常都是通过Activity实现的，但是Activity也有它的局限性。例如，同样的界面在手机上显示可能很好，但在屏幕较大的平板设备上可能就会出现过分被拉长、控件间距过大等情况。Android 3.0引入了Fragment，可以解决这一问题。Fragment非常类似于Activity，可以包含布局，通常嵌套在Activity中使用。

Fragment是Activity界面中的一部分或一种行为，可以把多个Fragment组合到一个Activity中来创建一个多部分组成的界面，并且可以在多个Activity中重复使用同一个Fragment。例如，一个Activity可以由两个Fragment组成，当设备屏幕较大时，可以在一个屏幕中同时显示这两个Fragment，如图6-1(a)所示；而当设备屏幕较小时，则将这两个Fragment分别放置在不同的Activity中，分别在两个屏幕中显示，如图6-1(b)所示，这样就可以实现较好的兼容性。

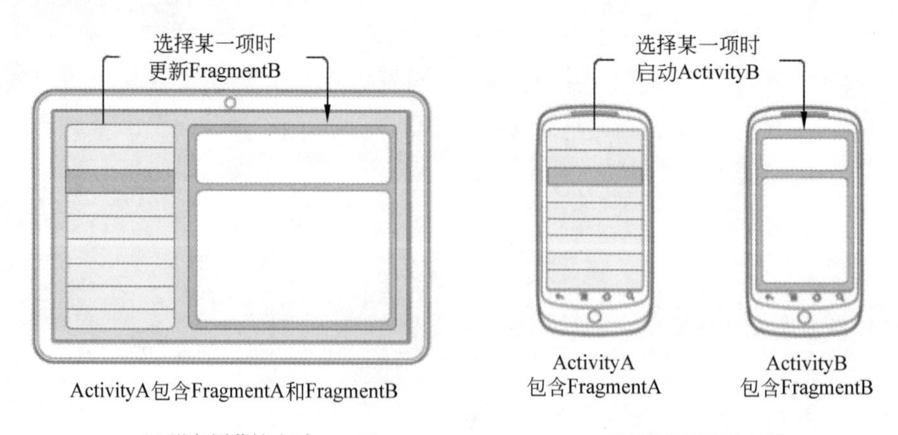

图6-1 Fragment用于不同屏幕分辨率的设备

可以把Fragment认为是模块化的一个Activity切片，它具有自己的生命周期，接收自己的输入事件，并且可以在Activity运行期间被添加或删除。Fragment不能独立存在，它必须嵌入Activity中，但Fragment不一定非要放在Activity的界面中，它可以隐藏在后台为Activity工作。

当一个Fragment被添加到Activity中时，它必须置于ViewGroup对象中，并且需要定义自己的界面。可以直接在Activity的布局文件中声明一个Fragment对象，元素标签为<fragment>，也可以在Java代码中创建Fragment对象，然后把它加入ViewGroup对象中。

需要注意的是，Fragment不是Context的子类，所以Fragment对象不能直接访问全局资源。Fragment对象必须通过其他对象的上下文，例如加载它的父Activity，实现对全局资源的访问。

6.1.2 Fragment的生命周期

了解Fragment的生命周期有助于理解Fragment的运行方式和编写正确的Fragment代码。

因为Fragment必须嵌入Activity中使用，所以Fragment的生命周期和它所在的Activity是密切相关的。例如，如果Activity是暂停状态，其中所有的Fragment都是暂停状态；如果Activity是停止状态，这个Activity中所有的Fragment都不能被启动；如果Activity被销毁，那么其中的所有Fragment都会被销毁。

参考Android SDK官网文档中的说明，Fragment生命周期如图6-2所示。

(1) 创建Fragment。

在Activity执行了onCreate()方法之后，系统才会创建与之关联并加载的Fragment。这时，会首先调用Fragment的onAttach()方法，建立Activity与Fragment之间的关联。然后调用Fragment的onCreate()方法，在这个方法中通常实现初始化相关组件的操作。之后，会调用Fragment的onCreateView()方法，为当前的Fragment绘制UI布局，并在Activity的onCreate()方法执行完后调用onActivityCreated()方法。

之后，与Activity的生命周期类似，系统会调用onStart()和onResume()方法，Fragment进入活动状态。

(2) 暂停和停止。

用户按返回键，或Fragment被移除/替换，会调用当前Fragment的onPause()方法和onStop()方法，停止当前Fragment的执行。

Fragment中的布局被移除时会调用onDestroyView()方法销毁相关的UI布局，然后调用onDestroy()方法，结束当前Fragment。最后调用onDetach()方法解除Fragment和Activity的关联，表示Fragment脱离了Activity。

(3) 当Fragment从返回栈回到当前界面时，系统会依次调用onCreateView()方法、onActivityCreated()方法，然后调用onStart()方法、onResume()方法再次进入活动状态。

Fragment和Activity的生命周期有很多相似之处，但是Fragment不能独立存在，它

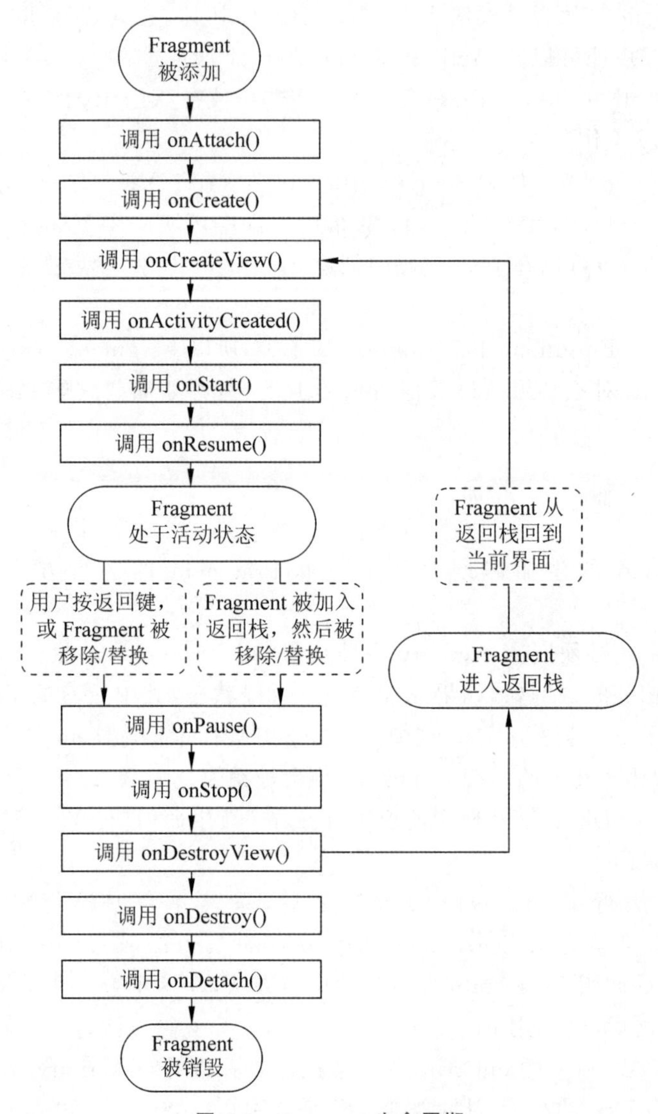

图 6-2 Fragment 生命周期

必须嵌入 Activity 中，而且 Fragment 的生命周期直接受所在的 Activity 的影响。当 Activity 在活动状态时可以独立控制 Fragment 的状态，如添加或移除 Fragment。当执行上述针对 Fragment 的事务时，可以将事务添加到一个栈中，这个栈被 Activity 管理，栈中的每条都是一个 Fragment 的一次事务。有了这个栈，就可以反向执行 Fragment 的事务，这样就可以在 Fragment 级支持向后导航，实现返回的功能。Activity 状态和 Fragment 生命周期的关系如图 6-3 所示。

Fragment 的
生命周期

【例 6-1】 示例工程 Demo_06_FragmentLifeCycle 中加载了一个 Fragment，演示了 Activity 和 Fragment 的生命周期方法的调用过程。

本例中，每个生命周期方法中都设置了利用 Log 类打印日志的语句，用于验证 Fragment 生命周期方法的回调顺序以及对比 Activity 和 Fragment 生命周期的联系和区

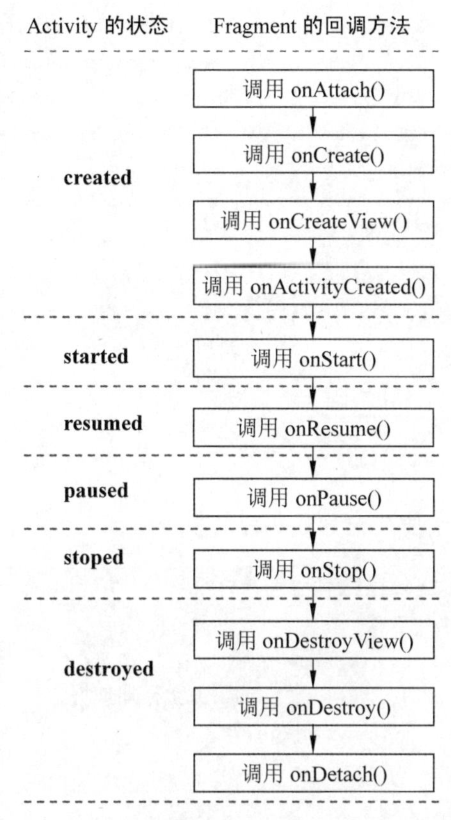

图 6-3 Activity 状态和 Fragment 生命周期的关系

别。程序中 MyFragment_1 是 Fragment 的子类,引用布局文件 fragment_1.xml,如代码段 6-1 所示。

代码段 6-1 MyFragment_1.java 的主要代码

```
//package 和 import 语句省略
public class MyFragment_1 extends Fragment {
    private final String TAG="Fragment 生命周期";
    @Override
    public void onAttach(Context context) {
        super.onAttach(context);
        Log.d(TAG, "MyFragment_1 -> 调用 onAttach()");
    }
    @Override
    public void onCreate(Bundle savedInstanceState) {
        super.onCreate(savedInstanceState);
        Log.d(TAG, "MyFragment_1 -> 调用 onCreate()");
    }
    @Override
```

```
    public View onCreateView(LayoutInflater inflater, ViewGroup container,
                             Bundle savedInstanceState) {
        Log.d(TAG, "MyFragment_1 -> 调用 onCreateView()");
        View rootView=inflater.inflate(R.layout.fragment_1, container,false);
        return rootView;
    }
    @Override
    public void onActivityCreated(Bundle savedInstanceState) {
        super.onActivityCreated(savedInstanceState);
        Log.d(TAG, "MyFragment_1 -> 调用 onActivityCreated()");
    }
    ⋮//其余代码类似
}
```

MainActivity.java 的主要代码如代码段 6-2 所示。

代码段 6-2 MainActivity.java 的主要代码

```
//package 和 import 语句省略
public class MainActivity extends AppCompatActivity {
    private final String TAG = "Fragment 生命周期";
    private FragmentManager manager;
    private FragmentTransaction transaction;
    @Override
    protected void onCreate(Bundle savedInstanceState) {
        super.onCreate(savedInstanceState);
        setContentView(R.layout.activity_main);
        manager = getSupportFragmentManager();
        transaction = manager.beginTransaction();
        MyFragment_1 fragment = new MyFragment_1();
        transaction.add(R.id.fragment_container, fragment);
        transaction.commit();            //加载 Fragment
        Log.i(TAG, "MainActivity -> 调用 onCreate()");
    }
    @Override
    protected void onStart() {
        super.onStart();
        Log.i(TAG, "MainActivity -> 调用 onStart()");
    }
    ⋮//其余代码类似
}
```

运行程序,可以看到初次加载时的运行结果,如图 6-4 所示;按 Home 键使 Activity 进入停止状态,则运行结果如图 6-5 所示;重新进入程序,则运行结果如图 6-6 所示;退出程序,则运行结果如图 6-7 所示。

```
_06_fragmentlifecycle I/Fragment生命周期: MainActivity -> 调用onCreate ()
_06_fragmentlifecycle D/Fragment生命周期: MyFragment_1 -> 调用onAttach ()
_06_fragmentlifecycle D/Fragment生命周期: MyFragment_1 -> 调用onCreate ()
_06_fragmentlifecycle D/Fragment生命周期: MyFragment_1 -> 调用onCreateView ()
_06_fragmentlifecycle D/Fragment生命周期: MyFragment_1 -> 调用onActivityCreated ()
_06_fragmentlifecycle I/Fragment生命周期: MainActivity -> 调用onStart ()
_06_fragmentlifecycle D/Fragment生命周期: MyFragment_1 -> 调用onStart ()
_06_fragmentlifecycle I/Fragment生命周期: MainActivity -> 调用onResume ()
_06_fragmentlifecycle D/Fragment生命周期: MyFragment_1 -> 调用onResume ()
```

图 6-4 初次加载 Activity 时的 Logcat 输出

```
_06_fragmentlifecycle D/Fragment生命周期: MyFragment_1 -> 调用onPause ()
_06_fragmentlifecycle I/Fragment生命周期: MainActivity -> 调用onPause ()
_06_fragmentlifecycle D/Fragment生命周期: MyFragment_1 -> 调用onStop ()
_06_fragmentlifecycle I/Fragment生命周期: MainActivity -> 调用onStop ()
```

图 6-5 Activity 进入停止状态时的 Logcat 输出

```
_06_fragmentlifecycle I/Fragment生命周期: MainActivity -> 调用onRestart ()
_06_fragmentlifecycle I/Fragment生命周期: MainActivity -> 调用onStart ()
_06_fragmentlifecycle D/Fragment生命周期: MyFragment_1 -> 调用onStart ()
_06_fragmentlifecycle I/Fragment生命周期: MainActivity -> 调用onResume ()
_06_fragmentlifecycle D/Fragment生命周期: MyFragment_1 -> 调用onResume ()
```

图 6-6 重新进入程序时的 Logcat 输出

```
_06_fragmentlifecycle D/Fragment生命周期: MyFragment_1 -> 调用onPause ()
_06_fragmentlifecycle I/Fragment生命周期: MainActivity -> 调用onPause ()
_06_fragmentlifecycle D/Fragment生命周期: MyFragment_1 -> 调用onStop ()
_06_fragmentlifecycle I/Fragment生命周期: MainActivity -> 调用onStop ()
_06_fragmentlifecycle D/Fragment生命周期: MyFragment_1 -> 调用onDestroyView ()
_06_fragmentlifecycle D/Fragment生命周期: MyFragment_1 -> 调用onDestroy ()
_06_fragmentlifecycle D/Fragment生命周期: MyFragment_1 -> 调用onDetach ()
_06_fragmentlifecycle I/Fragment生命周期: MainActivity -> 调用onDestroy ()
```

图 6-7 Activity 退出时的 Logcat 输出

6.2 创建和载入 Fragment

6.2.1 创建 Fragment

创建 Fragment 需要继承 Fragment 或者 Fragment 的子类，如 DialogFragment、ListFragment、PreferenceFragment、WebViewFragment 等。

创建 Fragment 通常需要重写以下 3 个回调方法。

(1) onCreate()。

类似于 Activity 的 onCreate()方法，系统在创建 Fragment 的时候调用这个方法。在这个方法中通常实现初始化相关组件的操作，可以在其中初始化除了 View 之外的内容。对于一些即便是被暂停或者被停止时依然需要保留的内容，也应该放置到这个方法中。

(2) onCreateView()。

当第一次绘制 Fragment 的 UI 布局时，系统调用这个方法，所以通常在此方法中创建布局。该方法将返回一个 View 对象(Fragment 的 UI 布局视图)给调用者。如果 Fragment 不提供 UI，可以返回 null；如果 Fragment 有 UI，那么返回的 View 必须是非空的。

通常在 onCreateView()方法中调用 LayoutInflater 对象的 inflate()方法，将自定义的 Fragment 布局加载进来。该方法的定义如下：

```
View android.view.LayoutInflater.inflate (int resource, ViewGroup root,
boolean attachToRoot)
```

其中，第 1 个参数是布局文件的资源 id；第 2 个参数是父视图，它通常由载入 Fragment 的 Activity 传入；第 3 个参数用于定义是否将生成的视图添加给父视图。

(3) onPause()。

当用户离开 Fragment 时最先调用这个方法。

【例 6-2】 示例工程 Demo_06_FragmentInActivityLayout 演示了如何创建一个 Fragment。

创建和载入 Fragment

首先需要创建 Fragment 加载的布局文件，本例布局文件名为 fragment_my.xml，内容如代码段 6-3 所示。

代码段 6-3 fragment_my.xml 的代码

```
<LinearLayout xmlns:android="http://schemas.android.com/apk/res/android"
    android:layout_width="match_parent"
    android:layout_height="wrap_content"
    android:orientation="vertical"
    android:padding="16dp"
    android:background="#dddddd"> <!--设置灰色背景方便看到 Fragment 的边界-->
    <RatingBar
        android:layout_width="match_parent"
        android:layout_height="wrap_content" />
    <TextView
        android:id="@+id/textview_1"
        android:layout_width="wrap_content"
        android:layout_height="wrap_content"
        android:textSize="20sp"
        android:textColor="#0000ff"
```

```
        android:text="这是 MyFragment 的显示内容。" />
</LinearLayout>
```

然后创建一个 Fragment 的子类。本例创建了 MyFragment 类，并且重写其 onCreateView()方法绘制 Fragment 的 UI 布局，代码如代码段 6-4 所示。

```
代码段 6-4  MyFragment.java 的主要代码
//package 和 import 语句省略
public class MyFragment extends Fragment {
    @Override
    public View onCreateView(LayoutInflater inflater, ViewGroup container,
            Bundle savedInstanceState) {
        View view=inflater.inflate(R.layout.fragment_my, container,false);
        return view;                   //返回视图布局对象
    }
}
```

6.2.2　将 Fragment 加载到 Activity 中

将 Fragment 加载到 Activity 中有两种方式：在 Activity 的布局文件中添加<fragment>元素，或在 Activity 的 Java 代码中动态加载。需要注意的是，Fragment 必须置于 ViewGroup 视图中。

每个 Fragment 需要一个唯一的标识，这样在 Activity 被重启时系统可以使用这个标识来恢复 Fragment，或者能够使用这个标识获取执行事务的 Fragment。标识可以通过 android:id 属性来设置，或通过 android:tag 属性来设置；如果没有设置前面两个属性，系统会使用容器视图的 id 作为 Fragment 的标识。

1. Fragment 的静态加载

这种方法把 Fragment 当成普通的控件，直接使用<fragment>元素在布局文件中为 Activity 定义 Fragment。

直接添加 Fragment 到 Activity 的布局文件中，就等同于将 Fragment 及其视图与 Activity 的视图绑定在一起，且在 Activity 的生命周期过程中无法切换 Fragment 视图。所以这种方式虽然简单但灵活性不够，无法在运行时将 Fragment 移除。

【例 6-3】　示例工程 Demo_06_FragmentInActivityLayout 演示了通过添加<fragment>元素到 Activity 的布局文件实现 Fragment 的静态加载。

Activity 的布局文件 activity_main.xml 的内容如代码段 6-5 所示。在其中添加<fragment>元素，其中 android:name 的属性值为 Fragment 的类名，而且必须是 Fragment 类的完整类名。当系统创建这个 Activity 的布局文件时，系统会实例化每个 Fragment 对象，并且调用它们的 onCreateView()方法来获得相应 Fragment 的布局，并将返回值插入<fragment>标签所在的地方。工程的运行结果如图 6-8 所示。

代码段 6-5 Activity 的布局文件 activity_main.xml

```
<?xml version="1.0" encoding="utf-8"?>
<LinearLayout xmlns:android="http://schemas.android.com/apk/res/android"
    android:layout_width="match_parent"
    android:layout_height="match_parent"
    android:orientation="vertical"
    android:layout_margin="16dp">
    <TextView
        android:layout_width="wrap_content"
        android:layout_height="wrap_content"
        android:text="示例:在 Activity 中静态加载 Fragment"/>
    <fragment
        android:id="@+id/fragment"
        android:name="edu.hebust.zxm.demo_06_fragmentinactivitylayout.
MyFragment"
        android:layout_width="match_parent"
        android:layout_height="wrap_content"/>
</LinearLayout>
```

图 6-8 静态加载 Fragment

2. Fragment 的动态加载

这种方法可以实现在程序运行过程中动态加载、移除、替换 Fragment。如果需要在 Activity 的生命周期内更改 Fragment，就需要采用这种方法。

在一个 Activity 中可以有多个 Fragment，Android 系统提供了 FragmentManager 类来管理 Fragment。要实现动态加载，必须使用 FragmentManager 创建一个 FragmentTransaction 对象。FragmentTransaction 提供添加、移除、替换 Fragment 以及执行其他 Fragment 事务所需的 API。具体方法是在 Activity 内使用支持库 API 调用 getSupportFragmentManager()获取 FragmentManager 对象，然后调用 beginTransaction()创建 FragmentTransaction，开始一个事务。在事务中对 Fragment 进行添加、移除、替换，这些操作对应的方法分别是 add()、remove()、replace()，这些操作需要依赖一个能插入 Fragment 的容器，如 FrameLayout。最后通过调用 commit()方法提交事务，完成对 Fragment 的操作。

FragmentTransaction 常用的方法如表 6-1 所示。

表 6-1　FragmentTransaction 常用的方法

方　法	说　明
add()	在 Activity 中添加一个 Fragment
addToBackStack()	将一个事务添加到返回栈中。addToBackStack()方法可以接收一个名字用于描述返回栈的状态，一般传入 null 即可
remove()	从 Activity 中移除一个 Fragment，如果被移除的 Fragment 没有添加到返回栈，这个 Fragment 实例将会被销毁
replace()	使用另一个 Fragment 替换当前的 Fragment，与调用 remove()方法之后再调用 add()方法的效果相同
detach()	将 Fragment 从 UI 中移除。和 remove()不同，此时的 Fragment 的状态依然由 FragmentManager 维护
attach()	把通过 detach()从 UI 中移除的 Fragment 视图重建，附加到 UI 上并显示
disallowAddToBackStack()	不允许调用 addToBackStack()。此方法执行后，对 addToBackStack()的任何调用都将引发 IllegalStateException 异常。如果已经调用了 addToBackStack()，则此方法将引发 IllegalStateException 异常
hide()	隐藏指定的 Fragment，仅将 Fragment 设为不可见，并不会销毁
isAddToBackStackAllowed()	如果允许 FragmentTransaction 添加到返回栈，此方法返回 true
show()	显示隐藏的 Fragment

在使用 Fragment 的时候，一定要清楚调用哪些方法会销毁视图，调用哪些方法会销毁实例，而哪些方法仅仅只是隐藏。例如，在 FragmentA 中的 EditText 填了一些数据，当切换到 FragmentB 时，如果希望回到 FragmentA 还能看到这些数据，则应该调用 hide()和 show()方法；而如果不希望保留用户操作，则可以调用 remove()方法，然后调用 add()方法，或者直接调用 replace()方法。

remove()方法和 detach()方法有一点细微的区别，在不考虑返回栈的情况下，remove()方法会销毁整个 Fragment 实例，而 detach()方法则只是销毁其视图结构，实例并不会被销毁。通常，如果当前 Activity 一直存在，那么在不希望保留用户操作的时候，可以优先使用 detach()方法。

总之，动态添加 Fragment 的主要步骤如下。

步骤 1：在布局文件中需要动态加载 Fragment 的地方添加一个占位容器，一般是使用一个 FrameLayout 布局。

步骤 2：构建一个 FragmentManager 类对象，该类用于开启一个事务。在 Activity 中可以直接通过调用 getSupportFragmentManager()方法得到。例如：

```
FragmentManager manager=getSupportFragmentManager();
```

步骤 3：通过调用 FragmentManager 对象的 beginTransaction()方法开启一个

Fragment 事务,该方法返回一个 FragmentTransaction 对象。例如:

```
FragmentTransaction fragmentTransaction=manager.beginTransaction();
```

步骤 4: 创建一个 Fragment 对象并实例化,例如:

```
MyFragment fragment=new MyFragment();
```

步骤 5: 将 Fragment 对象添加到 Fragment 事务中。一般使用 add()或 replace()方法实现,需要传入占位容器的资源 id 和 Fragment 的实例。例如:

```
fragmentTransaction.add(R.id.fragment_container, fragment);
```

步骤 6: 提交事务,例如:

```
fragmentTransaction.commit();
```

需要注意的是,commit()方法一定要在 Activity.onSaveInstance()之前被调用,否则可能会遇到 Activity 状态不一致、State loss 这样的错误。

【例 6-4】 示例工程 Demo_06_FragmentInActivityCode 演示了在 MainActivity 中动态添加 Fragment,实现 Fragment 的加载。

MainActivity 的布局文件 activity_main.xml 如代码段 6-6 所示。

代码段 6-6 布局文件 activity_main.xml

```
<?xml version="1.0" encoding="utf-8"?>
<LinearLayout xmlns:android="http://schemas.android.com/apk/res/android"
    android:layout_width="match_parent"
    android:layout_height="match_parent"
    android:orientation="vertical"
    android:layout_margin="16dp">
    <TextView
        android:layout_width="wrap_content"
        android:layout_height="wrap_content"
        android:text="示例:在 Activity 中动态加载 Fragment"
        style="@style/MyBlackText15"/>
    <FrameLayout
        android:layout_width="match_parent"
        android:layout_height="wrap_content"
        android:id="@+id/fragment_container"/>
        <!--FrameLayout 作为插入 Fragment 的容器-->
</LinearLayout>
```

MainActivity.java 的代码如代码段 6-7 所示,最后的运行结果与例 6-3 相同。

代码段 6-7　MainActivity.java

```
//package 和 import 语句省略
public class MainActivity extends AppCompatActivity {
    @Override
    protected void onCreate(Bundle savedInstanceState) {
        super.onCreate(savedInstanceState);
        setContentView(R.layout.activity_main);
        FragmentManager manager=getSupportFragmentManager();
        MyFragment fragment=new MyFragment();
        manager.beginTransaction()                   //开启一个新事务
                .add(R.id.fragment_container, fragment)
                //添加 Fragment 到 Activity,第 1 个参数是要把 Fragment 添加到的容
                //器 id,第 2 个是要添加的 Fragment 实例对象
                .commit();                           //提交事务,否则添加就没成功
    }
}
```

6.3　利用 Fragment 实现界面的切换

用 Activity 进行页面切换时,首先需要新建 Intent 对象,给该对象设置一些必要的参数,然后调用 startActivity()方法进行页面跳转。如果需要 Activity 返回结果,则调用 startActivityForResult()方法,在 onActivityResult()方法中获得返回结果。此外,每个 Activity 都需要在 AndroidManifest.xml 文件中注册。

与 Activity 相比,Fragment 是更轻量级的组件,无须在 AndroidManifest.xml 文件中声明相关信息。在应用程序内部利用 Fragment 实现界面跳转比 Activity 更灵活,运行速度也更快。另外,由于 Fragment 可以动态地加载到 Activity 中,因此可以方便地实现屏幕上部分界面的切换。

Fragment 依赖于 Activity,其生命周期由宿主 Activity 通过 FragmentManager 和 FragmentTransaction 等相关的类进行管理。如果 Fragment 是在运行时被添加到容器的,而不是利用<fragment>元素在 Activity 布局中进行定义的,就可以从 Activity 中移除该 Fragment,并将其替换为其他 Fragment。

替换 Fragment 的过程与添加 Fragment 类似,但需要调用 replace()方法,而非 add()方法。当执行替换或移除 Fragment 等事务时,有时需要让用户能够回退。要让用户能回退所执行的 Fragment 事务,必须先调用 addToBackStack()方法,然后再提交事务。这样当移除或替换 Fragment 并向返回栈添加相应事务时,系统会停止而非销毁被移除的 Fragment。如果用户执行回退操作,该 Fragment 将重新启动。如果不将事务加入返回栈,则系统会在移除或替换 Fragment 时将其销毁,当用户按回退键时程序不会返回前一个 Fragment,而会执行退出。

利用 Fragment 实现界面的切换

【例 6-5】 示例工程 Demo_06_FragmentExchange 利用 Fragment 实现屏幕部分界面的切换。

实现步骤如下。

步骤 1：修改 activity_main.xml，在其中添加<FrameLayout>元素，作为 Fragment 对象的容器，代码如代码段 6-8 所示。

代码段 6-8 Activity 的布局文件 activity_main.xml

```
<LinearLayout xmlns:android="http://schemas.android.com/apk/res/android"
    android:layout_width="match_parent"
    android:layout_height="match_parent"
    android:orientation="vertical"
    android:layout_margin="16dp">
    <TextView
        android:text="示例:利用 Fragment 实现界面切换"
        android:layout_width="wrap_content"
        android:layout_height="wrap_content"
        style="@style/MyBlackText15" />
    <TextView
        android:layout_width="match_parent"
        android:layout_height="wrap_content"
        android:text="★★★  以上是 Activity 的内容,不切换  ★★★"
        style="@style/MyBlackText15"
        android:gravity="center_horizontal"/>
    <FrameLayout
        android:id="@+id/fragment_container"
        android:layout_width="match_parent"
        android:layout_height="wrap_content" />
</LinearLayout>
```

步骤 2：新建两个 Fragment 的布局文件，即 fragment_main.xml 和 fragment_new.xml，代码如代码段 6-9 和代码段 6-10 所示。

代码段 6-9 第一个 Fragment 的布局文件 fragment_main.xml

```
<?xml version="1.0" encoding="utf-8"?>
<LinearLayout xmlns:android="http://schemas.android.com/apk/res/android"
    android:layout_width="match_parent"
    android:layout_height="match_parent"
    android:orientation="vertical"
    android:background="#eeeeee"> <!--设置灰色背景方便看到 Fragment 的边界-->
    <TextView
        android:text="\n 主界面:这是一个 Fragment\n  (MainFragment)\n"
        android:layout_width="wrap_content"
```

```
        android:layout_height="wrap_content"
        style="@style/MyBlackText20"/>
    <Button
        android:id="@+id/btnGoNextFragment"
        android:text="切换到下一个界面"
        android:layout_width="wrap_content"
        android:layout_height="wrap_content"
        android:layout_gravity="center_horizontal"/>
</LinearLayout>
```

代码段 6-10　第二个 Fragment 的布局文件 fragment_new.xml

```
<?xml version="1.0" encoding="utf-8"?>
<LinearLayout xmlns:android="http://schemas.android.com/apk/res/android"
    android:orientation="vertical"
    android:layout_width="match_parent"
    android:layout_height="match_parent"
    android:background="#eeeeee">
    <TextView
        android:text="\n 新界面:这是一个新的 Fragment\n  (NewFragment)\n"
        android:layout_width="wrap_content"
        android:layout_height="wrap_content"
        style="@style/MyBlackText20"/>
    <TextView
        android:text="按返回键可回退到上一个界面"
        android:layout_width="wrap_content"
        android:layout_height="wrap_content"
        android:layout_gravity="center_horizontal"
        style="@style/MyBlackText15"/>
</LinearLayout>
```

步骤 3：新建两个 Fragment 的类文件，即 MainFragment.java 和 NewFragment.java，分别重写其 onCreateView()方法，如代码段 6-11 和代码段 6-12 所示。

代码段 6-11　MainFragment.java，重写 onCreateView()方法

```
@Override
public View onCreateView(LayoutInflater inflater, ViewGroup container,
Bundle savedInstanceState) {
    View rootView=inflater.inflate(R.layout.fragment_main, container, false);
    rootView.findViewById(R.id.btnGoNextFragment)
            .setOnClickListener(new View.OnClickListener() {
                @Override
                public void onClick(View view) {
```

```
                    getSupportFragmentManager().beginTransaction()
                            .replace(R.id.fragment_container, new NewFragment())
                            .addToBackStack(null)
                                            //用户按回退键,会返回上一个 Fragment
                            .commit();
                }
            });
    return rootView;
}
```

```
代码段 6-12  NewFragment.java,重写 onCreateView()方法
@Override
public View onCreateView (LayoutInflater inflater, ViewGroup container,
Bundle savedInstanceState) {
    View root=inflater.inflate(R.layout.fragment_new,container,false);
    return root;
}
```

步骤 4：重写 MainActivity 的 onCreate()方法，动态加载第一个 Fragment，这将是程序启动时加载的界面，代码如代码段 6-13 所示。

```
代码段 6-13  在 Activity 中动态加载第一个 Fragment
@Override
protected void onCreate(Bundle savedInstanceState) {
    super.onCreate(savedInstanceState);
    setContentView(R.layout.activity_main);
    if (savedInstanceState == null) {
        getSupportFragmentManager().beginTransaction()
                .add(R.id.fragment_container, new MainFragment())
                .commit();
    }
}
```

在第一个 Fragment 中设置了一个按钮，点击这个按钮，就会加载第二个 Fragment。由于在加载第二个 Fragment 时调用了 addToBackStack(null)方法将事务加入返回栈，因此当用户按回退键时，就会返回第一个 Fragment。在加载第一个 Fragment 时，没有将事务加入返回栈，所以，当显示第一个 Fragment 时，如果用户按回退键则程序会退出。程序的运行结果如图 6-9 所示。在两个界面进行切换时，只更新 Fragment 部分的内容，界面上半部分是 Activity 中的内容，并不会随之更新。从这个示例也可以看出，利用 Fragment 可以方便地实现部分界面的切换。

图 6-9　利用 Fragment 实现界面切换

6.4　利用 Fragment 实现侧滑菜单

侧滑菜单又称侧边栏菜单、抽屉菜单、抽屉式导航栏等。带有侧滑菜单的设计既可以解决手机屏幕空间不足的问题，又可以提升用户的交互体验。利用 Fragment 可以方便地实现带侧滑菜单的 Activity。

实现侧滑菜单需要使用 androidx.drawerlayout.widget.DrawerLayout，DrawerLayout 分为侧滑菜单和主内容区两部分，侧滑菜单可以根据手势展开与隐藏，主内容区的内容可以随着菜单的选择而变化。

6.4.1　主视图的布局

主视图 Activity 使用的界面布局中必须将<androidx.drawerlayout.widget.DrawerLayout>元素作为布局的根元素，如代码段 6-14 所示。一般情况下，在 DrawerLayout 布局中只有两个子布局：一个是主内容区布局；另一个是侧滑菜单布局。代码段 6-14 中的<FrameLayout>元素是内容布局，这是一个 Fragment 的容器，用于显示程序的主视图界面；<ListView>元素是侧滑菜单布局，用于显示侧滑菜单项列表。

代码段 6-14　主视图的布局文件 activity_main.xml

```
<?xml version="1.0" encoding="utf-8"?>
<androidx.drawerlayout.widget.DrawerLayout
    xmlns:android="http://schemas.android.com/apk/res/android"
    android:id="@+id/drawer_layout"
    android:layout_width="match_parent"
    android:layout_height="match_parent" >
    <FrameLayout
        android:id="@+id/mainContainer"
        android:layout_width="match_parent"
        android:layout_height="match_parent" />  <!-- 主内容区 -->
    <ListView
```

```
        android:id="@+id/navigation_drawer_list"
        android:layout_width="150dp"
        android:layout_height="match_parent"
        android:layout_gravity="start"/>          <!-- 侧滑菜单 -->
</androidx.drawerlayout.widget.DrawerLayout>
```

创建主布局文件时需要注意以下 4 点。

(1) 主视图的宽高设置必须是 match_parent,这样当侧滑菜单隐藏时,主视图全部铺满 Activity。

(2) 主内容区的布局代码要放在侧滑菜单布局的前面,这样 DrawerLayout 才能正确判断谁是侧滑菜单,谁是主内容区。

(3) 必须显式指定侧滑菜单视图的 android:layout_gravity 属性,否则可能会出现触摸事件被屏蔽的问题。其值设置为 start,则自左向右滑出菜单;设置为 end,则自右向左滑出菜单。虽然属性值设为 left 和 right 也能实现此功能,但是并不推荐使用。

(4) 侧滑菜单的宽度最好不要超过主屏幕宽度的一半,这样当菜单滑出时还能看到主视图。

6.4.2 菜单列表项的布局和菜单事件的响应

侧滑菜单通常使用一个 ListView 列出导航菜单项,其内容需要 Adapter 来初始化,初始化可以在 Activity 的 onCreate()方法中完成,如代码段 6-15 所示。

代码段 6-15 MainActivity.java 中初始化导航菜单

```
@Override
protected void onCreate(Bundle savedInstanceState) {
    super.onCreate(savedInstanceState);
    setContentView(R.layout.activity_main);
    myDrawerListView=(ListView)findViewById(R.id.navigation_drawer_list);
    myDrawerListView.setAdapter(new ArrayAdapter<String>(
            this,R.layout.list_item, new String[]{"spring","summer",
                "autumn","winter" }));
}
```

对于侧滑菜单事件的响应,可以由 ListView 对象的 OnItemClickListener 接口来监听,如代码段 6-16 所示。需要注意的是,每完成一次菜单事件的响应,都要调用 DrawerLayout 对象的 closeDrawer()方法,关闭侧滑菜单。

代码段 6-16 侧滑菜单事件的监听和响应

```
myDrawerListView.setOnItemClickListener(new AdapterView.OnItemClickListener() {
    @Override
    public void onItemClick(AdapterView<? > parent, View view, int position,
        long id) {
```

```
            //每次点击,都在主内容区中动态加载一个 Fragment
            FragmentManager fragmentManager=getSupportFragmentManager();
            switch (position){
                case 0:
                    fragmentManager.beginTransaction()
                            .replace(R.id.mainContainer, new MainFragment01())
                            .commit();
                    break;
                case 1:
                //其余代码类似,省略
            }
            ((DrawerLayout)findViewById(R.id.drawer_layout)).closeDrawer
                (myDrawerListView);
            //关闭侧滑菜单
        }
    });
```

【例 6-6】 示例工程 Demo_06_NavigationDrawer 演示了侧滑菜单的实现方法。

利用 Fragment 实现侧滑菜单

本例的布局文件包括 3 个：activity_main.xml、list_item.xml、fragment_main.xml，分别是主视图布局、侧滑菜单项列表的布局、响应菜单的 Fragment 的布局。Java 类文件包括 5 个：MainActivity. java、MainFragment01. java、MainFragment02. java、MainFragment03. java、MainFragment04.java，分别是程序入口的 Activity 以及响应菜单时切换的 Fragment。

activity_main.xml 布局文件的内容如代码段 6-17 所示。根元素 DrawerLayout 用于实现侧滑菜单，<ListView>元素的 android:background 属性设置为＃88dddddd，可以实现半透明的菜单背景，运行结果如图 6-10 所示。

代码段 6-17　主 Activity 的布局文件 activity_main.xml

```
<?xml version="1.0" encoding="utf-8"?>
<androidx.drawerlayout.widget.DrawerLayout
    xmlns:android="http://schemas.android.com/apk/res/android"
    android:id="@+id/drawer_layout"
    android:layout_width="match_parent"
    android:layout_height="match_parent" >
    <FrameLayout
        android:id="@+id/mainContainer"
        android:layout_width="match_parent"
        android:layout_height="match_parent">
        <TextView
            android:layout_width="match_parent"
            android:layout_height="wrap_content"
            android:text="自左向右滑出菜单"
            android:gravity="center_horizontal"/>
```

```
    </FrameLayout>  <!--主内容区-->
    <ListView
        android:id="@+id/navigation_drawer_list"
        android:layout_width="150dp"
        android:layout_height="match_parent"
        android:layout_gravity="start"
        android:background="#88dddddd"
        android:divider="@android:color/darker_gray"
        android:dividerHeight="2dp"/>  <!--侧滑菜单-->
</androidx.drawerlayout.widget.DrawerLayout>
```

图 6-10 侧滑菜单的运行结果

每次点击都在主视图中动态加载一个 Fragment。每个 Fragment 中显示一幅图像，如 MainFragment01 的内容如代码段 6-18 所示。

代码段 6-18 MainFragment01.java 的代码

```
//package 和 import 语句省略
public class MainFragment01 extends Fragment {
    @Override
    public View onCreateView(LayoutInflater inflater, ViewGroup container,
        Bundle savedInstanceState) {
        View rootView=inflater.inflate(R.layout.fragment_main, container,
            false);
        TextView textView=(TextView) rootView.findViewById(R.id.section_
            label);
```

```
        textView.setText("春意盎然");
        ImageView imageView=(ImageView) rootView.findViewById(R.id.section_
            image);
        imageView.setImageResource(R.drawable.spring);
        return rootView;
    }
}
```

Fragment 的布局文件 fragment_main.xml 如代码段 6-19 所示。

代码段 6-19　Fragment 引用的布局文件 fragment_main.xml

```
<LinearLayout xmlns:android="http://schemas.android.com/apk/res/android"
    android:layout_width="match_parent"
    android:layout_height="match_parent"
    android:orientation="vertical" >
    <TextView
        android:id="@+id/section_label"
        android:layout_width="wrap_content"
        android:layout_height="wrap_content"
        android:paddingTop="40dp"
        style="@style/MyBlueText20_center"/>
    <ImageView
        android:id="@+id/section_image"
        android:layout_width="match_parent"
        android:layout_height="match_parent"
        android:scaleType="fitXY"/>
</LinearLayout>
```

侧滑菜单事件的响应由 OnItemClickListener 接口来监听。每次点击都在主内容区中动态加载一个 Fragment，显示不同的内容，如代码段 6-20 所示。

代码段 6-20　MainActivity.java 的代码

```
//package 和 import 语句省略
public class MainActivity extends AppCompatActivity {
    private DrawerLayout myDrawerLayout;
    private ListView myDrawerListView;
    @Override
    protected void onCreate(Bundle savedInstanceState) {
        super.onCreate(savedInstanceState);
        setContentView(R.layout.activity_main);
        myDrawerLayout=(DrawerLayout) findViewById(R.id.drawer_layout);
        myDrawerListView=(ListView) findViewById(R.id.navigation_drawer_
            list);
```

```
        myDrawerListView.setAdapter(new ArrayAdapter<String>( this,
            R.layout.list_item,
             new String[]{"spring", "summer", "autumn", "winter"}));
                                                    //定义 ListView 中的内容和样式
        myDrawerListView.setOnItemClickListener(new AdapterView.
            OnItemClickListener() {
            @Override
            public void onItemClick(AdapterView<?> parent, View view, int
                position, long id) {
                FragmentManager fragmentManager=getSupportFragmentManager();
                switch (position) {
                    case 0:
                        fragmentManager.beginTransaction()
                                .replace(R.id.mainContainer, new MainFragment01())
                                .commit();
                        break;
                    case 1:
                        fragmentManager.beginTransaction()
                                .replace(R.id.mainContainer, new MainFragment02())
                                .commit();
                        break;
                    case 2:
                        fragmentManager.beginTransaction()
                                .replace(R.id.mainContainer, new MainFragment03())
                                .commit();
                        break;
                    case 3:
                        fragmentManager.beginTransaction()
                                .replace(R.id.mainContainer, new MainFragment04())
                                .commit();
                        break;
                }
                myDrawerLayout.closeDrawer(myDrawerListView);     //关闭侧滑菜单
            }
        });
    }
}
```

6.5 本章小结

本章主要介绍 Fragment 的概念和用法,并通过实例讲解了利用 Fragment 实现界面的切换,以及侧滑菜单的设计和实现方法。与 Activity 相比,Fragment 是一个轻量级组件，具有使用灵活、编程效率高、运行速度快等优点。学习本章时，要重点掌握 Fragment 的概念、用途和生命周期，以及在 Activity 中加载 Fragment 的方法。

习　　题

1. 设计一个利用 Fragment 实现屏幕界面切换的程序，要求第一个界面中有一组歌手名字的列表，用户点击一名歌手后，切换到下一个界面，显示用户选择的歌手名字、照片和个人简介，用户按返回键则返回第一个界面。

2. 利用 Fragment 设计一个注册的用户界面，注册项包括用户名、账号、密码、性别、出生年月日、爱好。当用户点击“注册”按钮时，加载一个 Fragment 显示“注册完成”。

3. 利用 Fragment 设计一个计算标准体重的程序，用户界面分为上下两部分，分别加载两个 Fragment。用户在界面的上半部分选择性别、输入自己的身高和体重，然后自动计算出其标准体重。界面的下半部分根据用户的实际体重加载不同的 Fragment，给出营养和运动建议。成年男性的标准体重计算方法：身高(cm)－105＝标准体重(kg)；成年女性的标准体重计算方法：身高(cm)－100＝标准体重(kg)。

4. 设计一个应用程序，界面中有一个 TextView，其中显示有一行文字。为应用程序添加侧滑菜单，包括“红”“绿”“蓝”3 个菜单项，用户选择一个菜单项，即将 TextView 中的文字设为相应的颜色。

5. 设计一个应用程序，界面中显示歌手的照片和简介。为应用程序添加侧滑菜单，菜单项为若干歌手的名字，用户选择一个菜单项，即在主界面中显示该歌手的照片和简介。

第7章 Intent和多线程

本章首先介绍Intent的概念及其在组件通信中的应用，然后介绍Android系统多线程的相关概念及其应用。Intent是Android系统的消息传递机制，可以实现Activity之间的切换和通信。Android系统在耗时操作的处理中使用多线程方式，是因为在同一进程中的所有组件都是在UI线程里面被实例化的，这个单线程模型可能会降低用户界面的响应速度，将耗时处理过程转移到子线程上，就可以避免出现这种情况。本章介绍如何进行多线程操作，以及利用AsyncTask处理异步任务的方法。

7.1 Intent

7.1.1 Intent概述

Intent的字面含义是目的、意向或意图，在Android系统中的Intent对象是一个将要执行的动作的抽象描述。例如，在主界面中，告诉程序想要前往哪里，要移交主动权到哪个Activity，这就是Intent对象所处理的任务之一。在Android系统中，Intent提供了一种通用的消息机制，它允许在应用程序组件与其他的组件之间传递Intent来执行动作和产生事件。

Intent是一种运行时绑定(Runtime Binding)机制，它能在程序运行的过程中连接两个不同的组件，用来协助完成各应用或组件间的交互与通信。Intent负责对应用中一次操作的动作、动作涉及的数据、附加数据等进行描述，Android系统则根据此Intent的描述，负责找到对应的组件，完成组件的调用并将相应数据传递给调用的组件。例如，Activity希望打开网页浏览器查看某一网页的内容，那么只需要发出WEB_SEARCH_ACTION请求给系统，系统会根据Intent的内容，查询各组件注册时声明的IntentFilter，找到网页浏览器并启动它来浏览网页。

Intent的主要用途如下。

(1) 启动其他Activity。启动一个新的Activity一般通过调用Context.startActivity()方法或Context.startActivityForResult()方法来传递Intent。

(2) 启动Service。当需要启动或绑定一个Service组件时，通过调用Context.startService()方法或Context.bindService()方法来传递Intent。

(3) 发送广播消息。应用程序和Android系统都可以使用Intent发送广播消息，广播消息的内容可以是与应用程序密切相关的数据信息或消息，也可以是 Android 的系统信息，如网络连接变化、电池电量变化、接收到短信或系统设置变化等。此时一般通过调用 Context.sendBroadcast()或 Context.sendOrderedBroadcast()方法传递 Intent。

总之，组件之间可以通过 Intent 对象进行交互，可以通过 Intent 对象启动另外的 Activity、启动 Service、发起广播等，同时还可以完成数据传递。

7.1.2 Intent 对象的属性

Intent 类定义在 android.content 包中。Intent 对象携带了 Android 系统用来确定要启动哪个组件，以及目标组件为了正确执行操作而使用的信息。一个 Intent 对象由目标组件名称描述 Component、执行动作描述 Action、该动作相关联数据的描述 Data、数据类型描述 Type、动作分类描述 Category、附加信息描述 Extra 及标志 Flag 等几部分组成。这些属性可以在 Java 程序中通过 Intent 类的方法来获取和设置。

1. Component

Component 属性用于指定 Intent 的目标组件，其值是一个 ComponentName 对象，一般由相应组件的包名与类名组合而成。通常系统会根据 Intent 中包含的其他属性信息，如 Action、Data、Type、Category 等过滤条件进行查找，最终找到一个与之匹配的目标组件。但是如果 Component 这个属性有指定值，则将直接使用它指定的组件，而不再执行上述查找过程。调用 Intent 对象的 getComponent()方法，可以获取目标组件名称，调用 setComponent()、setClass()、setClassName()或 Intent 构造方法都可以设置组件目标名称。

2. Action

Action 属性用来指明要实施的动作是什么，其属性值是 Intent 即将触发动作名称的字符串。在实际应用中通常使用 SDK 中预定义的一些标准动作，这些动作由 Intent 类中定义的常量字符串描述，如 Intent.ACTION_MAIN，其对应的字符串为 android.intent.action.MAIN。程序开发者也可以根据需要自定义一个字符串来设置 Intent 对象的 Action 的值，如 edu.hebust.zxm.intent.ACTION_EDIT。自定义的 Action 值一般会用软件包名称作为前缀，最好能表明其意义以方便使用。调用 Intent 对象的 getAction()方法，可以获取动作字符串；调用 setAction()方法，可以设置动作。Action 属性值会在很大程度上决定其余 Intent 属性，特别是 Data 和 Extra 中包含的内容。

3. Data

Data 属性一般是用 Uri 对象的形式来表示的。Data 主要完成对 Intent 消息中数据的封装，描述 Intent 动作所操作数据的 URI 及 MIME 类型。不同类型的 Action 会有不同的 Data 封装，如拨打电话的动作数据会封装成"tel://"格式的 URI，而 ACTION_VIEW 的动作数据则会封装成"http://"格式的 URI。正确的 Data 封装对 Intent 请求的匹配很重要，Android 系统会根据 Data 的 URI 和 MIME 找到能处理该 Intent 的最佳目标组件。

4. Type

Type 属性用于显式指定 Data 属性值的 MIME 类型。一般 Data 属性值的数据类型能够根据数据本身进行判定,但是通过设置这个属性,可以强制采用显式指定的类型而不再进行隐式判定,有助于 Android 系统找到接收 Intent 的最佳组件。需要注意的是,如果仅设置数据 URI,可以调用 setData()方法;如果仅设置 MIME 类型,可以调用 setType()方法。但是,如果要同时设置 URI 和 MIME 类型,则不能分别调用 setData()和 setType ()方法,因为它们会互相覆盖彼此的值。正确的方法是调用 setDataAndType()方法同时设置 URI 和 MIME 类型。

5. Category

Category 属性用于描述目标组件的类别信息,是一个字符串对象。它用于指定将要执行的这个动作的其他一些额外的信息。例如,LAUNCHER_CATEGORY 表示 Intent 的接收者应该在 Launcher 中作为顶级应用出现,而 ALTERNATIVE_CATEGORY 表示当前的 Intent 是一系列的可选动作中的一个,这些动作可以在同一数据上执行。

一个 Intent 中可以包含多个 Category 描述。Android 系统同样定义了一组静态字符串常量来表示 Intent 的不同类别。如果没有设置 Category 属性值,Intent 与在 IntentFilter 中包含 android.category.DEFAULT 的 Activity 匹配。调用 Intent 对象的 addCategory()方法可以添加一个 Category,调用 removeCategory()方法可以删除一个 Category,调用 getCategories()方法可以得到当前 Intent 对象上的所有 Category 属性值。

6. Extra

Extra 属性是其他所有附加信息的集合。使用 Extra 可以为组件提供扩展信息,例如,如果要执行发送电子邮件这个动作,可以将电子邮件的标题、正文等保存在 Extra 属性里,传给电子邮件发送组件。Extra 属性值以键-值对形式保存。

Intent 通过调用 putExtra()方法来添加一个新的键-值对,或调用 putExtras()方法添加一个包含所有 Extra 数据的 Bundle 对象。而在目标 Activity 中调用 getXxxExtra()或 getExtras()方法来获取 Extra 属性中的键-值对或 Bundle 对象。在 Android 系统的 Intent 类中,对一些常用的 Extra 键进行了预定义,如 EXTRA_EMAIL 表示装有邮件发送地址的字符串数组,EXTRA_BCC 表示装有邮件密送地址的字符串数组。

利用 Intent 对象的 Extra 属性,可以在组件之间传递一些参数或数据,具体用法见 7.2.2 节和 7.2.3 节。

7. Flag

Flag 属性用于指示 Android 系统如何启动 Activity,以及启动之后如何处理,即 Activity 的启动模式,如新建 Activity 时的实例创建方式、Activity 在任务栈中的顺序等。

从上述这些属性值及其作用可以看出，Intent就是一个动作的完整描述，包含了动作的产生组件、接收组件、特征和传递的消息数据。当一个Intent到达目标组件后，目标组件会执行相关动作。

7.1.3 Intent解析

Intent有两种基本用法，即显式Intent和隐式Intent。显式Intent在构造Intent对象时就指定接收者，而隐式Intent的发送者在构造Intent对象时并不知道也不关心接收者是谁。

1. 显式Intent

显式Intent直接指明要启动的组件，即指定了Component属性。一般是通过调用setClass(Context, Class)方法或setComponent(ComponentName)方法指定具体的目标组件类，或直接利用Intent的构造方法指定Component属性，通知启动对应的组件(如Service或Activity)，此时不需要系统解析，因为目标已很明确。

通常在一个应用内部Activity或Service的类名是已知的，所以使用显式Intent来启动组件，如启动应用内的新Activity以响应用户操作、启动Service在后台下载文件等。例如，以下代码实现了一个应用内MainActivity到NextActivity的跳转。

```
Intent intent=new Intent();
intent.setClass(MainActivity.this, NextActivity.class);
startActivity(intent);              //启动另一个名为NextActivity的Activity
```

在显式Intent中，决定目标组件的唯一要素就是组件名称，因此，如果Intent中已经明确定义了目标组件的名称，那么就完全不用再定义其他Intent内容。

2. 隐式Intent

隐式Intent不会指定特定的组件，而是声明要执行的常规操作，从而允许其他应用中的组件来处理。例如，需在地图上向用户显示位置，可以使用隐式Intent请求另一具有此功能的应用在地图上显示指定的位置。

由于隐式Intent没有明确的目标组件名称，因此必须由Android系统帮助应用程序寻找与Intent请求意图最匹配的组件。具体的方法：Android系统通过将Intent的请求内容与设备上其他应用在AndroidManifest.xml清单文件中声明的Intent过滤器(IntentFilter)进行比较，从而找到要启动的相应组件。如果二者相匹配，则系统将启动该组件，并向其传递Intent对象，这个过程称为解析。如果多个Intent过滤器与之匹配，则系统会显示一个对话框，让用户选择目标组件。

Intent过滤器用于指定组件能接收的Intent类型。一个应用程序组件开发完成后，需要告诉Android系统自己能够接收或处理哪些隐式Intent请求。这些声明通常在AndroidManifest.xml清单文件中用<intent-filter>元素描述，每个<intent-filter>元素描述该组件所能响应Intent请求的能力，包括组件希望接收什么类型的请求行为、什么类型的请求数据。例如,网页浏览器程序的<intent-filter>元素就应该声明它所希望接收的 Intent Action 是 WEB_SEARCH_ACTION,以及与之相关的请求数据是网页地址。例如,代码段 7-1 为 WebActivity 定义了一个<intent-filter>元素,声明了 action 和 category 属性的过滤值。如果没有为 Activity 声明任何 Intent 过滤器,则该 Activity 只能通过显式 Intent 启动。

代码段 7-1 在 AndroidManifest.xml 清单文件中定义 Intent 过滤器

```
<activity android:name=".WebActivity">
    <intent-filter>
        <action android:name="android.intent.action.WEB_SEARCH" />
        <category android:name="android.intent.category.DEFAULT" />
    </intent-filter>
</activity>
```

Intent 解析机制通过查找系统中所有组件已注册的<intent-filter>,最终找到匹配的目标组件。在这个解析过程中,必须要进行动作、数据及类别 3 个方面的检查。如果任何一方面不匹配,Android 都不会将该隐式 Intent 传递给目标组件。这 3 方面检查的具体规则如下。

(1) Action。

一般一个 Intent 只能设置一种 Action,但是一个<intent-filter>却可以设置多个 Action。当<intent-filter>设置了多个 Action 时,只需一个满足,即可完成 Action 验证;当<intent-filter>中没有说明任何一个 Action 时,任何的 Intent 都不会与之匹配。而如果 Intent 中没有包含任何 Action,只要<intent-filter>中含有 Action,便会匹配成功。

(2) Data。

Data 是用 URI 的形式来表示的。例如,想要查看一个人的数据时,需要建立一个 Intent,它包含了 VIEW 动作及指向该联系人数据的 URI 描述。URI 数据又被分为 3 部分,分别是 scheme、authority、path,其一般格式为 scheme://host:port/path。其中,scheme 已经由 Android 规定,外部调用者可以根据这个标识来判定操作的类别。例如,拨打电话时定义的 Uri 对象为 Uri.parse("tel:13912345678"),其 scheme 为“tel:”;播放音乐时定义的 Uri 对象为 Uri.parse("file:///storage/emulated/0/everything.mp3"),其 scheme 为“file:”。authority 一般由主机名(host)、端口号(port)组成,主机名一般是服务器 IP 地址或域名,例如: Uri. parse (" file://example. com. project: 600/folder/everything.mp3")。path 用来指明要操作的具体数据,如电话号码、文件路径等。只有这些全部匹配,Data 的验证才会成功。

如果 Intent 没有提供 Type,系统将从 Data 中得到数据类型。和 Action 一样,目标组件的数据类型列表中必须包含 Intent 的数据类型,否则不能匹配。如果 Intent 中的数据不是“content:”类型的 Uri 对象,而且 Intent 也没有明确指定它的 Type,则将根据 Intent 中数据的 scheme(如“http:”或者“mailto:”)进行匹配。

(3) Category。

<intent-filter>可以设置多个 Category。如果 Intent 指定了一个或多个 Category，这些类别必须全部出现在组件的类别列表中。例如，Intent 中包含了两个类别：LAUNCHER_CATEGORY 和 ALTERNATIVE_CATEGORY，则解析得到的目标组件也必须至少包含这两个类别。当<intent-filter>没有设置 Category 时，只能与没有设置 Category 的 Intent 相匹配。

显式 Intent 直接用组件的名称定义目标组件，这种方式很直接。但是由于开发人员往往并不清楚别的应用程序的组件名称，因此，显式 Intent 更多用于在应用程序内部传递消息。而隐式 Intent 不使用组件名称定义需要激活的目标组件，它更广泛地用于在不同应用程序之间传递消息。

7.2　Activity 之间的切换和跳转

对于功能较复杂的应用程序，需要多个 Activity 来实现不同的用户界面。应用程序需要控制多个 Activity 之间的切换和跳转，如菜单跳转、点击按钮后弹出另一个 Activity 等。一般借助 Intent 可以在多个不同的 Activity 之间切换，也可通过 Intent 完成各 Activity 之间的数据传递，实现 Activity 之间的通信。

7.2.1　启动另一个 Activity

1. 创建新的 Activity

在 Android Studio 环境下，在工程中新建 Activity 的方法：选择菜单命令 File→New→Activity，或者在工程的 Java 包名上右击，在弹出的快捷菜单中选择 New→Activity 命令，然后在弹出的对话框中选择一个 Activity 模板，如可以选择一个空白模板 Empty Activity。之后在弹出的新建 Activity 对话框中设置 Activity 名称、布局文件名称、包路径等信息，单击 Finish 按钮。Studio 会新建一个继承自 AppCompatActivity 类的 Java 类文件和它对应的 XML 布局文件。

需要特别注意的是，为了让应用程序能运行这个新建的 Activity，必须在 AndroidManifest.xml 清单文件中加以声明。具体方法是在<application>元素中添加<activity>子元素，如图 7-1 所示。如果新创建的 Activity 与之前的不在同一包中，还需要写明其包路径。采用前述方法创建一个新的 Activity，系统会在 AndroidManifest.xml 中自动增加新建 Activity 的说明，如果需要为新添加的 Activity 指定其他属性，还需手动修改相应的 AndroidManifest.xml 文件。

2. 利用显式 Intent 启动另一个 Activity

通过调用 Context.startActivity()或 Context.startActivityForResult()方法都可以向系统传递 Intent，启动一个新的 Activity。二者的区别是，startActivityForResult()方法可以接收目标 Activity 返回的数据。

```
Activity.java ×   AndroidManifest.xml ×
<?xml version="1.0" encoding="utf-8"?>
<manifest xmlns:android="http://schemas.android.com/apk/res/android"
    package="edu.hebust.zxm.helloworld">
    <application
        android:allowBackup="true"
        android:icon="@mipmap/ic_launcher"
        android:label="Hello World"
        android:roundIcon="@mipmap/ic_launcher_round"
        android:supportsRtl="true"
        android:theme="@style/AppTheme">
        <activity android:name=".NewActivity"></activity>
        <activity android:name=".MainActivity">
            <intent-filter>
                <action android:name="android.intent.action.MAIN" />
```

新添加的Activity

图 7-1　在 AndroidManifest.xml 中添加<activity>元素

启动另一个 Activity

【例 7-1】　示例工程 Demo_07_IntentSameProject 演示了如何启动同一个工程中的另一个 Activity。

工程中包括 MainActivity 和 SecondActivity。在 SecondActivity 中设置一个 TextView 控件，显示一行文字。在 MainActivity 中设置了按钮，点击按钮则启动 SecondActivity。即在按钮控件的点击事件处理代码中启动另一个 Activity。MainActivity 类的主要代码如代码段 7-2 所示。

代码段 7-2　启动同一个工程中的另一个 Activity

```
//package 和 import 语句略
public class MainActivity extends AppCompatActivity {
    @Override
    protected void onCreate(Bundle savedInstanceState) {
        super.onCreate(savedInstanceState);
        setContentView(R.layout.activity_main);
        Button btnStart= (Button) findViewById(R.id.btn_1);
        btnStart.setOnClickListener(new View.OnClickListener() {
                                                        //处理按钮的点击事件
            public void onClick(View v) {
                Intent myIntent=new Intent(MainActivity.this, SecondActivity.
                    class);
                                    //第 1 个参数是源 Activity,第 2 个参数是目标 Activity
                startActivity(myIntent);                //启动目标 Activity
            }
        });
    }
}
```

MainActivity 中的按钮被点击后，SecondActivity 将被创建并移到整个 Activity 栈的顶部，其运行结果如图 7-2 所示。

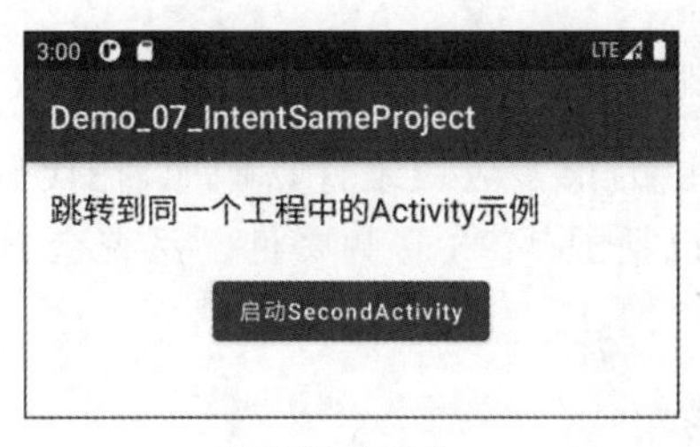

(a) MainActivity

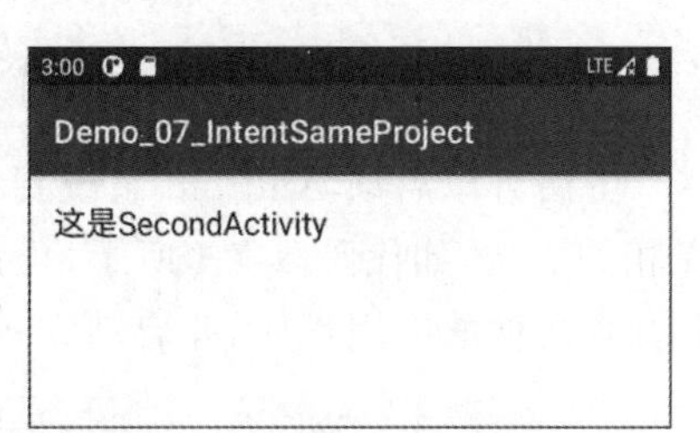

(b) SecondActivity

图 7-2　示例工程的运行结果

3. 利用隐式 Intent 启动另一个组件

有时需要将想启动的组件描述信息放置到 Intent 里面，而不明确指定需要打开哪个组件。如一个第三方的组件，它只需要描述自己在什么情况下被执行，如果用户启动组件的描述信息正好和这个组件的 IntentFilter 描述信息相匹配，那么这个组件就被启动了。此时一般会用 Uri 对象来描述数据。

【例 7-2】 示例工程 Demo_07_IntentOpenURL 演示了如何通过 Intent 来打开指定的网页。系统会自动寻找一个适合接收这个 Intent 的应用程序，并启动它。相关代码如代码段 7-3 所示。

代码段 7-3　通过 Intent 来打开指定的网页

```
Uri myuri=Uri.parse("https://m.baidu.com");    //定义 Uri 对象
Intent myintent=new Intent(Intent.ACTION_VIEW, myuri);
                                   //定义隐式 Intent,第 1 个参数是 Action,第 2 个参数是 Data
startActivity(myintent);                                //启动与 Intent 匹配的 Activity
```

如果有多个程序的 IntentFilter 信息与 Intent 描述的信息匹配，Android 系统会弹出选择对话框由用户选择打开的应用程序，如图 7-3 所示。示例工程的运行结果如图 7-4 所示。

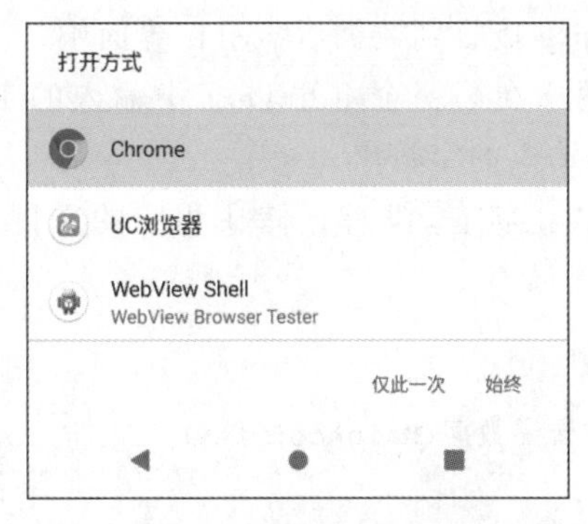

图 7-3　由用户选择打开的应用程序

图 7-4　示例工程的运行结果

需要注意的是，本例需要在 AndroidManifest.xml 文件中添加应用程序访问 Internet 的权限：

```
<uses-permission android:name="android.permission.INTERNET"/>
```

使用这一方法可以启动 Android 系统提供的很多应用组件。例如,在代码段 7-3 中修改 Intent 相关语句,如代码段 7-4 所示,可以播放 MP3 音频文件。系统会自动寻找适合打开指定音频文件的应用程序,并启动它。

代码段 7-4 通过 Intent 来播放 MP3 音频文件

```
Intent myintent=new Intent(Intent.ACTION_VIEW);
Uri uri=Uri.parse("android:resource://"+MainActivity.this.getPackageName()
    +"/raw/music01.mp3");
myintent.setDataAndType(uri, "audio/mp3");
startActivity(myintent);
```

使用同一方法,还可以实现打开地图、拨打电话、安装或卸载程序、发邮件、发短信、发彩信等功能,在此不再一一赘述。

7.2.2 利用 Intent 在组件之间传递数据

使用 Intent 对象的 putExtra()和 putExtras()方法都可以将数据加入 Intent 对象中,实现在 Activity 间传递数据。前者采用键-值对的形式保存数据,后者利用 Bundle 对象保存数据。

使用 Intent 对象的 putExtra()方法可以将键-值对形式的数据加入 Intent 对象中。从一个 Activity 跳转到另一个 Activity 时,Intent 中的数据就可以传递给目标 Activity。在目标 Activity 中使用 getXxxExtra()方法取出数据,取出数据时通过键名找出对应的值。使用该方法可以传递多个键-值对。

在 Activity 之间传递数据

【例 7-3】 示例工程 Demo_07_IntentPutAndGetExtra 演示了在 Activity 之间传递数据。

工程包括两个 Activity,分别是 MainActivity 和 SecondActivity。MainActivity 向 SecondActivity 传递两个键-值对数据,SecondActivity 接收到数据后显示在界面中。

本例中有两个键-值对,键 Data1 对应的值是用户在第一个 EditText 中输入的字符串,键 Data2 对应的值是用户在第二个 EditText 中输入的字符串。

需要注意的是,本例中传递的数据并不是持久化状态,没有存储在相应的文件中,Activity 退出后,数据就被销毁了。

MainActivity 类的主要代码如代码段 7-5 所示。

代码段 7-5 通过 putExtra()/getXxxExtra()方法传递数据(MainActivity)

```
//package 和 import 语句略
public class MainActivity extends AppCompatActivity {
    @Override
    protected void onCreate(Bundle savedInstanceState) {
        super.onCreate(savedInstanceState);
```

```
        setContentView(R.layout.activity_main);
        Button btnStart=(Button) findViewById(R.id.btnGo);
        btnStart.setOnClickListener(new View.OnClickListener() {
            public void onClick(View v) {
                EditText edt1=(EditText) findViewById(R.id.etStr1);
                EditText edt2=(EditText) findViewById(R.id.etStr2);
                Intent myIntent=new Intent();          //创建 Intent 对象
                myIntent.setClass(MainActivity.this, SecondActivity.class);
                myIntent.putExtra("Data1", edt1.getText().toString());
                                                       //向 Intent 对象添加数据
                myIntent.putExtra("Data2", edt2.getText().toString());
                                                       //向 Intent 对象添加数据
                startActivity(myIntent);               //启动目标 Activity
            }
        });
    }
}
```

SecondActivity 类的主要代码如代码段 7-6 所示。

代码段 7-6　通过 putExtra()/getXxxExtra()方法传递数据(SecondActivity)

```
//package 和 import 语句略
public class SecondActivity extends AppCompatActivity {
    @Override
    protected void onCreate(Bundle savedInstanceState) {
        super.onCreate(savedInstanceState);
        setContentView(R.layout.activity_second);
        TextView tvReceive=(TextView) findViewById(R.id.tvReceive);
        String receive1=getIntent().getStringExtra("Data1");
                                                       //读出 Data1 键对应的值
        String receive2=getIntent().getStringExtra("Data2");
                                                       //读出 Data2 键对应的值
        tvReceive.setText("接收到的字符串:\n\n"+receive1+"\n"+receive2);
        //将读出的字符串显示在 TextView 中
    }
}
```

示例工程的运行结果如图 7-5 所示。

使用 Bundle 对象也可以实现数据的传递。Bundle 类在 android.os 包中，其对象常用于携带数据。它也采用键-值对的形式保存数据，虽然其值的类型有一定限制，但常用的 String、int 等数据类型都支持。

Bundle 类提供了 putXxx()和 getXxx()方法，putXxx()方法用于向 Bundle 对象中放入数据，而 getXxx()方法用于从 Bundle 对象里获取数据。在日常编程中，常用到的方法

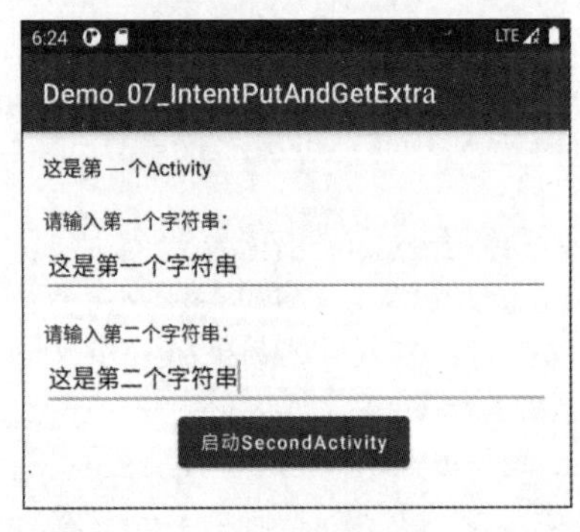

(a) MainActivity

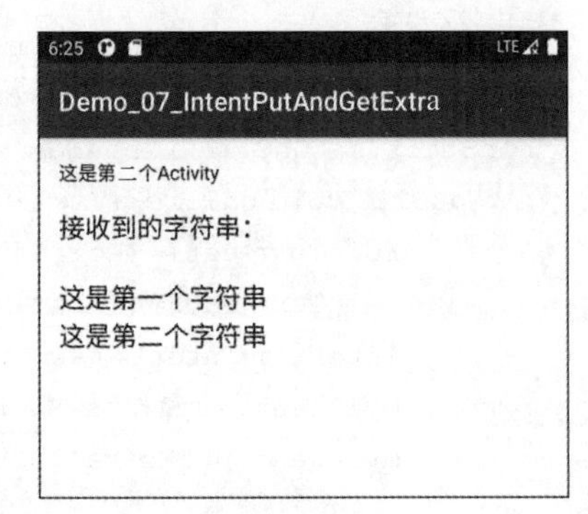

(b) SecondActivity

图 7-5 示例工程的运行结果

主要有 putString()/getString()和 putInt()/getInt()。除此之外,clear()方法用于清除 bundle 中所有保存的数据,remove()方法用于移除指定键的数据。

使用 Intent 类的 putExtras()方法可以将 Bundle 对象加入 Intent 对象中。这样, Intent 就可以利用 Bundle 对象实现在 Activity 之间传递数据。

【例 7-4】 示例工程 Demo_07_IntentBundle 演示了利用 Bundle 对象在 Activity 之间传递数据。

与例 7-3 相同,工程中包括两个 Activity,分别是 MainActivity 和 SecondActivity。MainActivity 向 SecondActivity 传递两个字符串数据,后者接收到数据后显示在界面中,运行结果与图 7-5 相同。

MainActivity 类的主要代码如代码段 7-7 所示。

代码段 7-7 利用 Bundle 对象在 Activity 之间传递数据(MainActivity)

```
//package 和 import 语句略
public class MainActivity extends AppCompatActivity {
    @Override
    protected void onCreate(Bundle savedInstanceState) {
        super.onCreate(savedInstanceState);
        setContentView(R.layout.activity_main);
        Button btnStart= (Button) findViewById(R.id.btnGo);
        btnStart.setOnClickListener(new View.OnClickListener() {
            public void onClick(View v) {
                EditText edt1= (EditText) findViewById(R.id.etStr1);
                EditText edt2= (EditText) findViewById(R.id.etStr2);
                Intent myIntent=new Intent(MainActivity.this, SecondActivity.
                    class);
                Bundle myBundle=new Bundle();          //创建 Bundle 对象
                myBundle.putString("Data1", edt1.getText().toString());
                myBundle.putString("Data2", edt2.getText().toString());
                myIntent.putExtras(myBundle);          //向 Intent 对象添加数据
```

```
                Log.d("发送:Data1:", edt1.getText().toString());
                Log.d("发送:Data2:", edt1.getText().toString());
                startActivity(myIntent);                //启动目标 Activity
            }
        });
    }
}
```

SecondActivity 类的主要代码如代码段 7-8 所示。

代码段 7-8　利用 Bundle 对象在 Activity 之间传递数据(SecondActivity)

```
//package 和 import 语句略
public class SecondActivity extends AppCompatActivity {
    @Override
    protected void onCreate(Bundle savedInstanceState) {
        super.onCreate(savedInstanceState);
        setContentView(R.layout.activity_second);
        TextView tvReceive=(TextView) findViewById(R.id.tvReceive);
        Bundle mBundle=getIntent().getExtras();      //得到传过来的 bundle 对象
        String receive1=mBundle.getString("Data1");  //读出 Data1 键对应的值
        String receive2=mBundle.getString("Data2");  //读出 Data2 键对应的值
        Log.d("接收到:Data1:", receive1);
        Log.d("接收到:Data2:", receive2);
        tvReceive.setText("接收到的字符串:\n\n"+receive1+"\n"+receive2);
    }
}
```

7.2.3　获取目标 Activity 的返回值

为了接收目标 Activity 的返回值,执行跳转的时候不能调用 startActivity()方法,而是要调用 startActivityForResult(Intent intent, int requestCode)方法来启动返回数据的 Activity。该方法的第 1 个参数是 Intent 对象,包含要到达的 Activity 信息;第 2 个参数是 requestCode,是唯一标识目标 Activity 的标识码。同一个 Activity 可能会启动多个目标 Activity,当某个目标 Activity 返回时,Activity 需要判断返回的是哪个目标 Activity,通过判断参数 requestCode 的值可以实现这一功能。

在目标 Activity 中,调用 setResult()方法设置返回值。该方法有两个参数: resultCode 和表示为 Intent 的结果数据。resultCode 表明运行目标 Activity 的结果状态,其值通常设为 Activity.RESULT_OK(值为-1)或 Activity.RESULT_CANCELED(值为 0)。用户也可以定义自己的 resultCode,它支持任意整数值。当运行目标 Activity 时,如果用户按返回键或在调用 finish()方法之前没有调用 setResult()方法,则 resultCode 值将会设定为 Activity.RESULT_CANCELED,结果 Intent 将被设为 null。

当目标Activity返回时,会触发调用源Activity中的事件处理方法onActivityResult(),所以通常通过重写源Activity中的onActivityResult()方法来接收目标Activity的返回数据。

获取目标Activity的返回值

【例7-5】 在示例工程Demo_07_ActivityReturnResult中,从MainActivity跳转到SecondActivity,SecondActivity返回时会发送返回数据,返回数据是用户在文本输入框中输入的文字。MainActivity接收这个返回数据,并显示到自己的TextView控件中。

示例工程的运行结果如图7-6所示。点击MainActivity上的"启动SecondActivity"按钮,则启动第二个Activity;点击SecondActivity界面中的"返回"按钮,则回到MainActivity,同时在TextView上显示SecondActivity中EditText中的文字。

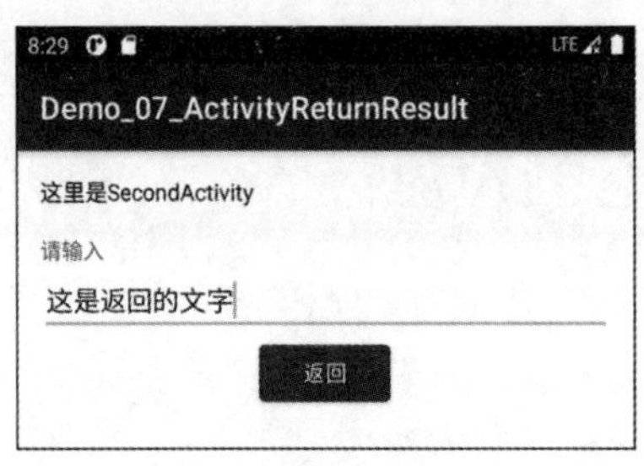

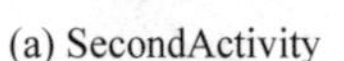

(a) SecondActivity

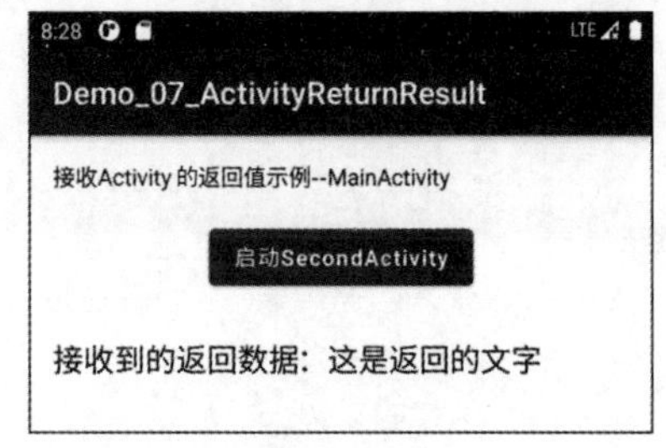

(b) MainActivity

图7-6 接收Activity的返回值

在SecondActivity的XML布局文件中包括一个TextView、一个EditText和一个返回按钮。在SecondActivity类中实例化控件,获取EditText中输入的文字,处理返回按钮的点击事件,主要代码如代码段7-9所示。

代码段7-9 SecondActivity的主要代码

```
//package和import语句略
public class SecondActivity extends AppCompatActivity {
    @Override
    protected void onCreate(Bundle savedInstanceState) {
        super.onCreate(savedInstanceState);
        setContentView(R.layout.activity_second);
        Button btnReturn = (Button) findViewById(R.id.btn_return);
        btnReturn.setOnClickListener(new View.OnClickListener() {
            public void onClick(View v) {
                EditText txtReturn=(EditText) findViewById(R.id.txt_return);
                String backStr=txtReturn.getText().toString();
                Intent intent=new Intent();
                intent.putExtra("BackString", backStr);  //放入返回值
                setResult(AppCompatActivity.RESULT_OK, intent);
                      //放入回传的Intent对象,并添加一个resultCode,表示正常返回
                finish();                               //结束当前的Activity,返回
            }
        });
    }
}
```

在 MainActivity 的布局文件中包括一个 Button 和两个 TextView，在 MainActivity 类中实例化控件，处理按钮的点击事件。因为要接收 SecondActivity 的返回值，所以跳转时调用 startActivityForResult()方法来启动 SecondActivity，并重写 onActivityResult()方法接收返回的数据。MainActivity 的主要代码如代码段 7-10 所示。

代码段 7-10　MainActivity 的主要代码

```
//package 和 import 语句略
public class MainActivity extends AppCompatActivity {
    @Override
    protected void onCreate(Bundle savedInstanceState) {
        super.onCreate(savedInstanceState);
        setContentView(R.layout.activity_main);
        Button btnStart=(Button) findViewById(R.id.btn_1);
        btnStart.setOnClickListener(new View.OnClickListener() {
                                                              //按钮对应的点击事件
            public void onClick(View v) {
                Intent myIntent=new Intent();
                myIntent.setClass(MainActivity.this, SecondActivity.class);
                startActivityForResult(myIntent, 1);
                    //第 2 个参数是请求码,用于区分是哪个 Activity 返回的数据
                    //如果只有一个请求,这个 code 可以为 0,不考虑它的值
            }
        });
    }
    @Override
    protected void onActivityResult(int requestCode, int resultCode, Intent
        data) {
        super.onActivityResult(requestCode, resultCode, data);
        TextView tvReceive=(TextView) findViewById(R.id.tv_return);
        if (requestCode==1 && resultCode==AppCompatActivity.RESULT_OK) {
            if (data!=null) {
                String receive=data.getStringExtra("BackString");
                tvReceive.setText("\n 接收到的返回数据:" + receive);
            } else {
                tvReceive.setText("\n 没有接收到任何返回数据");
            }
        } else if (resultCode==AppCompatActivity.RESULT_CANCELED) {
            tvReceive.setText("\nSecondActivity 没有正常返回");
        }
    }
}
```

这里要特别注意，在 MainActivity 中的 startActivityForResult()方法有参数 requestCode，SecondActivity 中的 setResult()方法有参数 resultCode，这两个参数没有对

应关系。MainActivity 中的 requestCode 用于区分请求的目标 Activity,SecondActivity 中的 resultCode 用于判断目标 Activity 的返回方式,分别对应 onActivityResult(int requestCode, int resultCode, Intent data)方法中的第 1 个和第 2 参数。

7.3 Android 的多线程机制

7.3.1 进程与线程

狭义的进程(Process)是指正在运行的程序实例。广义的进程是指计算机中的一个具有一定独立功能的程序关于某个数据集合的一次运行活动,是系统进行资源分配和调度的基本单位。在早期面向进程设计的计算机结构中,进程既是基本的分配单元,也是程序的基本执行单元;而在当代面向线程设计的计算机结构中,进程是线程的容器。

线程(Thread)有时被称为轻量级进程(Lightweight Process,LWP),是程序执行流的最小单元。每个程序都至少有一个线程,线程是进程中的一个实体,是被系统独立调度和分配的基本单位,线程与同属一个进程的其他线程共享进程所拥有的全部资源。一个线程可以创建和撤销另一个线程,同一进程中的多个线程之间可以并发执行。在单个程序中同时运行多个线程完成不同的工作,称为多线程。

在 Android 系统中,当一个应用程序第一次启动的时候,这个程序没有组件正在运行,系统会为这个程序以单一线程的形式启动一个新的进程,这个线程一般称为程序的主线程(Main Thread)。默认的情况下,同一应用程序下的所有组件都将在该进程和线程中运行。如果一个应用组件启动之前,这个应用的其他组件已经启动了,即这个应用的进程已经存在了,那么这个组件将会在这个进程中启动,同时在这个应用的主线程里面执行。当然,也可以让应用里的组件运行在不同的进程里面,方法是在 AndroidManifest 清单文件里面设置 process 属性。

作为一个多任务的系统,Android 系统能够尽可能长地保留一个应用进程,只有在内存资源出现不足时,Android 才会尝试停止一些进程,从而释放足够的资源给其他新的进程使用,也能保证用户正在访问的当前进程有足够的资源去及时地响应用户的事件。这时这个进程中的组件会依次被停止,当这些组件有新的任务到达时,对应的进程又会被启动。

在决定哪些进程需要被停止的时候,Android 系统会权衡这些进程跟用户相关的重要性。在实际操作的时候,Android 系统决定是否终结一个进程取决于这个进程里面的组件运行的状态。系统根据这些进程中的组件以及这些组件的状态为每个进程生成了一个重要性级别。处于最低重要性级别的进程将会被首先停止,然后是较高级别的进程,以此类推,根据系统需要来终结进程。进程按照重要性从高到低一共有 5 个级别,分别是前台进程(Foreground Process)、可见进程(Visible Process)、服务进程(Service Process)、后台进程(Background Process)和空进程(Empty Process)。Android 根据进程中组件的重要性来评级,例如,如果一个进程包含了一个 Service 和一个可见 Activity,那么这个进程将会被评为可见进程,而不是服务进程。

7.3.2　创建和操作线程

Java 提供了线程类 Thread 来创建多线程的程序,创建线程的操作与创建普通的类的对象是一样的,而线程就是 Thread 类或其子类的实例对象。每个 Thread 对象描述了一个单独的线程。

创建线程有两种方法:第一种方法是从 Java.lang.Thread 类继承得到一个新的线程类,通过构造方法来创建;第二种方法是通过实现 Runnable 接口来创建一个新的线程。在 Java 中,由于类仅支持单继承,如果创建自定义线程类的时候是通过继承 Thread 类的方法来实现的,那么这个自定义类就不能再去继承其他的类,也就无法实现更加复杂的功能。因此,如果自定义类必须继承其他的类,那么就可以使用实现 Runnable 接口的方法来定义该类为线程类,这样就可以避免 Java 单继承所带来的局限性。这样不仅有利于程序的健壮性,使代码能够被多个线程共享,而且代码和数据资源相对独立,特别适合多个具有相同代码的线程处理同一资源的情况。这样线程、代码和数据资源三者有效分离,很好地体现了面向对象程序设计的思想。

【例 7-6】　示例工程 Demo_07_NewThread 演示创建线程的方法。

示例工程中创建了一个计时器线程,每隔 1s 通过 Logcat 面板输出一个计数值,当计时超过 60s 就停止计时。主要代码如代码段 7-11 所示,运行结果如图 7-7 所示。一般线程执行完 run()方法之后就正常结束了。

代码段 7-11　多线程示例

```
//package 和 import 语句省略
public class MainActivity extends AppCompatActivity {
    private String LOG_TAG="线程示例";
    private boolean isRunning=true;
    private int timer=0;
    @Override
    protected void onCreate(Bundle savedInstanceState) {
        super.onCreate(savedInstanceState);
        setContentView(R.layout.activity_main);
        Thread clockThread=new Thread(new Runnable() {
            @Override
            public void run() {
                //子线程需要做的工作
                while (isRunning) {
                    try {
                        Thread.currentThread().sleep(1000);
                        timer++;
                        Log.d(LOG_TAG, "时间过去了: "+timer+" 秒");
                        if (timer > 59) {
                            isRunning=false;
                            Log.d(LOG_TAG, "计时结束!");
```

```
                    }
                } catch (InterruptedException e) {
                    e.printStackTrace();
                }
            }
        }
    });
    clockThread.start();        //启动线程
  }
}
```

```
logcat
ebust.zxm.demo_07_newthread D/线程示例: 时间过去了: 57 秒
ebust.zxm.demo_07_newthread D/线程示例: 时间过去了: 58 秒
ebust.zxm.demo_07_newthread D/线程示例: 时间过去了: 59 秒
ebust.zxm.demo_07_newthread D/线程示例: 时间过去了: 60 秒
ebust.zxm.demo_07_newthread D/线程示例: 计时结束!
TODO  Terminal  Build  6: Logcat  Profiler  Database Inspector  4: Run  Event Log
```

图 7-7　示例工程的运行结果

不论以哪种方式创建线程,必须调用 start()方法来开启这个线程,也可以调用 sleep()方法让线程休眠指定的时间。当调用 start()方法时线程开始工作,当线程中的 run()方法执行完毕时,线程正常结束,也可以调用 interrupt()或者 stop()方法让线程结束。线程结束后,就无法重新启用了。

一个线程从创建、启动到终止期间的任何时刻,总是处于 5 个状态中的某个状态,其状态图如图 7-8 所示。新创建了一个线程对象后,该线程对象就处于创建状态,有自己的内存空间。线程对象调用了 start()方法后就会进入可运行线程池,等待获取 CPU 的使用权,这就是就绪状态。当系统选定一个就绪状态的 Thread 对象后,它就会从就绪状态进入运行状态,并调用自己的 run()方法,运行 run()方法中的任务。

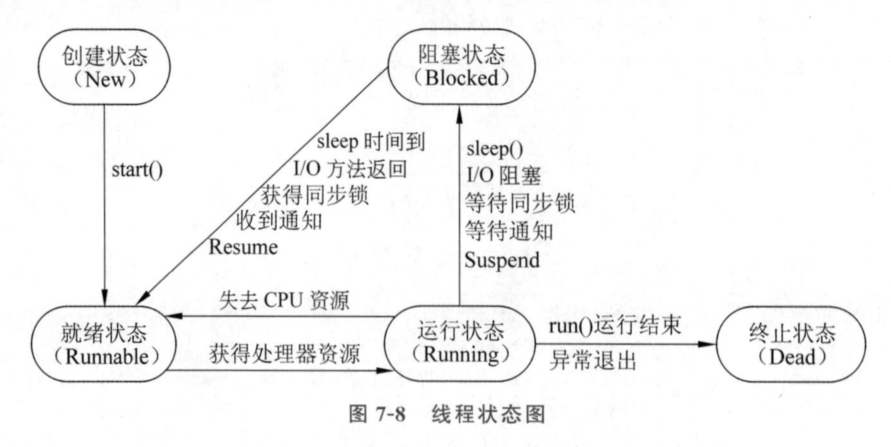

图 7-8　线程状态图

处于运行状态的线程可以变为阻塞状态、就绪状态和终止状态。如果该线程失去了

CPU 资源，就会又从运行状态变为就绪状态。阻塞状态是线程因为某种原因放弃 CPU 使用权，如线程调用了 sleep()方法，线程暂时停止运行。当线程的 run()方法执行完，或者被强制终止时，如出现异常或者调用了 stop()、destroy()方法等，就会从运行状态转变为终止状态。

7.3.3　UI 线程

当一个程序第一次启动时，Android 系统会为它创建一个主线程。这个线程主要负责管理界面中的 UI 控件，处理与 UI 相关的事件，如用户的按键事件、触屏事件以及屏幕绘图事件等，并把相关的事件分发到对应的组件进行处理。在 Android 系统中只有主线程才能处理 UI 事件，其他线程不能存取 UI 界面上的对象(如 TextView 等)，因此主线程也叫作 UI 线程。只有 UI 线程能执行 View 及其子类的 onDraw()方法。主线程除了处理 UI 事件之外，还要处理 Broadcast 消息。所以在 BroadcastReceiver 的 onReceive()方法中，不宜占用太长的时间，否则将导致主线程无法处理其他的 Broadcast 消息或 UI 事件。

Android 系统没有为每个组件创建一个单独的线程。同一进程里面的所有组件都是在 UI 线程中被实例化的，系统对每个组件的调用都是用这个线程进行调度的。当应用程序与用户交互对响应速度的要求比较高时，这个单线程模型可能会产生一些问题。特别是，当应用中所有的任务都在 UI 线程中处理，一些像访问网络数据或数据库查询这样的长时操作就会阻塞 UI 线程，有时甚至会导致用户界面失去响应。为了保证用户体验，如果 UI 线程被阻塞 5s 以上，系统就会弹出如图 7-9 所示的 ANR(Application is Not Responding)对话框，允许用户强行关闭该应用程序。

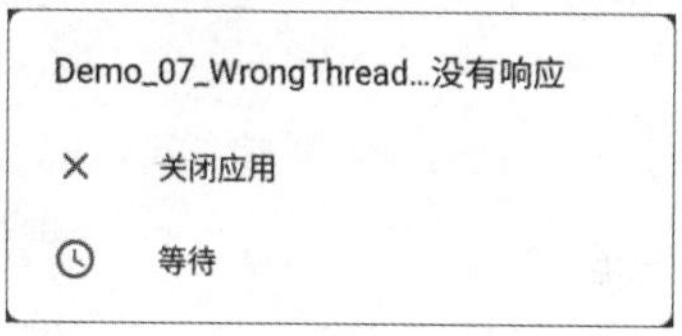

Demo_07_WrongThread...没有响应

× 关闭应用

◷ 等待

图 7-9　ANR 对话框

通常，Activity 的生命周期方法，如 onCreate()、onStart()、onResume()等，以及 Android 基类中以 on 开头的方法，如 onClick()、onItemClick()等，都是在主线程被回调的，这意味着当系统调用这个组件时，这个组件不能长时间地阻塞主线程。如果任务的运行时间较长，就不能直接在主线程中运行，应该将这样的组件分配到新建的线程中或是其他的线程中运行，避免负责界面更新的主线程无法处理界面事件，从而避免用户界面长时间失去响应。

为了避免阻塞 UI 线程，一些较费时的操作应该交给独立的子线程去运行。但是在开发 Android 应用时必须遵守单线程模型的原则，即 Android UI 操作并不是线程安全的，并且这些操作必须在 UI 线程中执行。也就是说，不能在一个子线程里访问 Android UI toolkit。如果子线程执行 UI 操作，Android 就会抛出异常 CalledFromWrongThreadException。

【例 7-7】 示例工程 Demo_07_WrongThreadUsing 演示了在一个子线程中计时并将计时的结果在一个 TextView 上显示。

本例修改了例 7-6 的程序，将 Logcat 输出语句改为调用 TextView 对象的 setText()方法，如代码段 7-12 所示。

代码段 7-12 在子线程里访问并更新 UI 对象

```
Thread clockThread=new Thread(new Runnable() {
    @Override
    public void run() {
        while (isRunning) {
            try {
                Thread.currentThread().sleep(1000);
                timer++;
                TextView tvTime=(TextView) findViewById(R.id.tvTime);
                tvTime.setText("时间过去了: "+timer+" 秒");
                                                        //在子线程里访问 UI 对象
                if(timer>59){
                    isRunning=false;
                    Log.d(LOG_TAG, "计时结束!");
                }
            } catch (InterruptedException e) {
                e.printStackTrace();
            }
        }
    }
});
```

代码段 7-12 创建一个新的线程来做计时操作,但它违反了前述规则,试图在一个子线程里修改 UI 对象,这会在程序执行过程中导致异常,如图 7-10 所示。

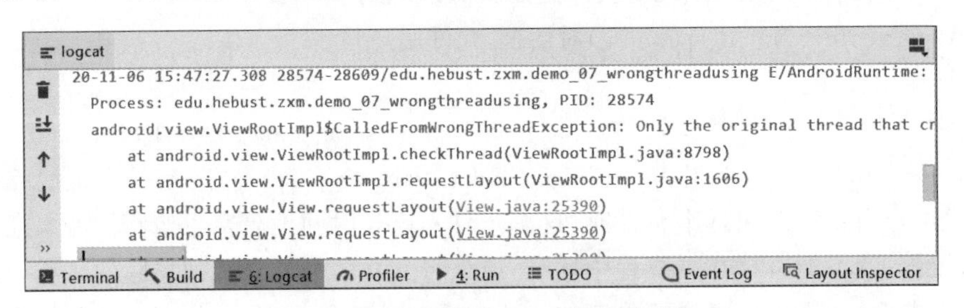

图 7-10 子线程修改 UI 对象导致异常

为了解决这个问题,Android 提供了 Activity.runOnUiThread()、View.post()、View.postDelayed()、Handler.post()等方法,可以实现以非 UI 线程操纵 UI 对象。

例如,可以使用 Activity.runOnUiThread()方法来修改例 7-7 的代码,如代码段 7-13 所示。

代码段 7-13 使用 Activity.runOnUiThread(Runnable)方法操纵 UI 对象

```
Thread clockThread = new Thread(new Runnable() {
    @Override
    public void run() {
```

```
            while (isRunning) {
                try {
                    Thread.currentThread().sleep(1000);
                    timer++;
                    MainActivity.this.runOnUiThread(new Runnable() {    //操纵UI对象
                        @Override
                        public void run() {
                            TextView tvTime=(TextView) findViewById(R.id.tvTime);
                            tvTime.setText("时间过去了: "+timer+" 秒");
                        }
                    });
                    if(timer>59){
                        isRunning=false;
                        Log.d(LOG_TAG, "计时结束!");
                    }
                } catch (InterruptedException e) {
                    e.printStackTrace();
                }
            }
        }
    });
    clockThread.start();                                                //启动线程
```

总之,如果事件处理比较耗时,那么需要放到其他线程中,等处理完成后,再通知界面刷新,以保证应用程序良好的响应性。除此以外,应用中在有些情况下并不一定需要同步阻塞等待返回结果,如微博中的收藏功能,点击"收藏"按钮后是否成功执行对当前的操作并没有影响,只需要完成后告诉用户就可以了,这时可以通过多线程来实现异步。有时需要同时运行多任务,也可以使用多线程实现。

7.4 异步处理和多线程通信

把事件处理代码放到其他线程中异步处理,如果处理的结果需要刷新界面,就需要在其他线程中发消息给UI线程处理,这就涉及线程间的通信。

7.4.1 使用Handler实现线程间通信

Android应用程序是通过消息来驱动的,系统为每个应用程序维护一个消息队列,应用程序的主线程通过消息循环不断地从这个消息队列中获取消息,然后对这些消息进行处理,这样就实现了通过消息来驱动应用程序的执行。这样做的好处是消息的发送方只需要把消息发送到主线程的消息队列中,而不需要等待消息的接收方去处理完这个消息才返回,这样就可以提高系统的并发性。实质上,这就是一种异步处理机制。

Android SDK提供了一系列类来管理线程及线程间的通信,主要涉及Handler、

Looper、Message 3 个类。

1. Handler 类

android.os.Handler 在 Android 系统里负责发送和处理消息,通过它可以实现其他线程与 UI 线程之间的消息通信。Handler 主要有两个用途:首先是可以定时处理或者分发消息,其次是可以添加一个执行的行为在其他线程中执行。

Handler 允许发送和处理 Message 或 Runnable 对象到其所在线程的消息队列(MessageQueue)中,在发送的时候可以指定不同的延迟时间、发送时间和要携带的数据。当消息队列循环到该 Message 时调用相应的 Handler 对象的 handleMessage()方法对其进行处理。一个线程对应着一个 Looper 对象,一个 Looper 对象对应着一个 MessageQueue 对象,但是一个线程可以有多个 Handler 对象,这些 Handler 对象可以共享同一个 Looper 和 MessageQueue。

重写 Handler 的 handleMessage()方法,可以实现对消息的处理。如代码段 7-14 所示,根据 Message 中携带的 what 值选择对此消息是否需要做出处理。

代码段 7-14 重写 Handler 的 handleMessage()方法,实现对消息的处理

```
Handler mHandler=new Handler() {
    @Override
    public void handleMessage(Message msg) {   //重写 handleMessage 方法
        switch (msg.what) {                     //根据收到的消息的 what 类型处理
            case BUMP_MSG:
                Log.d("handler", "Handler 收到消息:"+msg.arg1);
                                                //打印收到的消息
                break;
            default:
                super.handleMessage(msg);       //对不需要或者不关心的消息抛给父
                                                //类,避免丢失消息
        }
    }
};
```

2. Looper 类

android.os.Looper 主要负责管理消息队列、消息的出列和入列操作、执行消息循环。在消息处理机制中,消息都存放在一个消息队列中,而应用程序的主线程就是围绕这个消息队列进入一个无限循环,直到应用程序退出。如果队列中有消息,应用程序的主线程就会把它取出来,并分发给相应的 Handler 进行处理;如果队列中没有消息,应用程序的主线程就会进入空闲等待状态,等待下一个消息的到来。

在消息队列中存放的消息按照先进先出(First In First Out,FIFO)的原则执行。Looper 对象用来为线程开启一个消息循环,从而操作 MessageQueue 对象。Looper 类中提供的常用方法:myLooper(),用来获取当前线程的 Looper 对象;getThread(),用来获

取 Looper 对象所属的线程;quit(),用于结束 Looper 循环。

默认情况下,Android 中新创建的线程除了主线程之外,是没有开启消息循环的。所以必须在主线程中调用 new Handler()方法创建 Handler 对象,而在子线程中创建 Handler 对象会出现异常。

3. Message 类

android.os.Message 包含消息必要的描述和属性数据,并且此对象可以被发送给 android.os.Handler 处理。Message 是线程间通信的消息载体,里面可以存放任何想要传递的消息。Message 虽然有自己的构造方法,可以通过 new Message()的方法来创建一个新的 Message 对象,但是这种创建对象的方式很浪费内存,一般通过调用 Message.obtain()方法或者 Handler.obtainMessage()方法来从消息池中获取一个空的 Message 对象。

Message 存在于 MessageQueue 中。一个 MessageQueue 可以包含多个 Message 对象。一个 Message 对象具有的属性有 arg1、arg2、obj、replyTo、what,如表 7-1 所示。

表 7-1 Massage 对象的属性

属性名称	数据类型	说　明
arg1	int	用来存放整型数据
arg2	int	用来存放整型数据
obj	Object	用来存放发送给接收器的 Object 类型的任意对象
replyTo	Message	用来指定此 Message 发送到何处的可选 Message 对象
what	int	用户自定义的消息代码,通常用于保存消息的标识

推荐使用 what 属性来标识 Message,以便用不同方式处理。Message 的属性可以用来保存 int 和 Object 类型的数据,如果要保存其他类型的数据,可以先将要保存的对象放到 Bundle 对象中,然后调用 Message 中的 setData()方法将 Bundle 对象保存到 Message 对象中。如果一个 Message 只需要携带简单的 int 型信息,应优先使用 Message.arg1 和 Message.arg2 属性来传递信息,这比用 Bundle 对象更节省内存。

实现 Message 机制需要 Handler、Message、Looper 三者之间的互相作用。当线程 A 需要发消息给线程 B 的时候,线程 B 要用自己的 Looper 实例化 Handler 类,即构造 Handler 对象时,把当前线程的 Looper 传给 Handler 构造函数,Handler 对象本身会保存对 Looper 的引用,Handler 对象构造好以后,就可以用其 obtainMessage()方法实例化 Message 对象,只要把消息数据传递给 Handler,Handler 就会构造 Message 对象,并且把 Message 对象添加到消息队列里面。然后就可以调用 Handler 对象的 sendMessage()方法把 Message 对象发送出去,Looper 就把消息放到消息队列中。最后当 Looper 知道消息队列不为空时,就会循环地从消息队列中取消息,若取出消息,就会调用前述 Handler 对象的 handleMessage()方法处理消息。

如上所述,实现这种机制的一般步骤如下。

(1) 在主线程实例化 Handler 对象,重写 handleMessage()方法,处理收到的消息。

(2) 在子线程中实例化 Message 对象。调用 Handler 对象的 obtainMessage()方法并传入数据,obtainMessage()方法就会实例化一个 Message 对象。

(3) 调用 Handler 对象的 sendMessage()方法把 Message 对象发送出去,添加到 UI 线程的 MessageQueue 中。

(4) UI 线程通过 MainLooper 从消息队列中取出 Handler 发过来的这个消息时,会回调 Handler 的 handlerMessage()方法。

使用 Message 机制实现线程间通信主要是为了保证线程间操作安全,同时不需要关心具体的消息接收者,使消息本身和线程分离,这样就可以方便地实现定时、异步等操作。

【例 7-8】 示例工程 Demo_07_HandleMessage 演示了线程间的消息机制,如代码段 7-15 所示。

代码段 7-15 线程间的消息机制示例

```
public class MainActivity extends AppCompatActivity {
    private Handler handler;
    @Override
    protected void onCreate(Bundle savedInstanceState) {
        super.onCreate(savedInstanceState);
        setContentView(R.layout.activity_main);
        handler=new Handler() {
            @Override
            public void handleMessage(Message msg) {
                switch (msg.what){
                    case 1:
                        Log.d("多线程通信","主线程处理 thread1 的消息:"+msg.arg1);
                        break;
                    case 2:
                        Log.d("多线程通信","主线程处理 thread2 的消息:"+msg.arg1);
                        break;
                    default:
                        super.handleMessage(msg);
                }
            }
        };
        thread1.start();
        thread2.start();
    }
    Thread thread1=new Thread(new Runnable() {
        @Override
        public void run() {
            Message msg=handler.obtainMessage();
            msg.what=1;                                    //线程的标记(int 型)
```

```
                msg.arg1=6001;                              //线程的参数
                handler.sendMessage(msg);                   //发送消息
            }
        });
        Thread thread2=new Thread(new Runnable() {
            @Override
            public void run() {
                Message msg=handler.obtainMessage();
                msg.what=2;                                 //线程的标记(int 型)
                msg.arg1=6002;                              //线程的参数
                handler.sendMessage(msg);                   //发送消息
            }
        });
    }
```

从示例工程中可以看出，一个 Handler 对象可以处理多个发送过来的消息，通过 Message 中的 what 属性值来区分是哪个线程发送过来的消息。运行结果如图 7-11 所示。

图 7-11　示例工程的运行结果

7.4.2　使用 AsyncTask 处理异步任务

Android 框架为了简化在 UI 线程中完成异步任务的步骤，提供了一个异步处理的辅助类 android.os.AsyncTask。使用 AsyncTask 能够在异步任务进行的同时，将任务进度状态反馈给 UI 线程，即它可以实现耗时操作在其他线程执行，而处理结果在 UI 线程执行。与前述的直接使用 Handler 对象的方法相比，它屏蔽了多线程和 Handler 的概念，使用更方便。

AsyncTask 是抽象类，定义了 3 种泛型类型：Params、Progress 和 Result。

(1) Params 是异步任务所需的参数类型，也是其 doInBackground(Params... params)方法的参数类型。这个参数是启动异步任务执行的输入参数，如 HTTP 请求的 URL。

(2) Progress 是指进度的参数类型，也是其 onProgressUpdate(Progress... values)方法的参数类型，如后台任务执行的百分比。

(3) Result 指任务完成返回数据的类型，也是其 doInBackground(Params... params)方法的返回值类型。同时它也是 onPostExecute(Result result)方法或 onCancelled(Result result)方法的参数类型。这是后台执行任务最终返回结果的数据类型，如下载后得到的图像数据类型是 Bitmap。

如果某个参数类型没有意义或没有被用到,可以传递 void。

使用 AsyncTask 完成异步任务,必须继承 AsyncTask 类并实现 doInBackground()回调方法,这个方法运行在一个后台线程池中。如果需要更新 UI,那么必须实现 onPostExecute()方法,这个方法从 doInBackground()取出结果,然后在 UI 线程里面运行,所以可以安全地更新 UI。

AsyncTask 类的常见方法如表 7-2 所示。这些方法都是回调方法,不需要用户手动去调用,开发者需要做的就是实现这些方法。

表 7-2 AsyncTask 类的常用方法

方法名称	功能及使用说明
protected void onPreExecute()	在 UI 线程中运行,在异步任务开始之前被调用。可以在该方法中完成一些初始化操作,如在界面上显示一个进度条、将进度条清零
protected abstract Result doInBackground(Params... params)	在后台线程中运行,在 onPreExecute()方法执行后立即被调用。这是完成异步任务的地方,主要负责执行那些很耗时的后台计算工作。可以调用 publishProgress()方法更新实时的任务进度。该方法是抽象方法,子类必须提供实现;doInBackground()的返回值会被传递给 onPostExecute()方法
protected void onProgressUpdate(Progress... values)	在 UI 线程中运行,在异步任务执行的过程中可以通过调用 void publishProgress(Progress... values)方法通知 UI 线程在 onProgressUpdate()方法内更新异步任务的进度状态;在 publishProgress()方法被调用后,UI 线程将调用这个方法从而在界面上展示任务的进展情况,如更新进度条上显示的进度
protected void onPostExecute(Result result)	在 UI 线程中运行,当 doInBackground()执行完成后(异步任务完成之后)被调用,后台的计算结果将通过该方法传递到 UI 线程,以便 UI 线程更新任务完成状态
onCancelled(Result result)	如果在 UI 线程中调用 cancel(boolean),则该方法被执行

AsyncTask 支持取消异步任务,当异步任务被取消之后,onPostExecute()方法就不会被执行了,取而代之将执行 onCancelled(Result result),以便 UI 线程更新任务被取消之后的状态。

为了正确使用 AsyncTask 类,必须遵守以下 4 条规则。

(1) AsyncTask 的实例必须在 UI 线程中创建。

(2) AsyncTask 的实例必须在 UI 线程中启动,即必须在 UI 线程中调用 AsyncTask 实例的 execute()方法。

(3) 不要手动调用 onPreExecute()、onPostExecute()、doInBackground()、onProgressUpdate()这 4 个方法。

(4) AsyncTask 实例只能被执行一次。AsyncTask 实例被多次调用时可能会出现异常,这是因为 AsyncTask 默认使用 SerialExecutor 执行异步任务,即异步任务按顺序一个一个串行执行,前一个任务结束,后一个任务才能开始,因此 AsyncTask 适合执行时间短的异步任务。为了解决这个问题,可以使用自定义的并行线程池启动异步任务。

AsyncTask 的执行分为 4 个步骤,每步都对应一个回调方法,主线程调用 AsyncTask 子类实例的 execute()方法后,首先会调用 onPreExecute()方法,该方法在主线程中运行。之后启动新线程,调用 doInBackground()方法,进行异步数据处理。处理完毕之后异步线程结束,在主线程中调用 onPostExecute()方法进行一些结束提示等处理。

在 doInBackground()方法异步处理的时候,如果希望通知主线程一些数据,如处理进度,可以调用 publishProgress()方法。这时,主线程会调用 AsyncTask 子类的 onProgressUpdate()方法进行处理。

通过上面的调用关系,可以看出一些数据传递关系:execute()方法向 doInBackground()方法传递数据;doInBackground()方法的返回值会传递给 onPostExecute()方法;publishProgress()方法向 progressUpdate()方法传递数据。为了调用关系明确及安全,AsyncTask 类在继承时要传入 3 个泛型。第一个泛型对应 execute()向 doInBackground()传递的数据类型。第二个泛型对应 publishProgress()向 progressUpdate()传递的数据类型。第三个泛型对应 doInBackground()的返回值类型和传递给 onPostExecute()的数据类型。传递的数据都是对应类型的可变长数组。

【例 7-9】 示例工程 Demo_07_AsyncTaskDownloadImage 演示了使用 AsyncTask 实现从网络上异步下载图片并在 ImageView 中显示。代码如代码段 7-16 所示。

使用 AsyncTask 处理异步任务

代码段 7-16 使用 AsyncTask 示例

```
public class MainActivity extends AppCompatActivity {
    private static final String sImageUrl = "http://10.0.2.2:8080/IMG_3290.
        jpg";
    private Button mLoadButton;
    private ProgressDialog mProgressDialog;
    private ProgressBar mProgressBar;
    private ImageView mImageView;
    @Override
    protected void onCreate(Bundle savedInstanceState) {
        super.onCreate(savedInstanceState);
        setContentView(R.layout.activity_main);
        mProgressDialog=new ProgressDialog(this);
        mImageView=(ImageView) this.findViewById(R.id.imageView);
        mLoadButton=(Button) this.findViewById(R.id.loadButton);
        mProgressBar=(ProgressBar) findViewById(R.id.progressBarForLoad);
        mProgressBar.setVisibility(View.VISIBLE);  //控制 ProgressBar 显示或隐藏
        mLoadButton.setOnClickListener(new View.OnClickListener() {
            @Override
            public void onClick(View view) {
                new DownloadImageTask().execute(sImageUrl);
            }
```

```
        });
    }
    private class DownloadImageTask extends AsyncTask<String, Integer,
        Bitmap> {
        @Override
        protected void onPreExecute() {
            super.onPreExecute();
            mProgressDialog.setMessage("图片正在下载,请稍候 …");
            mProgressDialog.setProgressStyle(ProgressDialog.STYLE_HORIZONTAL);
            mProgressDialog.setMax(100);
            mProgressDialog.setProgress(0);
            mProgressDialog.show();
            mProgressBar.setMax(100);
            mProgressBar.setProgress(0);
        }
        protected Bitmap doInBackground(String... urls) {
            Bitmap bitmap=null;
            URLConnection connection;
            InputStream is;            //用于获取数据的输入流
            ByteArrayOutputStream bos; //可以捕获内存缓冲区的数据,转换成字节数组
            int len;
            float count=0, total=100; //count 为图片已经下载的大小,total 为总大小
            try {
                connection=(URLConnection) new java.net.URL(urls[0]).
                    openConnection();
                total=(int) connection.getContentLength();
                is=connection.getInputStream();
                bos=new ByteArrayOutputStream();
                byte[] data=new byte[1024];
                while ((len=is.read(data)) != -1) {
                    count += len;
                    bos.write(data, 0, len);
                    publishProgress((int) (count / total * 100));
                    //调用 publishProgress()公布进度,onProgressUpdate()方法将被执行
                }
                bitmap=BitmapFactory.decodeByteArray(bos.toByteArray(), 0,
                    bos.toByteArray().length);
                is.close();
                bos.close();
            } catch (IOException e) {
                e.printStackTrace();
```

```
            }
            return bitmap;
        }
        @Override
        protected void onProgressUpdate(Integer... values) {
            super.onProgressUpdate(values);
            mProgressDialog.setProgress(values[0]);      //更新进度条
            mProgressBar.setProgress(values[0]);
        }
        protected void onPostExecute(Bitmap result) {
            if (result != null) {
                mProgressDialog.setProgress(100);
                mProgressDialog.setMessage("图片下载完成!");
                mProgressDialog.dismiss();
                mImageView.setImageBitmap(result);
            } else {
                mProgressDialog.setMessage("图片下载失败!");
            }
        }
    }
}
```

在本例中,首先在任务开始之前在 UI 线程中调用 onPreExecute()方法中设置进度条的初始状态;其次在异步线程中执行 doInBackground()方法以完成下载任务,并在其中调用 publishProgress()方法来通知 UI 线程更新进度状态;之后在 UI 线程中调用 onProgressUpdate()方法更新进度条;最后下载任务完成,UI 线程在 onPostExecute()中取得下载好的图像,并更新 UI 显示该图像。运行结果如图 7-12 所示。

(a) 正在下载

(b) 下载完成

图 7-12 使用 AsyncTask 实现异步下载

运行这个程序时需要在 AndroidManifest.xml 文件中声明 Internet 权限。另外还需要注意的是,为保证用户数据和设备的安全,谷歌公司针对 Android 9.0 以上系统的应用程序,要求默认使用加密连接,系统会禁止 App 使用所有未加密的连接。因此运行 Android 9.0 以上系统的设备无论是接收或者发送流量,都需要使用下一代传输层安全协议,因此使用 HttpUrlConnection 进行 HTTP 请求会出现 Cleartext HTTP traffic to… not permitted 异常。如果应用使用的是非加密的明文流量的 HTTP 网络请求,在 AndroidManifest.xml 文件中为<application>元素设置属性“android:usesCleartextTraffic = "true"”可以解决此问题。

7.5 本章小结

本章介绍了 Intent 的相关概念及应用,Intent 是 Android 系统的消息传递机制,用于实现 Activity、Service、BroadcastReceiver 等组件之间的交互和通信;还介绍了 Android 系统多线程的相关概念及其应用。学习本章要重点掌握 Intent 在启动 Activity 和传递数据时的作用及控制方法,掌握多线程机制的原理和利用 AsyncTask 处理异步任务的方法。

习 题

1. 设计一个基于单选按钮的 Activity 之间跳转的程序,要求初始 Activity 中有一组歌手名字的列表,用户选择其一后,点击“确定”按钮,则跳转到目标 Activity,目标 Activity 中显示用户选择的歌手名字、照片和简介。

2. 设计一个 Activity 之间跳转的程序。要求初始 Activity 中有 3 个目标 Activity 的单选按钮,选择其中一个,点击“确定”按钮,则跳转到指定 Activity。每个目标 Activity 在返回时传递一个标识字符串,返回后在初始 Activity 中显示这个标识字符串。

3. 设计一个餐馆点餐的程序,包括两个界面,如图 7-13 所示。界面 A 中用 ListView 显示餐品列表,包括照片、名称和单价。当用户在界面 A 点击加号按钮时,对应的餐品份数加 1;点击减号按钮时,对应的份数减 1(当份数为 0 时,不再减 1)。当用户选择好各餐品的数量后,点击“提交”按钮,则跳转到界面 B,显示用户的订单内容和订单总金额。

4. 查阅 API 文档,研究利用 Intent 传递数据时哪些数据类型可以被传递?

5. 在 Android 应用中为什么要用多线程?使用多线程有哪些好处?

6. 使用多线程实现一个秒表功能的应用程序,界面如图 7-14 所示。点击“启动”按钮秒表开始计时,要求秒表精确到 0.1s。要求有计次功能,在秒表计时的同时点击“计次”按钮,则在计时器的下方增加一个计次计时。点击“暂停”按钮,计时暂停。点击“复位”按钮,计次列表清空,计时器恢复为 0。

(a) 界面A

12:02
Exercise07_03
您的订单
红烧排骨　2份　25元/份
香菇油菜　1份　12元/份
蛋饺　2份　22元/份
合计：106元
取消　确定

(b) 界面B

图 7-13　餐馆点餐程序界面

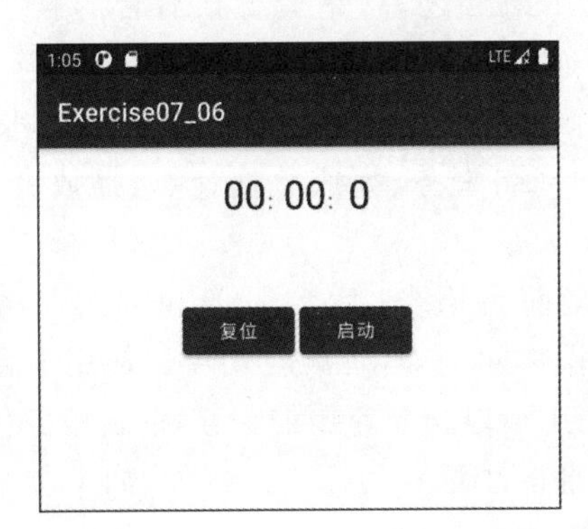

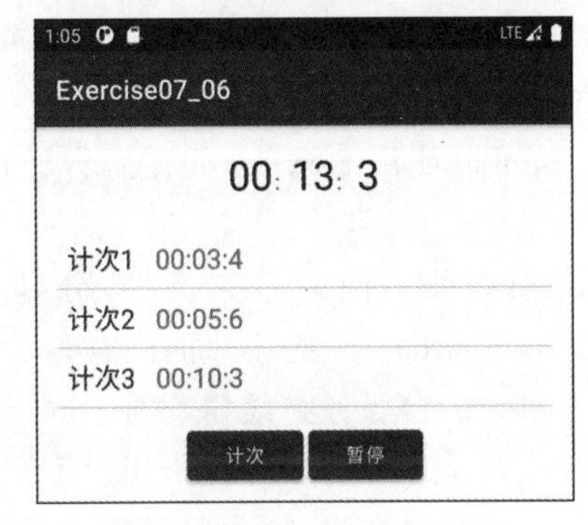

图 7-14　多线程实现秒表程序界面

第8章 Service与BroadcastReceiver

本章首先介绍Service的概念及其创建、启动、停止方法，然后介绍Broadcast的概念及其发送、过滤和接收的方法。Service是运行在后台的长生命周期的、没有用户界面的Android组件，Broadcast则是一种广泛运用的在应用程序之间传输信息的机制，BroadcastReceiver是负责接收广播消息的组件。Activity、Service、BroadcastReceiver等组件之间的交互和通信都是使用Intent完成的。

8.1 Service及其生命周期

8.1.1 Service简介

Service(服务)是Android系统中4个应用组件之一，是运行在后台的长生命周期的、没有用户界面的应用组件。其他组件可通过绑定到Service与其进行交互，可以执行进程间通信。当应用程序不需要显示一个与用户交互的界面但是需要其长时间在后台运行时，可以使用Service，如在后台处理网络事务、完成数据计算、播放音乐、执行文件I/O等。

Service有3种不同的服务类型，分别是前台服务、后台服务和绑定服务。前台(Foreground)服务执行一些用户能注意到的操作。例如，音频应用可以使用前台服务来播放音频曲目。前台服务必须显示通知，即使用户停止与应用的交互，前台服务仍会继续运行。后台(Background)服务执行用户不会直接注意到的操作。例如，如果应用使用某个服务来压缩其存储空间，则此服务通常是后台服务。绑定(Bound)服务则是指当应用组件通过调用bindService()绑定到服务时服务处于的状态。绑定服务会提供客户-服务器接口，以便组件与服务进行交互、发送请求、接收结果。仅当与另一个应用组件绑定时，绑定服务才会运行。多个组件可同时绑定到该服务，但全部取消绑定后，该服务即会被销毁。

Service通常要与Activity联合使用来实现一个完整的应用。例如，在一个媒体播放器程序中，一般由一个或多个Activity来供用户交互，选择歌曲并播放它。但是，因为用户希望退出媒体播放器界面导航到其他界面时，音乐应该继续播放，所以音乐的回放就需要启动一个Service在后台运行，系统将保持这个音乐回放服务的运行直到它结束或被停止。

通过前面的章节,我们已经了解到 Activity 的主要作用是提供用户界面与用户交互等,而 Service 相当于在后台运行的 Activity,只是不像 Activity 一样提供与用户交互的界面。与 Activity 不同的是,Service 不能自己运行,它一般需要通过某个 Activity 或者其他 Context 对象来启动,如通过调用 Context.startService()方法或 Context.bindService()方法启动一个 Service,调用 Context.stopService()方法或 Context.unbindService()方法结束一个 Service,也可以调用 Service.stopSelf()方法或 Service.stopSelfResult()方法来使 Service 自己停止。

8.1.2 Service的生命周期

一个 Service 实际上是一个继承自 android.app.Service 的类的对象。Service 与 Activity 一样,也有一个从启动到销毁的过程。

通过调用 Context.startService()或 Context.bindService()方法都可以启动 Service,但是它们的使用场合有所不同。调用 startService()方法启动 Service,调用者与 Service 之间没有关联,即使调用者退出了,Service 仍然运行。Service 的生命周期如图 8-1(a)所示,如果 Service 实例未被创建,系统会先调用其 onCreate()方法,接着调用 onStartCommand()方法,Service 进入运行状态。如果启动前 Service 实例已经被创建,就不会再调用其 onCreate()方法,而是直接调用 onStartCommand()方法。即多次调用 startService()方法并不会导致多次创建 Service 实例,但会导致多次调用其 onStartCommand()方法。

onStartCommand()方法是在 Android 2.0 之后引入的,替代之前使用的 onStart()方法。onStartCommand()方法提供了和 onStart()方法相同的功能,同时与 onStart()方法不同的是,onStartCommand()方法还可以控制当 Service 被运行时终止后,重新启动 Service 的方式。代码段 8-1 描述了 onStartCommand()方法的内容。

代码段 8-1 定义 onStartCommand()方法

```
public int onStartCommand(Intent intent, int flags, int startId) {
    startBackgroundTask(intent,startId);
    return Service.START_STICKY;
}
```

onStartCommand()方法通过返回值告诉系统,如果系统在显式调用 stopService()方法或 stopSelf()方法之前终止了 Service,采取哪种模式重新启动 Service。通过返回 Service 常量就可以控制重启模式,如 Service.START_STICKY、Service.START_NOT_STICKY、Service.START_REDELIVER_INTENT 等。

调用 startService()方法启动的 Service,只能通过调用 stopService()方法结束。无论调用了多少次 startService(),只需要调用一次 stopService(),Service 就会结束。Service 结束时会调用其 onDestroy()方法。

综上,一个 Service 只会创建一次,销毁一次,但可以开始多次,因此在一个生命周期里,onCreate()方法和 onDestroy()方法只会被调用一次,而 onStartCommand()方法会被调用多次。

需要注意的是,通过 startService()方法启动 Service 后,即使调用 startService()的进程结束了,Service 仍然存在,直到有进程调用 stopService()方法或者 Service 通过 stopSelf()方法终止时才能结束。如果调用 startService()方法的进程直接退出而没有调用 stopService()方法,Service 会一直在后台运行。

调用 bindService()方法启动 Service,调用者与 Service 绑定在一起,调用者一旦退出,Service 也就终止。此时,Service 的生命周期如图 8-1(b)所示。onBind()方法只有采用 bindService()方法启动 Service 时才会被调用。该方法在调用者与 Service 绑定时被调用,当调用者与 Service 实例已经绑定时,多次调用 bindService()方法并不会导致该方法被多次调用。采用 bindService()方法启动 Service 时只能调用 unbindService()方法解除调用者与 Service 的绑定,Service 结束时会调用其 onUnbind()和 onDestroy()方法。

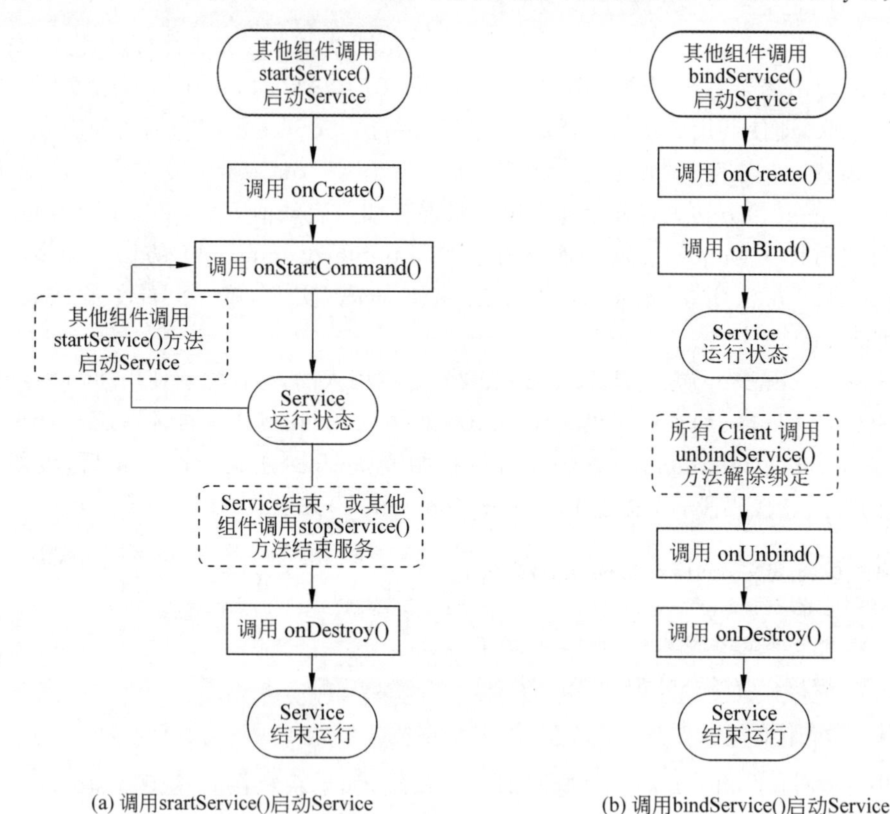

图 8-1　Service 的生命周期

上述两种方式可以混合使用。例如,Activity 先调用 startService()方法启动一个 Service,然后再调用 bindService()方法绑定这个 Service,Service 仍然会成功绑定到 Activity 上,但在 Activity 关闭后,Service 虽然会被解除绑定,但并不会被销毁,即 Service 的 onDestroy()方法不会被调用。例如,音乐播放器通过调用 startService()方法启动某个特定音乐播放,但在播放过程中如果用户需要暂停音乐播放,则通过 bindService()获取服务连接和 Service 实例对象,进而通过调用该对象中的方法来暂停音乐播放并保存相关信息。

8.2 创建、启动和停止 Service

8.2.1 创建 Service

在 Android Studio 环境下，在工程中新建 Service 类的方法：选择菜单命令 File→New→Service→Service；或者在工程相应的 Java 包名上右击，在快捷菜单中选择 New→Service→Service 命令，然后在弹出的对话框中输入自定义的 Service 类名，单击 Finish 按钮。

新建的类必须继承自 android.app.Service 或它的子类，一般需要重写其 onCreate()方法和 onStartCommand()方法。代码段 8-2 描述了创建一个 Service 类的框架。Service 执行的任务通过重写 onStartCommand()方法实现，在这个方法中还可以指定 Service 的重新启动模式。当通过调用 startService()方法来启动一个 Service 时，就会回调它的 onStartCommand()方法。这个方法可能在 Service 的生命周期中被执行很多次。需要注意的是，Service 类里面的 onBind()方法是一个抽象方法，无论是否以绑定方式启动 Service，这个方法都必须要重写。

代码段 8-2 创建一个 Service 类示例

```
//package 和 import 语句略
public class MyService extends Service {
    public MyService() {
    }
    @Override
    public IBinder onBind(Intent intent) {
        ⋮                    //绑定 Service 时执行的代码，返回与 Service 通信的通道
        throw new UnsupportedOperationException("Not yet implemented");
    }
    @Override
    public void onCreate() {
        ⋮                    //初始化 Service 的代码
        super.onCreate();
    }
    @Override
    public int onStartCommand(Intent intent, int flags, int startId) {
        ⋮                    //启动 Service 时需要执行的代码
        return super.onStartCommand(intent, flags, startId);
    }
}
```

当创建了一个新的 Service 后，必须将这个 Service 在 AndroidManifest.xml 清单文件中声明，方法是在<application>元素内添加一个子元素<service>，代码段如 8-3

所示。

代码段 8-3　在 AndroidManifest.xml 清单文件中声明 Service

```
<service
    android:enabled="true"
    android:name=".MyService"
    android:permission="edu.hebust.zxm.serviceexample.MY_SER_PERMISSION"  />
```

可以在<service>元素中设置属性来定义 Service 的特性，常用的属性如表 8-1 所示，其中 android:name 属性是唯一必需的属性，用于指定服务的类名。为了确保应用的安全性，应该使用显式 Intent 启动 Service，所以一般不为 Service 声明 Intent 过滤器。使用隐式 Intent 启动 Service 存在安全隐患，因为无法确定哪些 Service 将响应 Intent，且用户无法看到哪些 Service 已启动。从 Android 5.0（API 21）开始，如果使用隐式 Intent 调用 bindService()，系统会抛出异常。

表 8-1　<service>元素的常用属性

属性名称	说明
android:name	服务的类名
android:description	向用户描述服务的字符串。用户有权查看并停止其设备上正在运行的服务，通过 android:description 属性用一个短句解释服务的作用及其提供的好处，可以避免用户意外停止自己的服务
android:enabled	系统是否可实例化服务。只有在<application>和<service>的该属性都为 true 时，系统才能启动服务
android:exported	当该值为 false 时，只有同一个应用或具有相同用户 id 的应用的组件可以启动服务或绑定到服务
android:foregroundServiceType	阐明服务是满足特定用例要求的前台服务
android:icon	服务的图标
android:label	可向用户显示的服务名称
android:permission	启动服务或绑定到服务所必需的权限的名称。如果 startService()、bindService()或 stopService()的调用者尚未获得此权限，该方法将不起作用，且系统不会将 Intent 对象传送给服务。如果未设置该属性，则对服务应用由<application>元素的 permission 属性所设置的权限。如果二者均未设置，则服务不受权限保护

8.2.2　启动和停止 Service

在 Activity 中通过调用 Context.startService()来启动 Service。这种方法可以传递数据给 Service，Service 一般是依次回调 onCreate()方法和 onStartCommand()方法完成启动过程。当 Service 需要停止时，一般是调用 Context.stopService()方法，Service 将会回调 onDestroy()方法销毁它。Service 的启动和停止过程是不能嵌套的。无论 startService()方法被调用了多少次，只需调用一次 stopService()方法就会停止 Service。

默认情况下，Service是在应用程序的主线程中启动的，这意味着在onStartCommand()方法完成的任何处理都是运行在UI主线程中的。因此，实现Service的标准模式是在onStartCommand()方法中创建和运行一个新线程，在后台执行处理，并在该线程完成后终止这个Service。

需要注意的是，通过startService()启动Service后，即使调用startService()的进程结束了，Service仍然存在，直到有进程调用stopService()或者Service通过stopSelf()方法终止时才能结束。所以在处理任务完成后，都要求调用stopService()方法或stopSelf()方法显式地停止Service。这样可以避免系统仍然为该Service保留资源，改善应用程序中的资源占用情况。

【例8-1】 示例工程Demo_08_StartAndStopService演示了如何创建、启动和停止Service。

创建、启动和停止Service

首先创建工程。一般是用一个Activity来启动另一个Service，因此在工程的src包中需要编写两个Java类文件。其中，一个是Service；另一个是启动Service的Activity。

用8.2.1节介绍的方法新建一个Service，如代码段8-4所示。创建一个新的Java类文件MyService。程序开发者如果需要这个Service完成什么功能，就在其onCreate()、onStartCommand()方法中实现。本例在onStartCommand()方法中创建并启动了一个新线程，在其中执行控制台打印的操作。

代码段8-4 MyService.java的主要代码

```
//package 和 import 语句略
public class MyService extends Service {
    private boolean running=false;
    @Override
    public void onCreate() {
        super.onCreate();
        running=true;
    }
    @Override
    public int onStartCommand(Intent intent, int flags, int startId) {
        new Thread() {                    //创建一个线程并通过 start()方法运行该线程
            @Override
            public void run() {
                int i=0;
                while (running) {
                    System.out.println("服务已启动,正在运行……" + i++);
                    try {
                        sleep(1000);
                    } catch (InterruptedException e) {
                        e.printStackTrace();
                    }
                }
```

```
            }
        }.start();
        return super.onStartCommand(intent, flags, startId);
    }
    @Override
    public void onDestroy() {
        super.onDestroy();
        running=false;
                  //while 循环结束,线程就可以继续向下运行,代码执行完线程就结束了
        System.out.println("服务已停止……");
    }
}
```

在 Activity 的 XML 布局文件中添加两个按钮用来启动、停止 Service,如图 8-2 所示。

图 8-2　Activity 界面

在 Activity 中,通过监听这两个按钮的点击操作,分别执行启动和停止 Service 的操作。本例中调用 startService()方法启动 Service,调用 stopService()方法停止 Service,如代码段 8-5 所示。

代码段 8-5　启动和停止 Service

```
//package 和 import 语句略
public class MainActivity extends AppCompatActivity {
    ⋮                                                         //其余代码略
    @Override
    protected void onCreate(Bundle savedInstanceState) {
        super.onCreate(savedInstanceState);
        setContentView(R.layout.activity_main);
        Button startButton=(Button) findViewById(R.id.btnStart);
                                                              //"启动服务"按钮
        Button stopButton=(Button) findViewById(R.id.btnStop);
                                                              //"停止服务"按钮
        startButton.setOnClickListener(new View.OnClickListener() {
            @Override
```

```
            public void onClick(View view) {
                startService(new Intent(MainActivity.this, MyService.class));
                                                                //启动服务
            }
        });
        stopButton.setOnClickListener(new View.OnClickListener() {
            @Override
            public void onClick(View view) {
                stopService(new Intent(MainActivity.this, MyService.class));
                                                                //停止服务
                System.out.println("正在停止服务……");
            }
        });
    }
}
```

点击两个按钮后程序的运行结果如图8-3所示。

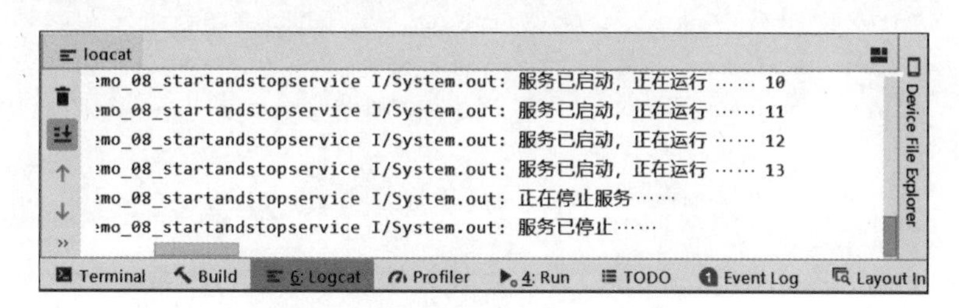

图8-3 启动和停止Service的运行结果

8.2.3 Activity与Service的通信

在启动Service时，通过Intent对象的putExtra()、getXxxExtra()等相关方法可以向Service传递参数。例如，以下代码通过Intent对象的putExtra()方法给指定键myData赋予字符串，并启动Service。

```
Intent intent=new Intent(MainActivity.this, MyService.class);
intent.putExtra("myData", "数据的内容");
startService(intent);            //启动Service并携带数据myData
```

在Service中，通过重写Service中的onStartCommand()等方法，获取启动Service的Intent，处理传入的字符串。例如，以下代码接收了myData键值。

```
public int onStartCommand(Intent intent, int flags, int startId) {
    String myDataFromActivity = intent.getStringExtra("myData");
    System.out.println("服务已接收到数据:"+myDataFromActivity);
}
```

【例 8-2】 示例工程 Demo_08_PassParameterToService 演示了向 Service 传递数据的方法。

在 Activity 中监听对“启动服务”按钮的点击事件,将文本输入框中的字符串保存到在 Intent 对象的 Extra 字段中,键名为 myData。在启动 Service 时,由 startService()方法将这个包含字符串数据的 Intent 对象传递给 Service,其界面如图 8-4 所示。点击“停止服务”按钮,则将 Service 停止。

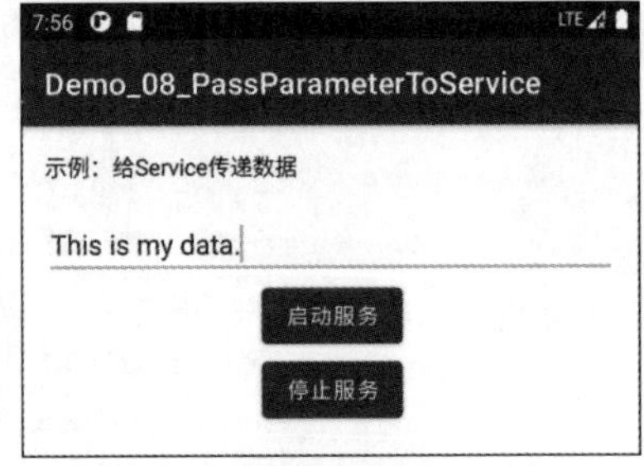

图 8-4 Activity 界面

启动服务的相关代码如代码段 8-6 所示。

代码段 8-6 在启动 Service 时带入参数

```
//package 和 import 语句略
startButton.setOnClickListener(new View.OnClickListener() {
    @Override
    public void onClick(View view) {
        EditText myDataToService=(EditText)findViewById(R.id.etMyData);
        Intent intent=new Intent(MainActivity.this,MyService.class);
        intent.putExtra("myData",myDataToService.getText().toString());
        startService(intent);          //启动 Service 并带入数据 myData
    }
});
```

在 Service 的 onStartCommand()方法中处理接收到的字符串数据,相关代码如代码段 8-7 所示,运行结果如图 8-5 所示。

代码段 8-7 Service 接收数据

```
//package 和 import 语句略
@Override
public int onStartCommand(Intent intent, int flags, int startId) {
    String myDataFromActivity;
    myDataFromActivity=intent.getStringExtra("myData");
    running=true;
    new Thread(){
        @Override
        public void run() {
            while (running){
                try {
                    System.out.println("服务已启动,接收到数据:"+
                        myDataFromActivity);
                    sleep(1000);
                } catch (InterruptedException e) {
                    e.printStackTrace();
```

```
                }
            }
        }
    }.start();
    return super.onStartCommand(intent, flags, startId);
}
```

```
logcat
:mo_08_passparametertoservice I/System.out: 服务已启动，接收到数据：This is my data.
:mo_08_passparametertoservice I/System.out: 服务已启动，接收到数据：This is my data.
:mo_08_passparametertoservice I/System.out: 服务已启动，接收到数据：This is my data.
:mo_08_passparametertoservice I/System.out: 服务已启动，接收到数据：This is my data.
:mo_08_passparametertoservice I/System.out: 服务已停止……
Database Inspector  4: Run  Profiler  6: Logcat  Build  TODO  Terminal  Layout
```

图 8-5　示例工程的运行结果

8.2.4　将 Service 绑定到 Activity

通过调用 Context.bindService()方法也可以启动 Service，此时 Service 依次回调 onCreate()和 onBind()方法完成启动过程。对应地，当所有与 Service 绑定的上下文对象都调用 Context.unbindService()方法解绑后，Service 会依次回调 unbind()方法和 onDestroy()方法停止 Service。通过 bindService()方法启动的 Service，当调用 bindService()的进程结束后，其绑定的 Service 也要跟着被结束，这一点是和调用 Context.startService()方法启动 Service 不一样的地方。

要让一个 Service 支持绑定，需要实现并重写 Service 的 onBind()方法。在此方法的实现中，通过返回 IBinder 对象的方式提供一个接口，以供客户端用来与服务进行通信。客户端通常通过 onBind()方法的返回值获取到被绑定 Service 的当前实例，从而可以调用 Service 的公共方法。如果并不希望 Service 允许绑定，则 onBind()方法应返回 null。

Service 和其他组件之间的连接表示为一个 ServiceConnection。要想将一个 Service 和其他组件进行绑定，需要实现一个新的 ServiceConnection 实例。建立了一个连接之后，就可以通过重写 onServiceConnected()和 onServiceDisconnected()方法来获得对 Service 实例的引用，如代码段 8-8 所示。

代码段 8-8　创建一个实现 ServiceConnection 的实例

```
private MyService myService;
private ServiceConnection serviceConnection=new ServiceConnection() {
    @Override
    public void onServiceConnected(ComponentName name, IBinder service) {
        //成功连接服务后，该方法被调用。在该方法中可以获得 MyService 对象
        myService=((MyService.MyServiceBinder) service).getService();
    }
    @Override
```

```
        public void onServiceDisconnected(ComponentName name) {
            //连接服务失败或 Service 意外断开后,该方法被调用
            myService=null;
        }
};
```

要执行绑定,需要在 Activity 中调用 bindService()方法,方法的调用格式如下:

```
bindService(Intent service, ServiceConnection conn, int flags)
```

调用该方法时需要传递3个参数:第1个参数是要绑定的 Service 的 Intent,第2个参数是一个实现 ServiceConnection 的实例,第3个参数是绑定标识,通常使用系统定义的常量。以下是一个绑定 Service 的示例。

```
Intent serviceIntent=new Intent(MainActivity.this, MyService.class);
bindService(serviceIntent, serviceConnection, Context.BIND_AUTO_CREATE);
```

一旦 Service 被绑定,就可以通过从 ServiceConnection 的 onServiceConnected()方法中获得的 Service 实例对象来使用 Service 所有的公共方法和属性。

【例 8-3】 示例工程 Demo_08_BindService 演示了 Service 绑定和解除绑定的方法。该程序通过 Service 实现了后台播放音乐,并通过绑定的方式对播放过程进行控制。

绑定 Service

首先创建工程,工程的 src 包中包括一个 Service 类和一个 Activity 类。在 Service 中定义了一个继承自 Binder 的内部类 MusicBinder,并通过 onBind()方法返回一个 MusicBinder 对象。内部类 MusicBinder 中定义了 getMusicService()方法,返回当前的 Service 实例。

此外,在 Service 类中定义了播放、暂停和停止播放音乐的公共方法。主要代码如代码段 8-9 所示。

代码段 8-9 MyService.java 主要源代码

```
//package 和 import 语句略
public class MyService extends Service {
    private final IBinder musicBinder=new MyService.MusicBinder();
    MediaPlayer mp;
    public MyService() {
    }
    public class MusicBinder extends Binder{     //自定义一个 Binder 的子类
        MyService getMusicService(){
            return MyService.this;
        }
    }
    @Override
    public IBinder onBind(Intent intent) {
```

```
        mp.start();                    //绑定服务的时候开始播放音乐
        return musicBinder;            //通过这个 Binder 对象获取到当前 Service 的实例
    }
    @Override
    public void onCreate() {
        super.onCreate();
        mp=MediaPlayer.create(getApplicationContext(), R.raw.music01);
                                      //创建 MediaPlayer 对象 mp 并关联音频文件,准备播放
    }
    public void playMusic(){
        mp.start();                    //播放音乐
    }
    public void pauseMusic(){
        mp.pause();                    //暂停播放音乐
    }
    public void stopMusic(){
        mp.stop();                     //停止播放音乐
    }
}
```

在 Activity 的 XML 布局文件中添加 5 个按钮,分别用来绑定、解绑 Service,以及暂停、继续和停止播放。图 8-6 所示为点击“绑定服务”按钮后的程序界面,此时服务已启动,音乐正在播放中。

图 8-6　Activity 界面

在 Activity 中,通过监听前两个按钮的点击事件,分别调用 bindService()方法绑定和 unbindService()方法解除绑定 Service,如代码段 8-10 所示。绑定 Service 后,Activity 通过 ServiceConnection 对象获取 Service 实例,调用其公共方法暂停、继续、停止播放音乐。

代码段 8-10　绑定和解除绑定 Service

```
//package 和 import 语句略
public class MainActivity extends AppCompatActivity {
    private MyService musicService;
    private boolean bound=false;              //Service 被绑定标志
    Button btnContinue, btnPause, btnStop;
    private ServiceConnection serviceConnection=new ServiceConnection() {
    //成功绑定服务后,该方法被调用。通过参数 service 可以获得 MyService 对象的引用
        @Override
        public void onServiceConnected(ComponentName name, IBinder service) {
            MyService.MusicBinder musicBinder= (MyService.MusicBinder) service;
```

```
            musicService=musicBinder.getMusicService();
                                                  //获取了一个 MyService 实例的引用
            bound=true;                           //Service 被成功绑定
            Toast.makeText(MainActivity.this, "服务被成功绑定", Toast.LENGTH_
                LONG).show();
        }
        //服务所在进程崩溃或被杀死,或 Service 意外断开后该方法被调用
        @Override
        public void onServiceDisconnected(ComponentName name) {
            bound=false;
            Toast.makeText(MainActivity.this, "服务连接失败", Toast.LENGTH_
                LONG).show();
        }
    };
    @Override
    protected void onCreate(Bundle savedInstanceState) {
        super.onCreate(savedInstanceState);
        setContentView(R.layout.activity_main);
        btnContinue=findViewById(R.id.btnContinue);
        btnPause=findViewById(R.id.btnPause);
        btnStop=findViewById(R.id.btnStop);
        findViewById(R.id.btnBindService).setOnClickListener(new View.
            OnClickListener() {
            @Override
            public void onClick(View view) {            //绑定 Service
                Intent serviceIntent=new Intent(MainActivity.this,
                    MyService.class);
                bindService(serviceIntent, serviceConnection, Context.BIND_
                    AUTO_CREATE);
                bound=true;
                btnPause.setEnabled(true);
                btnStop.setEnabled(true);
            }
        });
        findViewById(R.id.btnUnbindService).setOnClickListener(new View.
            OnClickListener() {
            @Override
            public void onClick(View view) {
                if (bound) {
                    unbindService(serviceConnection); //解除绑定 Service
                    bound=false;
                    btnContinue.setEnabled(false);
                    btnStop.setEnabled(false);
```

```
                btnPause.setEnabled(false);
            }
        }
    });
    btnPause.setOnClickListener(new View.OnClickListener() {
        @Override
        public void onClick(View view) {
            if (musicService != null) {
                        //已经成功绑定了 Service,musicService 对象就不是空值
                musicService.pauseMusic();          //调用 Service 的方法
                btnContinue.setEnabled(true);
                btnStop.setEnabled(true);
                btnPause.setEnabled(false);
            }
        }
    });
    btnContinue.setOnClickListener(new View.OnClickListener() {
        @Override
        public void onClick(View view) {
            if (musicService != null) {
                musicService.playMusic();           //调用 Service 的方法
                btnPause.setEnabled(true);
                btnStop.setEnabled(true);
                btnContinue.setEnabled(false);
            }
        }
    });
    btnStop.setOnClickListener(new View.OnClickListener() {
        @Override
        public void onClick(View view) {
            if (musicService != null) {
                musicService.stopMusic();           //调用 Service 的方法
                btnContinue.setEnabled(false);
                btnPause.setEnabled(false);
                btnStop.setEnabled(false);
            }
        }
    });
  }
}
```

8.3 Android 的广播机制

广播是一种在应用程序之间传输信息的机制。广播是任何应用均可接收的消息,会在所关注的事件发生时发送,如 Android 系统会在发生系统启动、闹钟、来电等各种系统事件时发送广播。应用程序也可以发送自定义广播来通知其他应用程序它们可能感兴趣的事件。

BroadcastReceiver 是对发送出来的广播消息进行过滤、接收并响应的一类组件。应用程序可以注册 BroadcastReceiver 接收特定的广播。广播发出后,系统会自动将广播传送给能够接收这种广播的 BroadcastReceiver。广播可以向移动设备中的其他应用程序发送消息,实现程序间互相通信等功能。

8.3.1 广播的发送和接收

Android 中的广播分为系统广播和用户自定义广播。系统广播是由系统主动发起的广播,当某些特定的事件发生时,系统会将这一消息通知给所有注册了接收此消息的应用程序;自定义广播是指程序设计者在自己的应用中设置广播发生器,当某些事件发生时,向其他组件发送广播信息。

广播消息本身会被封装在一个 Intent 对象中,该对象的 Action 属性值会标识所发生的事件,如 android.intent.action.AIRPLANE_MODE 表示飞行模式。该 Intent 可能还包含绑定到其 Extra 字段中的附加信息。例如,飞行模式 Intent 对象包含一个布尔值来指示是否已开启飞行模式。

常用的系统广播如表 8-2 所示。系统广播是系统自带的广播事件,不需要用户自己定义就可以直接接收使用,用户只需要实现广播接收器的注册和接收即可。

表 8-2 常用的系统广播

常 量 值	意 义
android.intent.action.ACTION_BOOT_COMPLETED	系统启动完成
android.intent.action.ACTION_TIME_CHANGED	时间改变
android.intent.action.ACTION_DATE_CHANGED	日期改变
android.intent.action.ACTION_TIMEZONE_CHANGED	时区改变
android.intent.action.ACTION_BATTERY_LOW	电量低
android.intent.action.ACTION_MEDIA_EJECT	插入或拔出外部媒体
android.intent.action.ACTION_MEDIA_BUTTON	按媒体按钮
android.intent.action.ACTION_PACKAGE_ADDED	添加包
android.intent.action.ACTION_PACKAGE_REMOVED	删除包

不论是系统广播还是自定义广播,都有广播的注册、发送和接收过程,系统广播的注

册接收和自定义广播的注册接收类似，本节重点介绍自定义广播。

一般来说，基于BroadcastReceiver的应用程序最少要有两个类文件：一个是用来发送广播的Activity；另一个是用于收到广播后执行相应动作的BroadcastReceiver。

一般在需要发送广播消息的地方，把要发送的广播消息和用于过滤的信息（如Action、Category）装入一个Intent对象，并调用sendBroadcast()或sendOrderedBroadcast()方法将Intent对象广播出去。这两个发送方法的不同之处在于：当使用sendBroadcast()方法发送广播时，所有满足条件的接收器会随机地执行；当使用sendOrderedBroadcast()方法发送广播时，接收器会根据IntentFilter中设置的优先级顺序来执行。如果在AndroidManifest.xml文件中静态注册的广播接收器和代码中注册的广播接收器具有相同的优先级，那么代码注册的广播接收器会优先调用到OnReceive()方法。

当Intent被以广播方式发送以后，所有已经注册的BroadcastReceiver会检查注册时的IntentFilter是否与发送的Intent相匹配。若匹配，则创建BroadcastReceiver对象，并且调用其onReceive()方法，执行完毕，该对象即被销毁。

一般来说，广播的发送接收过程以及BroadcastReceiver的使用步骤如下。

步骤1：创建并注册广播接收器BroadcastReceiver对象。

定义广播接收器需要创建一个继承自android.content.BroadcastReceiver类的子类并重写其onReceive()方法。在Android Studio中的操作方法：选择菜单命令File→New→Other→BroadcastReceiver；或者在工程的Java包名上右击，在弹出的快捷菜单中选择New→Other→BroadcastReceiver命令，然后在弹出的对话框中设置类名称，单击Finish按钮即可。

重写的onReceive()方法主要负责广播信息的接收和响应操作，即接收到广播之后需要做的反应。定义了BroadcastReceiver对象后还需要在Android系统中注册并设置其IntentFilter过滤条件。注册广播接收器有两种方法，分别是静态注册（Manifest-Declare）和动态注册（Context-Register）。

步骤2：创建Intent对象，将要广播的消息封装在Intent对象中。在构造Intent对象时，需要指定其Action属性值标识要执行的动作，要注意Action的命名空间是全局性的，通常使用应用程序包的名称作为前缀，以避免与其他应用发生冲突。

步骤3：调用sendBroadcast()或sendOrderedBroadcast()方法，将Intent对象广播出去。如果要通过Intent传递附加数据，可以调用Intent对象的putExtra()或putExtras()方法加载数据。若发送广播时指定了接收权限，则只有在AndroidManifest.xml中用<uses-permission>标签声明了拥有此权限的BroascastReceiver才能接收到发送来的广播消息。同样，若在注册BroadcastReceiver时指定了可接收的Broadcast的权限，则只有在AndroidManifest.xml中用<permission>属性声明拥有此权限的Context对象所发送的广播，才能被这个BroadcastReceiver所接收。

LocalBroadcastManager.sendBroadcast()方法会将广播发送给与发送器位于同一应用中的接收器。如果不需要跨应用发送广播，推荐使用这种本地广播。这种实现方法无须进行进程间通信，效率更高，而且无须担心其他应用在收发广播时带来的任何安全问题。

步骤 4：BroadcastReceiver 等待接收广播并进行相应的处理。在 BroadcastReceiver 接收到与之匹配的广播消息后，会回调其 onReceive()方法处理这个广播消息。

由于接收器的 onReceive()方法在主线程上运行，当 onReceive()方法在 10s 内没有执行完毕时，Android 会认为该程序无响应，所以在 BroadcastReceiver 里不能做一些比较耗时的操作，否则程序会抛出异常。另外，应尽量避免从广播接收器启动 Activity，这样会影响用户体验，尤其是有多个接收器时，推荐采用 Toast 或 Notification 通知的方式和用户交互。

8.3.2 静态注册 BroadcastReceiver

为了能够使应用程序中的 BroadcastReceiver 接收指定的广播消息，要在 AndroidManifest.xml 文件中声明 BroadcastReceiver 的类名，为其添加 Intent 过滤器，声明这个 BroadcastReceiver 可以接收何种广播消息，这就是静态注册。代码段 8-11 是一个 AndroidManifest.xml 文件的示例，其中创建了一个<receiver>元素，声明接收器的对应的类名是 MyBroadcastReceiver，之后声明了 Intent 过滤器的动作为 hebust.zxm.intent.action.MYBROADTEST，表明这个 BroadcastReceiver 可以接收 Action 属性值为 hebust.zxm.intent.action.MYBROADTEST 的广播消息。

代码段 8-11 在 AndroidManifest.xml 中完成静态注册

```
<?xml version="1.0" encoding="utf-8"?>
<manifest xmlns:android="http://schemas.android.com/apk/res/android"
    …>
    <application
        …>
        <receiver
            android:name=".MyBroadcastReceiver"
            android:exported="true">
            <intent-filter>
                <action android:name="hebust.zxm.intent.action.MYBROADTEST" />
            </intent-filter>
        </receiver>
        ⋮
    </application>
</manifest>
```

对于在 AndroidManifest.xml 文件中声明广播接收器，系统的包管理器会在应用安装时注册接收器。然后，该接收器会成为应用的一个独立入口点，也就是说，如果应用当前未运行，系统可以启动应用并接收广播。系统会创建新的 BroadcastReceiver 对象来处理它接收到的每个广播。此对象仅在回调 onReceive(Context, Intent)期间有效。一旦代码从此方法返回，系统便会认为该组件不再活跃。

这里要特别注意，从 Android 8.0(API 26)开始，系统对静态注册的接收器施加了额外的限制。因此在 Android 8.0 以上系统中,对于大多数隐式广播,静态注册的广播接收器将不能接收。

8.3.3　动态注册 BroadcastReceiver

如果不希望 BroadcastReceiver 一直处在监听中,可以根据需要动态地注册和注销 BroadcastReceiver。此时不需要在 AndroidManifest.xml 文件中添加<receiver>元素,而是在 Java 代码中先创建 IntentFilter 对象,并对 IntentFilter 对象设置 Intent 过滤条件,然后在需要注册的地方通过调用 registerReceiver()方法来注册监听。当不再使用这个广播时,通过调用 unregisterReceiver()方法来取消监听。

采用这种注册方式,只要注册 BroadcastReceiver 的 Context 对象有效,接收器就会接收广播。例如,如果在 Activity 中注册,只要 Activity 没有被销毁,就会收到广播。如果在应用上下文中注册,只要应用在运行,就会收到广播。Context 对象被销毁时, BroadcastReceiver 也随之被销毁。

当不需要接收器时就应该注销它,具体操作时要注意注册和注销接收器的位置。例如,如果在 Activity 的 onCreate()中注册接收器,则应在 onDestroy()中注销,以防止造成内存泄漏。如果在 onResume()中注册接收器,则应在 onStop()中注销,以防多次注册接收器,而且这样也可以使接收器在 Activity 暂停时接收广播,减少不必要的系统开销。

代码段 8-12 是一个动态注册接收器的示例,注册了 myReceiver 接收器实例,并为 IntentFilter 对象添加了一个 Action 过滤值 hebust.zxm.intent.action.MYBROADTEST,表明这个 BroadcastReceiver 可以接收 Action 为 hebust.zxm.intent.action.MYBROADTEST 的广播消息。

代码段 8-12　动态注册 BroadcastReceiver

```
MyBroadcastReceiver myReceiver=new MyBroadcastReceiver();        //实例化 Receiver
IntentFilter intentFilter=new IntentFilter();
intentFilter.addAction("hebust.zxm.intent.action.MYBROADTEST");
  //为 BroadcastReceiver 指定 Action,使之用于接收同 Action 的广播
registerReceiver(myReceiver, intentFilter);      //注册 Receiver 监听,开始监听广播
```

【例 8-4】　示例工程 Demo_08_BroadcastReceiverJava 演示了广播消息的发送和接收。本例使用动态注册的广播接收器接收广播消息,并在 Logcat 中显示接收到的消息。

广播的发送和接收

首先,新建工程,然后在包中创建继承自 BroadcastReceiver 类的 MyBroadcastReceiver 类并重写 onReceive()方法,如代码段 8-13 所示。

代码段 8-13　定义广播接收器

```
//package 和 import 语句略
public class MyBroadcastReceiver extends BroadcastReceiver {
    private static final String LOG_TAG="广播接收器示例";
    @Override
```

```
    public void onReceive(Context context, Intent intent) {
        Log.d(LOG_TAG, "动态接收器接收了广播");
        String receive_action=intent.getAction();      //获取广播 Intent 的 Action
        Log.d(LOG_TAG, "动态接收器收到广播的 Action:"+receive_action);
        String receive_message=intent.getStringExtra("message");
                                                       //获取广播 Intent 的 Extra
        Log.d(LOG_TAG, "动态接收器收到广播的 Extra:"+receive_message);
    }
}
```

在 Activity 中动态注册了 BroadcastReceiver,同时设置了两个按钮,点击第一个按钮发送广播消息,单击第二个按钮注销 BroadcastReceiver。主要代码如代码段 8-14 所示。

代码段 8-14　Activity 的主要代码

```
//package 和 import 语句略
public class MainActivity extends AppCompatActivity {
    private static final String TAG="广播接收器示例";
    private MyBroadcastReceiver myBroadcastReceiver=new MyBroadcastReceiver();
    @Override
    protected void onCreate(Bundle savedInstanceState) {
        super.onCreate(savedInstanceState);
        setContentView(R.layout.activity_main);
        IntentFilter filter=new IntentFilter();          //实例化 IntentFilter
        filter.addAction("hebust.zxm.intent.action.MYBROADTEST");
                                                         //定义 IntentFilter
        registerReceiver(myBroadcastReceiver,filter);  //注册 Receiver 监听
        Button btn1=(Button)findViewById(R.id.btn_1);
        btn1.setOnClickListener(new View.OnClickListener(){
            public void onClick(View v) {
                Intent intent=new Intent("hebust.zxm.intent.action.MYBROADTEST");
                                                         //封装广播
                intent.putExtra("message", "这是广播中的额外消息");
                                                         //广播中添加了 Extra
                sendBroadcast(intent);                   //发送广播
                Log.d(TAG, "Activity 发送了广播消息");
            }
        });
        Button btn2=(Button)findViewById(R.id.btn_2);
        btn2.setOnClickListener(new View.OnClickListener(){
            public void onClick(View v) {
                try{
                    unregisterReceiver(myBroadcastReceiver);      //注销接收器
                    Log.d(TAG, "注销了动态广播接收器");
```

```
                }catch (IllegalArgumentException e){
                    Log.d(TAG, "不能重复操作,该广播接收器已经注销");
                }
            }
        });
    }
}
```

运行结果如图 8-7 所示。

```
logcat
castreceiverjava D/广播接收器示例: Activity发送了广播消息
castreceiverjava D/广播接收器示例: 动态接收器接收了广播
castreceiverjava D/广播接收器示例: 动态接收器收到广播的Action: hebust.zxm.intent.action.MYBROADTEST
castreceiverjava D/广播接收器示例: 动态接收器收到广播的Extra: 这是广播中的额外消息
castreceiverjava D/广播接收器示例: 注销了动态广播接收器
castreceiverjava D/广播接收器示例: Activity发送了广播消息
TODO  Terminal  Build  Logcat  Profiler  Database Inspector  Run  Event Log  Layout Inspector
```

图 8-7　发送和接收广播消息

从上例可以看出,静态广播接收器和动态广播接收器的区别在于二者的注册方式不同。静态广播接收器是在 AndroidManifest.xml 清单文件中注册,而动态广播接收器是在 Java 代码中注册。另外,静态广播接收器是常驻型接收器,也就是说当应用程序关闭后,如果有广播消息,接收器就会被系统调用自动运行;而动态广播接收器则不同,它会随着程序的生命周期结束而结束,当应用程序关闭后,将不会接收到广播消息。

8.3.4　有序广播的发送和接收

采用前述方法,可以建立多个基于 BroadcastReceiver 的类并向它们同步发送广播。如果同时定义了多个 BroadcastReceiver 实例,则可以对它们分别指定优先级,方法是设置 IntentFilter 对象的 priority 属性值,数值越大其对应的接收器的优先级越高。此时,如采用 sendOrderedBroadcast()方法来完成基于不同优先级的广播发送,高优先级的接收器将先得到发送的信息。同时,高优先级的接收器有权阻止同样的广播向较低优先级的接收器发布。需要注意的是,必须发送有序广播,广播优先级才有效。

【例 8-5】　示例工程 Demo_08_SendOrderedBroadcast 演示了向多个 BroadcastReceiver 发送有序广播,接收器接收到广播后在 Logcat 中显示相关信息。

有序广播

在创建的多个基于 BroadcastReceiver 的类中,重写各自的 onReceive()方法完成不同的处理,如代码段 8-15 所示为其中一个 BroadcastReceiver 的定义。

代码段 8-15　定义广播接收器

```
//package 和 import 语句略
public class MyBroadcastReceiver extends BroadcastReceiver {
    private static final String TAG="有序广播示例";
```

```
    public MyBroadcastReceiver() {
    }
    @Override
    public void onReceive(Context context, Intent intent) {
        Log.d(TAG, "(优先级 1)接收器接收了广播");
        String receive_action=intent.getAction();       //获取广播的 Action
        Log.d(TAG, "(优先级 1)接收器收到广播的 Action:"+receive_action);
        String receive_message=intent.getStringExtra("message");
                                                        //获取广播的 Extra
        Log.d(TAG, "(优先级 1)接收器收到广播的 Extra:"+receive_message);
        abortBroadcast();                   //终止比其优先级更低的接收器接收广播
        if(getAbortBroadcast()){
            Log.e(TAG, "(优先级 1)接收器终止了对低优先级接收器的广播接收");
        }
        else
            Log.e(TAG, "(优先级 1)接收器没有终止对低优先级接收器的广播接收");
    }
}
```

为了接收有序广播,这里设置了接收器的优先级分别为 1 和 2,newBroadcastReceiver 拥有更高的优先级,如代码段 8-16 所示。

代码段 8-16　在 Activity 中注册接收器

```
IntentFilter filter=new IntentFilter();              //实例化 IntentFilter
filter.addAction("hebust.zxm.intent.action.MYBROADTEST");
                                                     //定义 IntentFilter
filter.setPriority(1);                               //设置接收器的优先级
registerReceiver(myBroadcastReceiver, filter);  //注册 myBroadcastReceiver
filter.setPriority(2);                               //设置接收器的优先级
registerReceiver(newBroadcastReceiver, filter); //注册 newBroadcastReceiver
```

最后,在 Activity 中,通过调用 sendOrderedBroadcast()方法发送广播,则会向多个 BroadcastReceiver 发送有序广播,主要代码如代码段 8-17 所示。

代码段 8-17　通过调用 sendOrderedBroadcast()方法发送广播

```
btn.setOnClickListener(new View.OnClickListener() {
    public void onClick(View v) {
        Intent intent=new Intent("hebust.zxm.intent.action.MYBROADTEST");
                                            //封装广播消息
        intent.putExtra("message", "这是广播中的额外消息");
                                            //广播中添加 Extra
        sendOrderedBroadcast(intent, null);
                                            //发送有序广播,第 2 个参数用于设定访问权限
```

```
        Log.d(LOG_TAG, "Activity发送了广播消息");
    }
});
```

运行结果如图 8-8 所示,可以看到接收器按照优先级顺序接收广播消息。同时,在有序广播中,高优先级的 newBroadcastReceiver 有权阻止同样的广播向较低优先级的 MyBroadcastReceiver 发布。如果在 newBroadcastReceiver 的处理程序中调用 abortBroadcast()方法,则这个接收器会终止比其优先级更低的接收器接收广播,MyBroadcastReceiver 将不会接收到广播,运行结果如图 8-9 所示。

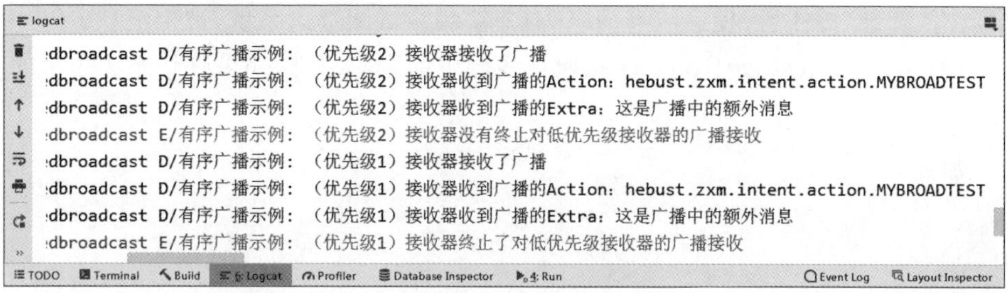

```
logcat
:dbroadcast D/有序广播示例: (优先级2) 接收器接收了广播
:dbroadcast D/有序广播示例: (优先级2) 接收器收到广播的Action: hebust.zxm.intent.action.MYBROADTEST
:dbroadcast D/有序广播示例: (优先级2) 接收器收到广播的Extra: 这是广播中的额外消息
:dbroadcast E/有序广播示例: (优先级2) 接收器没有终止对低优先级接收器的广播接收
:dbroadcast D/有序广播示例: (优先级1) 接收器接收了广播
:dbroadcast D/有序广播示例: (优先级1) 接收器收到广播的Action: hebust.zxm.intent.action.MYBROADTEST
:dbroadcast D/有序广播示例: (优先级1) 接收器收到广播的Extra: 这是广播中的额外消息
:dbroadcast E/有序广播示例: (优先级1) 接收器终止了对低优先级接收器的广播接收
TODO  Terminal  Build  6: Logcat  Profiler  Database Inspector  4: Run  Event Log  Layout Inspector
```

图 8-8　发送和接收有序广播

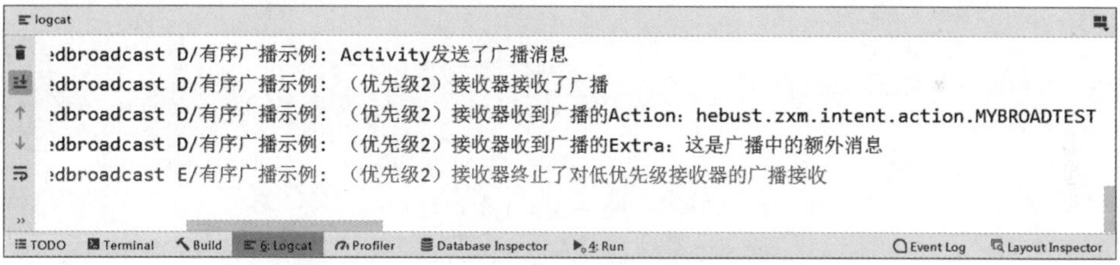

```
logcat
:dbroadcast D/有序广播示例: Activity发送了广播消息
:dbroadcast D/有序广播示例: (优先级2) 接收器接收了广播
:dbroadcast D/有序广播示例: (优先级2) 接收器收到广播的Action: hebust.zxm.intent.action.MYBROADTEST
:dbroadcast D/有序广播示例: (优先级2) 接收器收到广播的Extra: 这是广播中的额外消息
:dbroadcast E/有序广播示例: (优先级2) 接收器终止了对低优先级接收器的广播接收
TODO  Terminal  Build  6: Logcat  Profiler  Database Inspector  4: Run  Event Log  Layout Inspector
```

图 8-9　终止优先级更低的接收器接收广播

8.4　本章小结

本章介绍了 Service 和 BroadcastReceiver 的概念及其应用。Service 是运行在后台的长生命周期的、没有用户界面的组件,BroadcastReceiver 是对系统中的广播消息进行过滤、接收并响应的组件。学好本章内容需要理解并熟练掌握 Intent 的概念和用法,因为在启动 Service、发送广播消息、传递数据时都需要用到 Intent 对象。

习　　题

1. 什么是 Service? Service 与 Broadcast 有什么不同?
2. 调用 startService()和 bindService()启动 Service 有什么区别?
3. 在一个 Service 对象的生命周期内,Service 对象会多次调用 onCreate()方法吗?

会多次调用 onStartCommand()方法吗?

4. 利用 Service 实现一个音乐播放器 MusicBox,要求如下。

(1) 采用 XML 文件实现布局,Activity 中有一个 TextView 用于显示正在播放的歌曲名称,一个 ListView 用于显示播放文件列表,还有一个 start 按钮和一个 stop 按钮。

(2) 点击列表中的文件名或 start 按钮运行服务(播放音乐),点击 stop 按钮停止服务(停止播放音乐),并将歌曲名称显示在 Activity 中。

5. 在第 4 题中添加一个音乐播放进度条,并实现拖动进度条控制播放的功能。

6. 设计一个应用程序,要求用户输入用户名和密码。当用户输入正确的用户名和密码时,点击“登录”按钮后,发送广播消息“有用户登录系统!”;当用户输入用户名和密码有误时,点击“登录”按钮后,发送广播消息“有非法用户试图登录系统,被拒绝!”。

7. 设计一个 BroadcastReceiver 接收第 6 题中的广播消息,如果收到非法登录的广播消息则推送一条 Notification 的通知。

第9章 数据的存储与访问

在移动设备的使用过程中，经常会遇到一些数据（如照片、视频、电话号码、备忘录等）需要永久存储。这些数据不能因为关机或重启而丢失，而且经常需要访问，访问方式包括读取、修改、插入、删除等。Android 系统提供了基于 SharedPreferences、基于文件、基于 SQLite 数据库、基于内容提供器 ContentProvider 等多种数据存储和访问方式。本章主要介绍这些数据存取方式。

9.1 基于 SharedPreferences 的数据存取

SharedPreferences 是一种轻量级的数据存储机制，通常用来存储应用程序中的配置信息，如登录名、密码、所在城市等。这些配置信息以键-值对的方式存储在/data/data/<当前包名>/shared_prefs 目录下的 XML 文件中。该文件是一个私有文件，其他应用程序不能访问。

SharedPreferences 数据存储在 XML 文件的<map></map>标签中。读取 SharedPreferences 中存储的数据，只需获取 SharedPreferences 对象后直接调用其 getXxx()方法即可。getXxx()方法可以从 SharedPreferences 中读取不同类型的数据，如 getString()方法读取 String 类型的数据。调用 getXxx()方法时，需要指定两个参数，第 1 个参数是数据对应的键名称，第 2 个参数是一个指定的默认值，如果指定的键不存在，则返回这个默认值。

SharedPreferences 对象只支持获取数据，而当需要存储和修改数据时需通过 Editor 对象来实现。具体方法：首先调用 Context 的 getSharedPrerences()方法获取 SharedPreferences 对象，之后调用 SharedPreferences 对象的 edit()方法获取 Editor 对象，然后调用 Editor 对象的方法修改数据，例如，调用 putXxx()方法加载键-值对数据、调用 clear()方法清除 SharedPreferences 数据、调用 remove()方法删除某个键。最后还必须调用 Editor 对象的 commit()方法将上述修改提交到 SharedPreferences 内，实现数据的存储或修改。

【例 9-1】 示例工程 Demo_09_SharedPreferences 演示了基于 SharedPreferences 的数据存取。

SharedPreferences 数据存取

本例在 Activity 中实现了基于 SharedPreferences 对用户输入的信息（即用户名和密码）的存取。当用户输入用户名、密码并点击“存储”按钮后，会将相应的用户名、密码信息存储到 SharedPreferences 对应的 XML 文件中；点击“读取”按钮后，将 SharedPreferences 中保存的数据读出并显示到下方的 TextView 控件中。

示例工程的运行结果如图 9-1 所示，图中显示的是点击了“读取”按钮之后的界面。

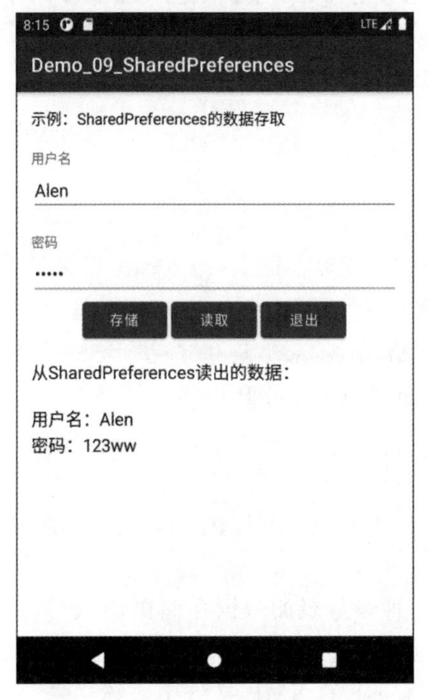

图 9-1 示例工程的运行结果

相关代码如代码段 9-1 所示。

代码段 9-1 读写 SharedPreferences 数据

```
//package 和 import 语句略
public class MainActivity extends AppCompatActivity {
    static final String KEY1="userName", KEY2="userPass";
                                                //存入 SharedPreferences 中的 Key
    SharedPreferences preferences;
    SharedPreferences.Editor editor;
    @Override
    protected void onCreate(Bundle savedInstanceState) {
       super.onCreate(savedInstanceState);
       setContentView(R.layout.activity_main);
       preferences=getSharedPreferences("userinfo", AppCompatActivity.MODE_
           PRIVATE);
       //获取 SharedPreferences 对象,第 1 个参数是文件名,第 2 个参数是文件的操作模式
       editor=preferences.edit();
       findViewById(R.id.btnSave).setOnClickListener(new View.OnClickListener() {
```

```
            @Override
            public void onClick(View v) {
                        //将用户输入的 EditText 信息存储到 SharedPerferences 中
                EditText myUsername=(EditText) findViewById(R.id.etUserName);
                EditText myPassword=(EditText) findViewById(R.id.etPassword);
                editor.putString(KEY1, myUsername.getText().toString());
                //第 1 个参数是键,第 2 个参数是值
                editor.putString(KEY2, myPassword.getText().toString());
                if (editor.commit()) {          //存入 SharedPreferences
                    Toast.makeText(getApplicationContext(), "数据保存成功", Toast.
                        LENGTH_SHORT).show();
                }
            }
        });
        findViewById(R.id.btnRead).setOnClickListener(new View.OnClickListener() {
            @Override
            public void onClick(View v) {          //由于不编辑,这里不需要 Editor 对象
                TextView tvRead=(TextView) findViewById(R.id.tvRead);
                String name = preferences.getString(KEY1, "当前数据不存在");
                //第 2 个参数是当第 1 个参数指定的键值不存在时,为其指定默认值
                String pass=preferences.getString(KEY2, "当前数据不存在");
                tvRead.setText("从 SharedPreferences 读出的数据:\n"
                            +"\n 用户名:"+name+"\n 密码:"+pass);
            }
        });
        findViewById(R.id.btnQuit).setOnClickListener(new View.OnClickListener() {
            @Override
            public void onClick(View v) {
                finish();
            }
        });
    }
}
```

单击 Android Studio 窗口右侧边栏的 Device File Explorer，可以打开当前连接设备的 Device File Explorer 面板查看到相应的 XML 文件，如图 9-2 所示。在文件名上双击，或右击，在弹出的快捷菜单中选择 Open 命令，可以查看其内容，如图 9-3 所示。

与 SQLite 数据库相比，SharedPreferences 对象不需要创建数据库、创建数据表、写 SQL 语句等操作，更加易用。但 SharedPreferences 无法进行条件查询，仅支持 boolean、int、float、long、String 等数据类型，因此它不能完全替代 SQLite 等其他数据存储方式。

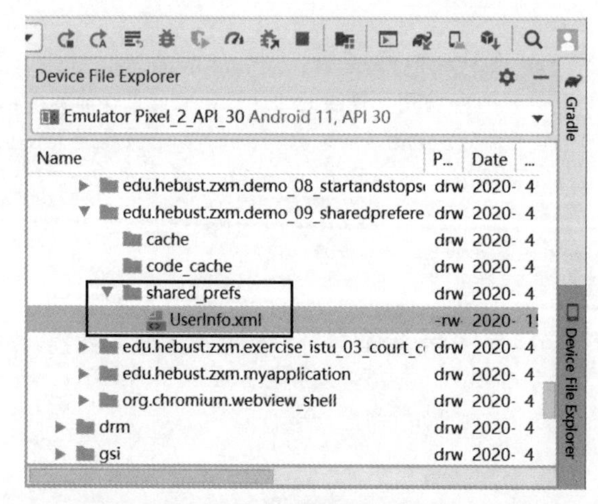

图 9-2　在 Device File Explorer 面板中查看 SharedPreferences 文件

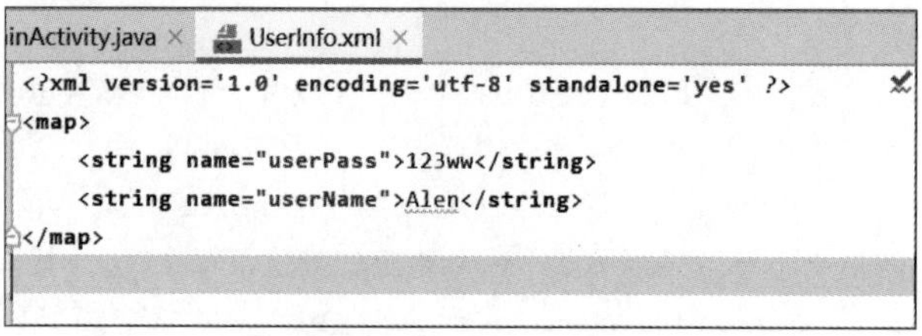

```
inActivity.java ×   UserInfo.xml ×
<?xml version='1.0' encoding='utf-8' standalone='yes' ?>
<map>
    <string name="userPass">123ww</string>
    <string name="userName">Alen</string>
</map>
```

图 9-3　SharedPreferences 对应的 XML 文件内容

9.2　数据文件的存取

Android 使用的是基于 Linux 的文件系统,开发人员可以访问保存在资源目录中的数据文件,也可以建立和访问程序自身的私有文件,还可以访问 SD 卡等外部存储设备中的文件。

9.2.1　读取 assets 文件和 raw 文件

assets 文件夹中的文件又称原生文件,这类文件在被打包成 APK 文件时是不会进行压缩的。Android 系统使用 AssetManager 类实现对 assets 文件夹中文件的访问,通过调用 Context.getResources().getAssets()方法可以获得 AssetManager 对象,调用其 open()方法可以根据用户提供的文件名返回一个 InputStream 对象供用户使用。这种访问只允许读取文件,不能用于修改数据的操作。

对于资源文件夹 res/raw 中的文件的读取可以通过调用 openRawResource()方法实现,该方法的参数是被访问文件的资源 id,返回一个 InputStream 类型的对象。这种访问同样只允许读取文件,不能写文件。

将 InputStream 包装成字符流 InputStreamReader 对象,就可以将文本数据读出。

【例 9-2】　示例工程 Demo_09_ReadFileFromAssets 演示了如何读取 assets 文件夹中的文件。

读取assets文件和 raw 文件

在工程的 assets 文件夹中有一个文本文件 test.txt，示例工程的功能是点击“读取文件”按钮，将读取的文件内容显示在下方的 TextView 控件中。示例工程的运行结果如图 9-4 所示。

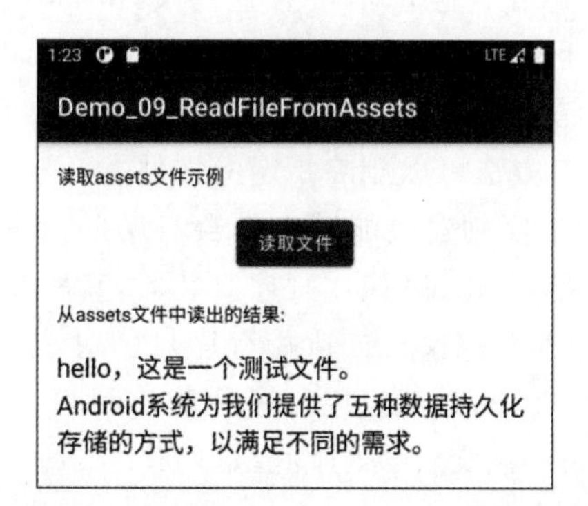

图 9-4　读取 assets 文件夹中的数据文件

响应按钮点击事件的核心代码如代码段 9-2 所示。

代码段 9-2　读取 assets 文件夹中的文件

```
btnRead.setOnClickListener(new View.OnClickListener() {
    @Override
    public void onClick(View v) {
       try {
          InputStream in=getResources().getAssets().open("mytest.txt");
          InputStreamReader inReader=new InputStreamReader(in, "utf-8");
                                                  //字节流转换为字符流
          StringBuffer content=new StringBuffer();
          int ch;
          while ((ch=inReader.read()) != -1) {
              content.append((char) ch);
          }
          TextView tvRead=(TextView) findViewById(R.id.tvRead);
          tvRead.setText(content);          //把得到的文件内容显示在 TextView 上
          in.close();
       } catch (Exception e) {
          e.printStackTrace();
       }
    }
});
```

9.2.2 对内部文件的存取操作

Android系统中的内部存储与PC系统中的内存并不是一个概念。Android系统的内部存储位于系统中的一个特殊位置,如果将文件存储于内部存储中,那么该文件默认为应用程序的私有文件,其他应用不能访问,并且这些文件与应用具有关联关系,当应用卸载后也被删除。内部存储一般用Context来获取和操作,例如,调用Context.getFilesDir()方法可以获取App的内部存储空间路径(相当于应用程序在内部存储上的根目录),调用Context.deleteFile(filename)方法可以删除指定的文件。

Android系统允许应用程序创建仅能够由其自身访问的私有文件,这些文件大多保存在设备的内部存储器上,当Android应用程序安装后,其所在的安装包中一般会有一个相应的文件夹用于存放对应的数据文件。应用程序自己对这个文件夹有写入权限,可以创建文件并存储在这个文件夹中,其他应用程序不能访问它们;当用户卸载应用程序时,其创建的文件也一并被删除。该文件夹的路径是/data/data/<当前包名>/files/,利用Android Studio窗口右侧边栏的Device File Explorer面板,可以观察到这个文件夹和里面的文件。

Android系统不仅支持标准Java的I/O类和方法,还提供了能够简化读写流式文件过程的openFileInput()方法和openFileOutput()方法,前者为读取数据做准备而打开应用程序私有文件,后者为写入数据做准备而打开应用程序私有文件。所以,在Android系统中,读写内部文件不用自己去创建文件对象和输入输出流,提供文件名就可以返回文件对象或输入输出流。

1. 从文件中读取数据

如果要打开应用程序的私有文件并读取其中的数据,可以使用标准数据输入流。通过调用Context的openFileInput()方法可以获得标准数据输入流对象,方法的定义如下:

```
public FileInputStream openFileInput(String name)
```

该方法的返回值是一个FileInputStream对象,这是字节流,对于文本文件的读出并不方便,所以通常使用InputStreamReader将其进一步包装成字符流,再调用其read()方法将字符串读出。代码段9-3是一个读取文件的示例,openFileInput()方法中的参数是准备读出数据的文件名,这里文件名不能包含路径分隔符“/”。操作完成后要调用close()方法关闭输入流。

代码段9-3 从文件中读取数据

```
try {
    FileInputStream inStream=this.getContext().openFileInput("fileName.txt");
                                                    //获取文件输入流
    InputStreamReader inStreamReader=new InputStreamReader(inStream, "utf-8");
                                                    //包装为字符流
```

```
    char myContent[]=new char[inStream.available()];
                                           //用输入流的实际长度来构建字符数组
    inStream.read(myContent);              //输入流读取到字符数组
    String listResult=new String(myContent);  //将前述得到的字符数组转换存到字符
                                           //串中
    inStreamReader.close();
    inStream.close();
}catch(Exception e){
     //异常处理
}
```

2. 向文件中写入数据

向文件中写入数据，需要首先调用 openFileOutput()方法得到文件输出流对象，方法的定义如下：

```
public FileOutputStream openFileOutput(String name, int mode)
```

该方法为写入数据做准备而打开文件，如果指定的文件不存在，则自动创建一个新的文件。方法的返回值是 FileOutputStream 类型的对象。

第 1 个参数是准备写入数据的文件名，文件名中不能包含路径分隔符"/"，创建的文件保存在/data/data/<当前包名>/files 目录中。

第 2 个参数指定了文件的操作模式，可供选择的模式有以下 4 种。

- MODE_APPEND：如果文件已经存在，则在文件数据后添加数据，否则创建文件。
- MODE_PRIVATE：默认的文件操作方式，这种方式下写入的数据将覆盖原数据。如果文件不存在，则创建文件。
- MODE_WORLD_READABLE：允许其他应用读取此文件。
- MODE_WORLD_WRITEABLE：允许其他应用写入此文件。

在进行文件写入操作时，Activity 首先通过调用 openFileOutput()方法获得标准数据输出流对象，其次调用该对象的 write()方法将数据写入，最后调用 close()方法关闭输出流。代码段 9-4 是一个向文件中写入数据的示例。为了提高文件系统的性能，一般调用 write()方法时，如果写入的数据量较小，系统会把数据保存在数据缓冲区中，等数据量累积到一定程度时再一次性地写入文件中，因此在调用 close()方法关闭文件前，要调用 flush()方法将缓冲区内所有的数据写入文件。

代码段 9-4 向文件中写入数据

```
try{
    FileOutputStream fileOutputStream=openFileOutput("fileName.txt",
        Context.MODE_PRIVATE);
    String text="准备写入文件的字符数据";
```

```
        fileOutputStream.write(text.getBytes());  //getBytes()将字符串转化为字节数组
        fileOutputStream.flush();
        fileOutputStream.close();
    } catch (catch(Exception e){
        //异常处理
    }
```

FileOutputStream 的 write()方法将字节或字节数组写入文件。对于文本文件的写入,使用字节非常不方便,所以通常使用 OutputStreamWriter 将其进一步包装成字符流,调用其 write()方法将字符串写入文本文件。

内部文件的存取操作

【例 9-3】 示例工程 Demo_09_ReadWriteInternalDataFile 演示了如何读写内部文件。

Activity 中包含两个 EditText 控件,分别用于输入读写文件的文件名和写入的内容,点击"保存到文件"按钮,会将用户输入的内容按照指定的文件名存储到内部文件中;点击"读取文件内容"按钮,会将指定文件中的内容显示在下方的 TextView 中。示例工程的运行结果如图 9-5 所示。

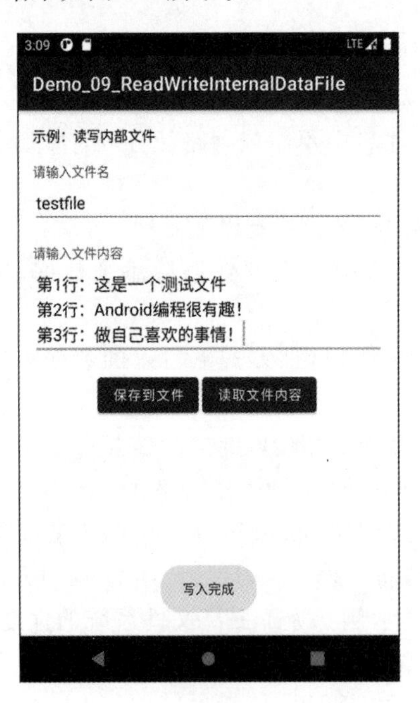

(a) 保存文件

(b) 读取文件

图 9-5 读写内部文件的示例

程序代码如代码段 9-5 所示。

代码段 9-5 读写内部文件

```
//package 和 import 语句略
```

```
public class MainActivity extends AppCompatActivity {
    EditText etFileName, etWriteText;
    TextView tvRead;
    private String myFilename;
    @Override
    protected void onCreate(Bundle savedInstanceState) {
      super.onCreate(savedInstanceState);
      setContentView(R.layout.activity_main);
      etWriteText=(EditText) findViewById(R.id.etFileText);
                                        //在其中输入的信息将存到内部文件中
      etFileName=(EditText) findViewById(R.id.etFileName);
                                        //输入保存信息的文件名
      tvRead=(TextView) findViewById(R.id.textRead);
                                        //显示从内部文件中读取的数据
      findViewById(R.id.btnSave).setOnClickListener(new View.OnClickListener() {
          @Override
          public void onClick(View v) { //将 EditText 中输入的信息写入内部文件中
              tvRead.setText("");
              myFilename=etFileName.getText().toString()+".txt";
              try {
                  FileOutputStream fileOutputStream=
                      openFileOutput(myFilename, Context.MODE_PRIVATE);
                                        //建立内部文件
                  OutputStreamWriter outputStreamWriter=new
                      OutputStreamWriter(fileOutputStream, "utf-8");
                  outputStreamWriter.write(etWriteText.getText().toString());
                  //按照指定编码方式写入 OutputStreamWriter
                  outputStreamWriter.flush();
                  fileOutputStream.flush();
                  Toast.makeText(getApplicationContext(), "写入完成", Toast.
                      LENGTH_LONG).show();
                  outputStreamWriter.close();
                  fileOutputStream.close();
              } catch (IOException e) {
                  e.printStackTrace();
              }
          }
      });
      findViewById(R.id.btnRead).setOnClickListener(new View.OnClickListener() {
          @Override
          public void onClick(View v) { //读取数据
              myFilename=etFileName.getText().toString()+".txt";
              try {
```

```
                FileInputStream fileInputStream=openFileInput(myFilename);
                //读取程序内部存储空间中的数据,得到的是字节流
                InputStreamReader inputStreamReader
                =new InputStreamReader(fileInputStream, "utf-8");
                                                        //包装为字符流
                char myContent[]=new char[fileInputStream.available()];
                //用 fileInputStream 的实际长度来构建字符数组
                inputStreamReader.read(myContent); //读取
                inputStreamReader.close();
                fileInputStream.close();
                String listResult=new String(myContent);
                //将前述得到的字符数组转换存到字符串中
                tvRead.setText("从内部文件"+myFilename+"读出的数据:\n\n"+
                    listResult);
                //将读取的内容展现在 TextView 上
            } catch (IOException e) {
                e.printStackTrace();
            }
        }
    });
  }
}
```

从技术上来讲,如果在创建内部存储文件的时候将文件属性设置成其他应用程序可读,那么其他应用程序在知道这个应用包名的前提下就能够访问这个应用的数据,但这种方式在 Android 系统中是不推荐的。如果一个文件的属性是私有的,那么即使知道包名其他应用程序也无法访问。

内部存储空间十分有限,同时它也是系统本身和系统应用程序主要的数据存储空间,一旦内部存储空间耗尽,手机也就无法使用了。所以对于内部存储空间,应用程序应该尽量避免使用。SharedPreferences 和 SQLite 数据库都是存储在内部存储空间上的。

9.2.3 对外部文件的存取操作

所有的 Android 设备都有外部存储和内部存储,这两个名称来源于 Android 早期设备。早期设备的内部存储确实是固定的,而外部存储确实可以像 U 盘一样移动。但是在后来的设备中,内部存储的容量迅速增大,进而将存储在概念上分成了内部(Internal)和外部(External)两部分,但其实都在设备的内部。所以不管 Android 设备是否装有可移动的 SD 卡,它们总是有外部存储和内部存储之分。保存在外部存储的文件是全局可读写文件,当 Android 设备利用 USB 接口连接到计算机时,用户可在计算机上向外部存储空间传输文件,并且可以对这些文件进行修改。

应用程序在对外部存储的文件进行操作之前,必须要在 AndroidManifest.xml 清单

文件中声明操作外部存储的权限，如代码段 9-6 所示。从 Android 4.4(API 19)开始，应用程序在外部存储空间读写其专属目录时不再需要请求这两个权限，卸载应用后系统会移除这些目录中存储的文件。这个专属目录可以通过调用 getExternalFilesDir()方法获取其绝对路径。

代码段 9-6　声明操作外部存储的权限

```
<!-- 声明向外部存储写入数据权限 -->
<uses-permission android:name="android.permission.WRITE_EXTERNAL_STORAGE"/>
<!-- 声明从外部存储读出数据权限 -->
<uses-permission android:name="android.permission.READ_EXTERNAL_STORAGE"/>
```

在 Android 9(API 28)或更低版本的系统中，只要具有相应的存储权限，任何应用都可以访问其他应用的外部专属文件。为了让用户更好地管理自己的文件并减少混乱，Android 10(API 29)及更高版本的系统中，应用在默认情况下被授予了对外部存储空间的分区访问权限。启用分区存储(Scoped_Storage)后，应用将无法访问属于其他应用的专属目录。

外部存储中的公共文件是可以被用户或者其他应用程序修改的。公共文件可以被自由访问，且文件的数据对其他应用或者用户来说都是有意义的，当应用被卸载之后，其卸载前创建的文件仍然保留。例如，camera 应用生成的照片大家都能访问，而且即使创建这些照片的 camera 应用不存在了，这些照片也不会被删除。

如果想在外部存储上存储公共文件，可以调用 getExternalStoragePublicDirectory()方法获取存储路径。例如，以下代码获得了存放图片的公共目录，并且在其中创建了一个新文件 new_image.jpg。

```
File file=new File(Environment.getExternalStoragePublicDirectory(
                        Environment.DIRECTORY_PICTURES), "new_image.jpg");
if (!file.mkdirs()) {
    Log.e(LOG_TAG, "Directory not created");
}
```

需要注意的是，对于不同设备和 Android 版本，应用程序的外部存储路径会有所不同，获取外部存储路径的方法也不相同。如果 Android 版本低于 API 8，那么不能通过调用 Environment.getExternalStoragePublicDirectory()方法获取存储路径，而是通过调用 Environment.getExternalStorageDirectory()方法获取，该方法不带参数，即不能自己创建一个目录，只是返回外部存储的根路径。

由于外部存储空间位于用户可能能够移除的物理卷上，因此在使用外部存储之前，应该先调用 Environment.getExternalStorageState()方法来检查外部存储设备的当前状态，以判断其是否可用。代码段 9-7 是一个示例，这个例子只检查了外部存储设备是否可读写，如果返回的状态为 MEDIA_MOUNTED，那么就可以在外部存储空间中读取和写入文件。如果返回的状态为 MEDIA_MOUNTED_READ_ONLY，则只能读取这些文件。

它还有很多其他的状态,如与计算机连接、没有设备等,可根据程序需求用类似的方法检测。

代码段 9-7 检查外部存储的当前状态

```
boolean mExternalStorageAvailable=false;
boolean mExternalStorageWriteable=false;
String state=Environment.getExternalStorageState();
if (Environment.MEDIA_MOUNTED.equals(state)) {      //外部存储可以读写
    mExternalStorageAvailable=mExternalStorageWriteable=true;
} else if (Environment.MEDIA_MOUNTED_READ_ONLY.equals(state)) {
        //外部存储是只读的
    mExternalStorageAvailable=true;
    mExternalStorageWriteable=false;
} else{  //其他错误状态
    mExternalStorageAvailable=mExternalStorageWriteable=false;
}
```

【例 9-4】 示例工程 Demo_09_GetStorageDirectory 通过调用相关方法获取当前设备的文件存储路径,并在 Logcat 面板输出。

Activity 代码如代码段 9-8 所示,输出结果如图 9-6 所示。

代码段 9-8 获取文件存储路径

```
//package 和 import 语句略
public class MainActivity extends AppCompatActivity {
    static final String LOG="获取文件路径";
    @Override
    protected void onCreate(Bundle savedInstanceState) {
        super.onCreate(savedInstanceState);
        setContentView(R.layout.activity_main);
        Log.d(LOG, "getFilesDir="+getFilesDir());
        Log.d(LOG, "getExternalFilesDir="+getExternalFilesDir(null).
            getAbsolutePath());
        Log.d(LOG, "getDownloadCacheDirectory="+Environment.
            getDownloadCacheDirectory().getAbsolutePath());
        Log.d(LOG, "getDataDirectory="+Environment.getDataDirectory().
            getAbsolutePath());
        Log.d(LOG, "getExternalStorageDirectory="+Environment.
            getExternalStorageDirectory().getAbsolutePath());
        Log.d(LOG, "getExternalStoragePublicDirectory="+Environment.
            getExternalStoragePublicDirectory(Environment.DIRECTORY_PICTURES));
    }
}
```

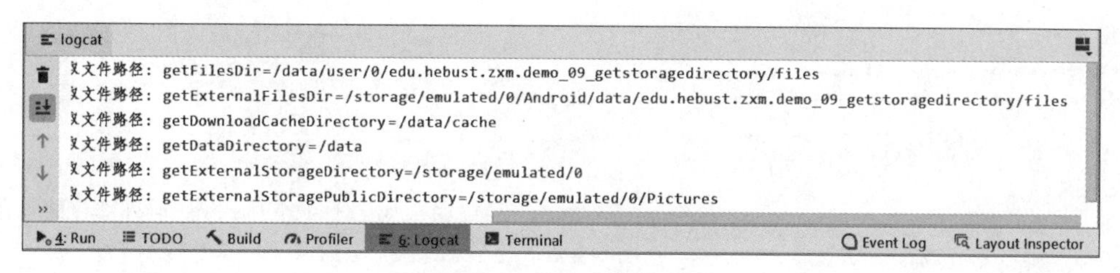

图 9-6　文件存储路径

【例 9-5】　示例工程 Demo_09_ReadWriteExternalDataFile 演示了如何读写外部文件。

外部文件的存取操作

与例 9-3 类似，Activity 中包含两个 EditText 控件，分别用于输入读写文件的文件名和写入的内容，点击“保存到文件”按钮，会将用户输入的内容存储到外部存储指定的文件中；点击“读取文件内容”按钮，会将外部存储指定文件中的信息读出并显示在下方的 TextView 中。示例工程的运行结果如图 9-7 所示。

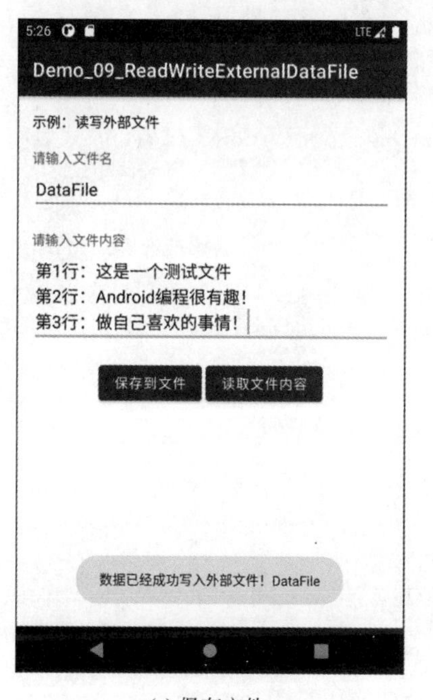

(a) 保存文件

(b) 读取文件

图 9-7　读写外部文件的示例

Activity 代码如代码段 9-9 所示，读写数据之前首先调用 getExternalFilesDir()方法获得外部专属目录的存储路径，然后用指定的文件名创建文件对象，读写数据。如果指定文件不存在，则写数据的操作会创建该文件。

代码段 9-9　读写外部文件

```
//package 和 import 语句略
public class MainActivity extends AppCompatActivity {
```

```
@Override
protected void onCreate(Bundle savedInstanceState) {
   super.onCreate(savedInstanceState);
   setContentView(R.layout.activity_main);
   final File externalStorage=getExternalFilesDir(null);   //获取外部存储路径
   findViewById(R.id.btnSave).setOnClickListener(new View.
      OnClickListener() {
      @Override
      public void onClick(View v) {     //将 EditText 中输入的信息写入外部文件中
         EditText etWriteText=(EditText) findViewById(R.id.etFileText);
         EditText etFileName=(EditText) findViewById(R.id.etFileName);
         String myFileName=etFileName.getText().toString();
         try {
            File newFile=new File(externalStorage, myFileName);
            FileOutputStream fos = new FileOutputStream(newFile);
            //打开文件输出流(字节流)
            OutputStreamWriter osw=new OutputStreamWriter(fos, "utf-8");
            //创建字符流
            osw.write(etWriteText.getText().toString());    //写数据
            osw.flush();
            fos.flush();
            osw.close();
            fos.close();
            Toast.makeText(getApplicationContext(), "数据已经成功写入外
               部文件!"+myFileName, Toast.LENGTH_SHORT).show();
         } catch (IOException e) {
            e.printStackTrace();
         }
      }
   });
   findViewById(R.id.btnRead).setOnClickListener(new View.
      OnClickListener() {
      @Override
      public void onClick(View v) {          //读取指定文件的数据
         EditText etFileName=(EditText) findViewById(R.id.etFileName);
         TextView tvRead=(TextView) findViewById(R.id.textRead);
         //从外部文件中读取到信息并展示在这个 TextView 中
         String myFileName=etFileName.getText().toString();
         try {
            File newFile=new File(externalStorage, myFileName);
            FileInputStream fis=new FileInputStream(newFile);
            //读取文件中的数据,得到的是字节流
            InputStreamReader isr=new InputStreamReader(fis, "utf-8");
```

```
                //包装为字符流
                char myContent[]=new char[fis.available()];
                //用 fis 的实际长度来构建字符数组
                isr.read(myContent);              //读取
                isr.close();
                fis.close();
                String listResult=new String(myContent);
                //将前述得到的字符数组转换存到字符串中
                tvRead.setText("从外部文件"+myFileName+"读出的数据:\n\n"+
                    listResult);
            } catch (FileNotFoundException e) {
                tvRead.setText("您指定的文件:"+myFileName+"不存在!");
            } catch (IOException e) {
                e.printStackTrace();
            }
        }
    });
  }
}
```

9.3　SQLite及其数据管理机制

9.3.1　SQLite概述

由于开放式数据库互连(Open Database Connectivty,ODBC)或Java数据库互连(Java Database Connectivity,JDBC)这样的机制一般不适合手机这种内存受限的设备,因此在Android中引入了SQLite嵌入式数据库。SQLite支持Windows、Linux、UNIX等主流操作系统,只占用很少的内存,同时能够与很多程序语言相结合。许多开源项目,如Mozilla、PHP、Python等,也可使用SQLite。

与普通关系数据库一样,SQLite可以用来存储大量的数据,支持SQL查询,能够很容易地对数据进行查询、更新、维护等操作。但由于移动设备平台的内存和外存都受到限制,SQLite不能执行非常复杂的SELECT语句,不支持外键和左右连接,不支持嵌套事务和部分ALTER TABLE功能。SQLite的主要优点如下。

(1) 轻量级。SQLite和客户-服务器(Client/Server,C/S)模式的数据库软件不同,它是进程内的数据库引擎,因此不存在数据库的客户端和服务器。使用SQLite一般只需要带上它的一个动态库,就可以使用它的全部功能。

(2) 零配置、无服务器。SQLite数据库的核心引擎一般不需要依赖第三方软件,在使用前也不需要安装和部署,不需要进程来启动、停止或配置,不需要管理员创建新数据库或分配用户权限,在系统崩溃或失电之后自动恢复。

(3) 访问简单。使用时,访问数据库的程序直接从数据库文件读写,没有中间的服务器进程。而且SQLite数据库中所有的信息(表、视图、触发器等)都包含在一个文件内,这个文件可以复制到其他目录或其他机器上使用,方便管理和维护。

(4) 内存数据库。SQLite的API不区分当前操作的数据库是在内存还是在文件中,对存储介质是透明的,所以如果觉得磁盘I/O有可能成为瓶颈,则可以考虑切换为内存方式。切换时,只要在开始时把文件载入内存,结束时把内存的数据库存储到文件即可。

(5) 跨平台和多语言接口。SQLite目前支持大部分嵌入式操作系统,支持多语言编程接口。

(6) 安全性。SQLite数据库通过数据库级上的独占性和共享锁来实现独立事务处理。这意味着多个进程可以在同一时间从同一数据库读取数据,但只能有一个可以写入数据。

9.3.2 SQLiteOpenHelper类、SQLiteDatabase类、Cursor类

Android不自动提供数据库。在Android应用程序中如果使用SQLite,就要创建数据库、表、索引、填充数据等。为了方便使用SQLite数据库,Android提供了一些API类,主要有SQLiteOpenHelper类、SQLiteDatabase类和Cursor类。前两个类主要用于操作数据表中的数据,如建立、添加、删除、修改、查询等;第三个类主要用于遍历查询结果,处理从数据库查询出来的结果集。在Android系统中,数据库查询结果的返回值并不是数据集合的完整副本,而是返回数据集的指针,这个指针就是Cursor对象。Cursor支持在查询的数据集合中以多种方式移动指针,并能够获取数据集合的属性名称和序号,可用于对查询结果进行操作,对从数据库查询出来的结果集进行随机读写访问。

Cursor类提供了遍历数据表的方法,其中常用方法如表9-1所示。

表9-1 Cursor类的常用方法

方 法 名	参数及功能说明
moveToPosition(position)	将游标移动到某记录
moveToNext()	游标移动到下一条记录
moveToFirst()/moveToLast()	游标移动到开始/末尾位置
getColumnNames()	得到字段名
getColumnIndex()	按列名获取id
int getCount()	获取记录总数
isAfterLast()	游标是否在末尾
isBeforeFirst()	游标是否在开始位置
isFirst()	游标是否是第一条记录
isLast()	游标是否是最后一条记录
requery()	重新查询

SQLiteOpenHelper是SQLiteDatabase类的一个辅助类,是对数据库创建、版本更新

等操作的管理类。该类负责打开数据库，如果数据库不存在，则创建它，并根据需要对其进行升级。SQLiteOpenHelper 类是一个抽象类，使用时需要继承此类并实现该类的抽象方法。一般来说，继承 SQLiteOpenHelper 类要重写 3 个方法：构造方法、onCreate( )方法、onUpgrate( )方法。

SQLiteDatabase 是直接操作数据库的类。创建了数据库之后，调用 SQLiteOpenHelper 对象的 getReadableDatabase()方法和 getWritableDatabase()方法可以得到 SQLiteDatabase 实例。SQLiteDatabase 封装了操纵数据库的各种方法，包括插入、删除、修改、查询、执行 SQL 命令等操作。获得了 SQLiteDatabase 对象以后，就可以通过调用 SQLiteDatabase 的实例方法来对数据库进行操作了。

由于在数据库关闭时，调用 getWritableDatabase()和 getReadableDatabase()的成本比较高，因此只要有可能访问数据库，就应保持数据库连接处于打开状态。通常情况下，最好在发出调用的 Activity 的 onDestroy()回调方法中关闭数据库。关闭数据库可以通过调用 SQLiteOpenHelper 的 Close()方法来完成。

9.3.3　创建数据库和数据表

在 Android 中，SQLite 数据库文件存储在/data/data/＜当前包名＞/databases 目录中，如图 9-8 所示。默认状态下，该数据库文件只能由创建它的应用程序使用。其他 Activity 可以通过 ContentProvider 访问这个数据库。

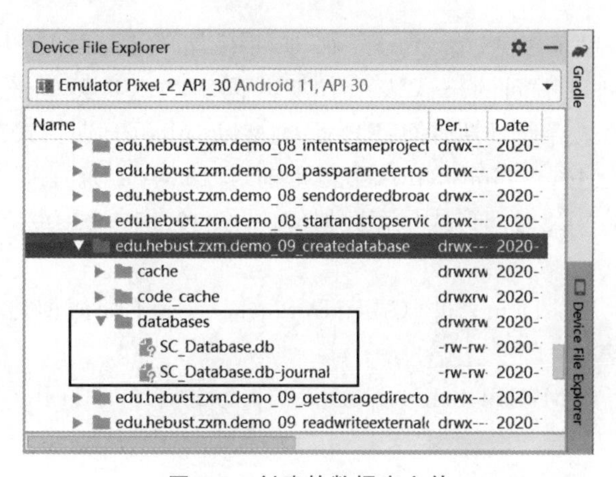

图 9-8　创建的数据库文件

SQLite 和其他数据库最大的不同就是对数据类型的支持，创建一个数据表时，可以在 CREATE TABLE 语句中指定某列的数据类型，也可以把任何数据类型放入任何列中。当某个值插入数据库时，SQLite 将检查它的类型。如果该类型与关联的列不匹配，则 SQLite 会尝试将插入值转换成该列的类型。如果不能转换，则插入值将作为其本身具有的类型存储。例如，可以把一个字符串放入 INTEGER 数据类型的列，这种特性称为弱类型。

SQLite 将数据值的存储划分为 5 种类型，如表 9-2 所示。

表 9-2 SQLite的数据类型

数据类型	说明
NULL	表示该值为NULL值
INTEGER	带符号整型值
REAL	浮点型数值
TEXT	文本字符串,存储使用的编码方式为UTF-8、UTF-16BE、UTF-16LE
BLOB	二进制对象,该类型数据和输入数据完全相同

由于SQLite采用的是动态数据类型,而其他传统的关系数据库使用的是静态数据类型,即字段可以存储的数据类型是在创建数据表时必须确定的,因此它们之间在数据存储方面还是存在较大差异的。在SQLite中,存储分类和数据类型也有一定的差别,如INTEGER存储类别可以包含6种不同长度的整型数据类型,然而这些INTEGER数据一旦被读入内存,SQLite会将其全部视为占用8B的整型。因此对于SQLite而言,即使在数据表中定义了明确的字段类型,仍然可以在该字段中存储其他类型的数据。然而需要特别说明的是,尽管SQLite为我们提供了这种方便,但是考虑到数据库平台的可移植性问题,在实际的开发中还是应该尽可能地保证数据类型的存储和声明的一致性。

另外,SQLite没有提供专门的布尔存储类型,取而代之的是整型1表示true,0表示false。

SQLite也同样没有提供专门的日期时间存储类型,而是以TEXT、REAL和INTEGER类型分别以不同的格式表示日期时间。TEXT类型采用YYYY-MM-DD HH:MM:SS.SSS格式存储日期时间;REAL类型以Julian日期格式存储,即自格林尼治标准时(Greenwich Mean Time,GMT)公元前4713年1月1日中午以来的天数;INTEGER类型以UNIX时间形式保存数据值,即从1970-01-01 00:00:00到当前时间的毫秒数。

创建SQLite数据库和数据表

【例9-6】 示例工程Demo_09_CreateDatabase演示了如何创建数据库并在新建的数据库中创建数据表。

首先,新建一个类MyDBOpenHelper,该类必须继承自SQLiteOpenHelper,如代码段9-10所示。

代码段9-10 创建**SQLiteOpenHelper**的子类

```
//package和import语句略
public class MyDBOpenHelper extends SQLiteOpenHelper {
    public MyDBOpenHelper(Context context, String name,
            SQLiteDatabase.CursorFactory factory, int version) {
        super(context,name, factory, version);      //重写构造方法,创建数据库文件
    }
    @Override
    public void onCreate(SQLiteDatabase db) {
```

```
        //执行 SQL 语句,创建数据表(学生表)
        //stuId:学号;stuName:学生姓名;stuClass:学生班级
        //_id 是主键,这列值的数据类型是整数,自动增值。SQLite 会自动为主键列创建索引
        db.execSQL("CREATE TABLE student(" +
                "_id INTEGER PRIMARY KEY AUTOINCREMENT," +
                "stuId INTEGER UNIQUE," +
                "stuName TEXT NOT NULL," +
                "stuClass TEXT);");
        //初始化一些数据
        db.execSQL("INSERT INTO student (stuId, stuName, stuClass) VALUES(31,
            '李国庆','软件 151')");
        db.execSQL("INSERT INTO student (stuId, stuName, stuClass) VALUES(32,
            '刘凯旋','软件 151')");
    }
    @Override
    public void onUpgrade(SQLiteDatabase _db, int oldVersion, int newVersion) {
        //在数据库结构需要升级时被调用
        _db.execSQL("DROP TABLE IF EXISTS student");
        onCreate(_db);
    }
}
```

SQLiteOpenHelper 类要求必须实现其构造方法、onCreate()方法和 onUpgrate()方法。构造方法有多种重载形式,重写其中一个即可。通常重写时会调用父类的构造方法 SQLiteOpenHelper(Context context, String name, SQLite Database,CursorFactory factory, int version)创建一个数据库文件,该构造方法需要 4 个参数:上下文环境(如 Activity)、数据库名字、游标工厂(通常是 null)、代表正在使用的数据库版本的整数。

数据库第一次创建的时候会回调 onCreate()方法,该方法传入一个 SQLiteDatabase 对象,可以根据需要在这个数据库中创建数据表和初始化数据。通常通过调用 SQLiteDatabase 对象的 execSQL()方法来执行 SQL 语句,完成创建表和索引的过程,如果没有异常,这个方法没有返回值。

onUpgrage()方法定义了 3 个参数,分别是 SQLiteDatabase 对象、旧的版本号、新的版本号。当数据库需要升级的时候,即调用构造方法时传入的版本号发生了变化,Android 系统会主动调用 onUpgrage()方法。一般在这个方法里删除旧数据库表,并建立新的数据库表。当然,是否还需要做其他的操作,完全取决于应用程序的需求。

创建完成 SQLiteOpenHelper 的子类后,在 Activity 中实例化这个类,就可以创建相应的数据库了,如代码段 9-11 所示。

代码段 9-11　实例化 MySQLiteOpenHelper 类,创建并初始化数据库

```
//package 和 import 语句略
public class MainActivity extends AppCompatActivity {
```

```
    private MyDBOpenHelper dbOpenHelper;
    @Override
    public void onCreate(Bundle savedInstanceState) {
       super.onCreate(savedInstanceState);
       setContentView(R.layout.activity_main);
       //实例化 SQLiteOpenHelper 的子类,传入数据库名称(SC_Database.db)、版本号
       dbOpenHelper=new MyDBOpenHelper(getApplicationContext(),
           "SC_Database.db", null, 1);
       SQLiteDatabase dbRead=dbOpenHelper.getReadableDatabase();
    }
}
```

当实例化 SQLiteOpenHelper 的子类时,会调用其构造方法创建数据库,代码段 9-11 创建了名为 SC_Database.db 的数据库文件。如果是第一次创建数据库,该实例会回调 onCreate()方法,创建表和索引。本例中创建的数据库和日志文件如图 9-8 所示。

9.3.4 操纵数据库中的数据

创建了数据库之后,可以调用 SQLiteOpenHelper 对象的 getReadableDatabase()或 getWritableDatabase()方法得到 SQLiteDatabase 实例对象,然后通过调用其相应方法来对数据库进行添加、删除、修改、查询。对数据库的操作结束后,需要调用 SQLiteDatabase 的 close()方法来关闭数据库。

1. 查询数据

调用 getReadableDatabase()方法可以得到用于读操作的 SQLiteDatabase 实例对象,调用该对象的 query()方法,可以对数据库中的数据进行查询操作。该方法返回一个 Cursor 对象,定义如下:

```
Cursor query (String table, String [] columns, String selection, String []
    selectionArgs, String groupBy, String having, String orderBy, String limit);
```

query()方法将 SQL 查询语句的内容定义为各参数,除了数据表名,其他参数都可以是 null。方法中的参数意义如下。

(1) table: 查询数据表的表名,不可为 null。

(2) columns: 按查询要求返回的列名数组,如果其值为 null 则返回所有列。

(3) selection: 查询的条件表达式,相当于 SQL 语句的 WHERE 子句,格式形如"_id =?",其中的问号是占位符,由下一个参数 selectionArgs 填充,如果其值为 null 则返回所有的行。

(4) selectionArgs: 查询条件所需的参数值,该数组的值依次填充 selection 参数中的每个问号。

(5) groupBy: 定义查询是否分组,相当于 SQL 语句中的 GROUP BY 子句,如果其

值为 null,则不分组。

(6) having：分组条件表达式,相当于 SQL 语句中的 HAVING 短语,和 groupBy 参数配合使用,表示对分组的筛选条件,如果 having 值为 null,则保留所有的分组。

(7) orderBy：查询结果排序依据的列,相当于 SQL 语句中的 ORDER BY 子句,描述对查询结果的排序要求,如果 orderBy 值为 null,将会使用默认的排序规则。

(8) limit：限定查询返回的行数。如果其值为 null,将返回所有行。

【例 9-7】 示例工程 Demo_09_QueryDatabase 演示了查询数据库并将查询结果的数据显示在 ListView 中。

查询数据库

示例中调用 SQLiteDatabase 对象的 query()方法实现数据库的查询,返回所有班级为"软件 202001"的数据,运行结果如图 9-9 所示。

2:06　LTE

Demo_09_QueryDatabase

示例：查询数据表

学号	姓名	班级
31	李国庆	软件202001
32	刘凯旋	软件202001
33	赵坤	软件202001
35	赵丽芳	软件202001
36	马红艳	软件202001
39	赵丽娟	软件202001

图 9-9　显示查询的结果

示例工程中使用 SimpleCursorAdapter 为 ListView 对象提供数据源,相关代码如代码段 9-12 所示。

代码段 9-12　查询数据表的相关代码

```
//package 和 import 语句略
public class MainActivity extends AppCompatActivity {
    private SQLiteDatabase dbRead;
    private MyDBOpenHelper dbOpenHelper;
    private SimpleCursorAdapter listViewAdapter;
    private ListView listView;
    @Override
    public void onCreate(Bundle savedInstanceState) {
       super.onCreate(savedInstanceState);
       setContentView(R.layout.activity_main);
       listView=(ListView) findViewById(R.id.listView);
       dbOpenHelper=new MyDBOpenHelper(getApplicationContext(),
           "SC_Database.db", null, 1);
       dbRead=dbOpenHelper.getReadableDatabase();
```

```
        Cursor result=dbRead.query("student", null, "stuClass=? ", new String[]
            {"软件 202001"}, null, null, "stuId");
        listViewAdapter=new SimpleCursorAdapter(getApplicationContext(), R.
            layout.list_item, result,
                new String[]{"stuId", "stuName", "stuClass"},
                new int[]{R.id.itemID, R.id.itemName, R.id.itemClass},
                CursorAdapter.FLAG_REGISTER_CONTENT_OBSERVER);
        listView.setAdapter(listViewAdapter);
    }
}
```

query()方法返回的是一个 Cursor 对象,其游标最开始指向的是查询结果集合中第一行的上一行。如果需要在程序中使用某一条数据,则应该首先调用 Cursor 对象的 moveToNext()方法将游标移动到记录集合的第一行,接着再获取数据。代码段 9-13 遍历了 student 表。

代码段 9-13　遍历 student 表

```
Cursor result=dbRead.query("student", null, null, null, null, null, null);
result.moveToFirst();
while (!result.isAfterLast()) {
    int stuID=result.getInt(1);
    String stuName=result.getString (2);
    String stuClass=result.getString(3);
    result.moveToNext();
}
result.close();
```

数据库的查询也可以通过调用 SQLiteDatabase 对象的 rawQuery()方法实现。该方法执行一条由字符串描述的 SELECT 语句,返回值也是一个 Cursor 对象。例如,下面的语句对数据表 student 进行查询,返回所有班级为“软件 202001”的数据。

```
Cursor result=dbRead.rawQuery(
            "SELECT * FROM student WHERE stuClass=? ", new String[]{"软件 202001"});
```

2. 插入数据

调用 getWritableDatabase()方法可以得到用于写操作的 SQLiteDatabase 实例对象,再调用该对象的 insert()方法,实现数据的插入。

insert()方法的定义如下:

```
long insert(String table, String nullColumnHack, ContentValues values)
```

与 query()方法类似,insert()方法把 SQL 语句的各部分作为参数值传入。各参数含义如下:

(1) table：想要插入数据的表名，不可为 null。

(2) nullColumnHack：用于指定一个可为 null 的列名，以便在 values 参数值为空的情况下显式地插入 null 值。

(3) values：要插入的值。

当插入数据时，如果 values 参数值为 null 或者元素个数为 0，由于 SQL 标准不允许插入一个空行，插入操作会失败。为了防止出现这种情况，在 insert()方法的第 2 个参数指定一个列名，如果将要插入的行为空行，则系统会将指定的这个列的值设为 null，然后再向数据库中插入。

向数据库的表中插入记录时，需要先将数据包含在一个 ContentValues 对象中。ContentValues 是一个数据承载容器，使用方法是先创建一个 ContentValues 对象，然后调用其 put()方法向该对象插入键-值对，其中键名必须是数据表中的列名，值是希望插入这一列的值，而且值的类型要和数据库中的数据类型一致。

insert()方法的返回值是新添记录的行号，与数据表中主键的值无关。如果数据没有被成功插入，则返回−1。代码段 9-14 是实现插入数据的一个示例。

代码段 9-14　插入数据

```
DBOpenHelper dbOpenHelper=new DBOpenHelper(getApplicationContext(),
    "student.db", null, 1);
SQLiteDatabase dbWriter=dbOpenHelper.getWritableDatabase();
ContentValues cv=new ContentValues();
cv.put("stuId", 50);                    //将值存放到对应的键中,键名是数据表中的列名
cv.put("stuName", "刘东刚");
cv.put("stuClass", "软件 202102");
dbWriter.insert("student ", "stuId", cv);      //执行插入,返回新添记录的行号
dbWriter.close();
```

3. 删除数据

调用 SQLiteDatabase 对象的 delete()方法可以删除数据表中的数据。delete()方法的定义如下：

```
int delete(String table, String whereClause, String[] whereArgs)
```

该方法的各参数含义如下。

(1) table：想要删除数据的表名，不能为 null。

(2) whereClause：是可选的 WHERE 子句，格式形如"_id=?"，其中的问号是占位符，由下一个参数 whereArgs 填充。如果其值为 null，将会删除所有的行。

(3) whereArgs：删除条件所需的参数值，该数组中的值依次填充 whereClause 参数中的每个问号。

代码段 9-15 是删除数据的一个示例，删除了 student 表中班级为"计算机 202001"的全部学生。

代码段 9-15 删除数据

```
DBOpenHelper dbOpenHelper=new DBOpenHelper(getApplicationContext(),"student.
    db", null, 1);
SQLiteDatabase dbWriter=dbOpenHelper.getWritableDatabase();
dbWriter.delete("student", " stuClass=? ", "计算机 202001");
dbWriter.close();
```

4. 修改数据

调用 SQLiteDatabase 对象的 update()方法可以修改数据表中的数据。update()方法会根据条件修改指定列的值,定义如下:

```
int update(String table, ContentValues values, String whereClause, String[]
    whereArgs)
```

该方法的各参数含义如下。

(1) table: 想要修改数据的表名,不可为 null。

(2) values: 要更新的值。

(3) whereClause: 是可选的 WHERE 子句,格式形如"_id=?",其中的问号是占位符,由下一个参数 whereArgs 填充。如果其值为 null,将会修改所有的行。

(4) whereArgs: 修改条件所需的参数值,该数组中的值依次填充 whereClause 参数中的每个问号。

代码段 9-16 是修改数据的一个示例,其功能是将 31 号学生的姓名改为"李国刚"、班级改为"计算机 202001"。

代码段 9-16 修改数据

```
DBOpenHelper dbOpenHelper=new DBOpenHelper(getApplicationContext(),
    "student.db", null, 1);
SQLiteDatabase dbWriter=dbOpenHelper.getWritableDatabase();
ContentValues cv=new ContentValues();
cv.put("stuName", "李国刚");
cv.put("stuClass", "计算机 202001");
dbWriter.update("student", cv, "stuID=? ", new String[]{"31"});
dbWriter.close();
```

数据表中数据的添加、删除和修改,除了分别使用上述 3 种方法以外,还可以通过调用 SQLiteDatabase 对象的 execSQL()方法实现。execSQL()方法可执行一条不返回结果的 SQL 语句。例如,下面的语句分别实现向数据库的表中插入一行记录(20,'李庆华','计算机 201901'),将记录(32,'刘凯旋','软件 202001')修改为(32,'刘凯旋','计算机 202002')。

```
db.execSQL("INSERT INTO student (stuId,stuName,stuClass) VALUES (20,'李庆华',
    '计算机 201901')");
db.execSQL("UPDATE student SET stuClass='计算机 202002' WHERE stuId=32;");
```

更新数据库

【例 9-8】　示例工程 Demo_09_WriteDatabase 演示了插入、删除、修改数据库中的数据。

示例工程运行结果如图 9-10 所示。在界面下方输入学号、姓名、班级，点击“添加数据”按钮，实现数据的添加；点击 ListView 中的某条数据，就会显示在下方的输入框中，在输入框中修改数据后点击“修改数据”按钮，则会修改该条数据；长按 ListView 中的某条数据可以删除该条数据，点击“全部删除”按钮，就会删除表中的全部数据。

Demo_09_WriteDatabase

示例：显示和操纵数据库

ID	学号	姓名	班级
1	31	李国庆	软件202001
2	32	刘凯旋	软件202001
3	33	赵坤	软件202001
4	34	刘明明	软件202003
5	35	赵丽芳	软件202001
6	36	马红艳	软件202001
7	37	秦红生	软件202002
8	39	赵丽娟	软件202001
9	40	朱萧木	软件202002
10	41	周丽莎	软件202003
11	42	郑容和	软件202003

学号: 35　姓名: 赵丽芳　班级: 软件202001

添加数据　修改数据　全部删除

图 9-10　操纵数据库示例

示例工程代码如代码段 9-17 所示。

代码段 9-17　插入、删除、修改数据库中的数据

```
//package 和 import 语句略
public class MainActivity extends AppCompatActivity {
    private SQLiteDatabase dbReader, dbWriter;
    //声明对数据库进行添加、删除、修改、查询操作的 SQLiteDatabase 对象
    private MyDBOpenHelper dbOpenHelper;
    private EditText studentIdEdit, nameEdit, classEdit;
                                                        //声明各个数据列对应的编辑框
    private ListView listView;
    private String currentID="1";
    @Override
    public void onCreate(Bundle savedInstanceState) {
       super.onCreate(savedInstanceState);
       setContentView(R.layout.activity_main);
```

```
Button btnDataAdd=(Button) findViewById(R.id.btnAdd);
Button btnUpdate=(Button) findViewById(R.id.btnUpdate);
Button btnDeleteAll=(Button) findViewById(R.id.btnDeleteAll);
nameEdit=(EditText) findViewById(R.id.etStudentName);
studentIdEdit=(EditText) findViewById(R.id.etStudentID);
classEdit=(EditText) findViewById(R.id.etStudentClass);
listView=(ListView) findViewById(R.id.listView);
dbOpenHelper=new MyDBOpenHelper(getApplicationContext(),
    "SC_Database.db", null, 1);
dbReader=dbOpenHelper.getReadableDatabase();
dbWriter=dbOpenHelper.getWritableDatabase();
showAll();
//点击列表项,把该条数据的每列分别显示在下方的输入框中
listView.setOnItemClickListener(new AdapterView.OnItemClickListener() {
    @Override
    public void onItemClick(AdapterView<?> parent, View view, int position,
        long id) {
        //获取点击项
        TextView itemID=(TextView) view.findViewById(R.id.item_id);
        TextView stuID=(TextView) view.findViewById(R.id.itemID);
        TextView stuName=(TextView) view.findViewById(R.id.itemName);
        TextView stuClass=(TextView) view.findViewById(R.id.itemClass);
        currentID=itemID.getText().toString();
        studentIdEdit.setText(stuID.getText().toString());
        nameEdit.setText(stuName.getText().toString());
        classEdit.setText(stuClass.getText().toString());
    }
});
//长按列表项,把该条数据删除
listView.setOnItemLongClickListener(new AdapterView.
    OnItemLongClickListener() {
    @Override
    public boolean onItemLongClick(AdapterView<?> parent, View view,
        int position, long id){
        TextView itemID=(TextView) view.findViewById(R.id.item_id);
        currentID=itemID.getText().toString();
        TextView itemName=(TextView) view.findViewById(R.id.itemName);
        String currentName=itemName.getText().toString();
        AlertDialog.Builder myDialog=new AlertDialog.Builder(MainActivity.
            this);
        myDialog.setTitle("提示")
                .setMessage("您确定要删除这条数据吗?姓名:" + currentName)
                .setNegativeButton("取消", null)
```

```
                    .setPositiveButton("删除", new DialogInterface.
                        OnClickListener() {
                        @Override
                        public void onClick(DialogInterface dialog, int which) {
                            dbWriter.delete("student", "_id=? ", new String[]
                                {currentID});
                            showAll();              //刷新界面显示的数据
                        }
                    })
                    .show();
            return true;
        }
    });
    //添加新数据
    btnDataAdd.setOnClickListener(new View.OnClickListener() {
        @Override
        public void onClick(View v) {
            SQLiteDatabase dbWriter=dbOpenHelper.getReadableDatabase();
            ContentValues cv=new ContentValues();
            cv.put("stuId", Integer.parseInt(studentIdEdit.getText().toString()));
            cv.put("stuName", nameEdit.getText().toString());
            cv.put("stuClass", classEdit.getText().toString());
                                                //从编辑框中获得相应的输入值
            dbWriter.insert("student", "stuId", cv);
            showAll();
        }
    });
    //修改数据
    btnUpdate.setOnClickListener(new View.OnClickListener() {
        @Override
        public void onClick(View v) {
            SQLiteDatabase dbWriter=dbOpenHelper.getWritableDatabase();
            ContentValues cv=new ContentValues();
            cv.put("stuId", integer.parselnt(studentIdEdit.getText().toString()));
            cv.put("stuName", nameEdit.getText().toString());
            cv.put("stuClass", classEdit.getText().toString());
                                                //从编辑框中获得相应的输入值
            dbWriter.update("student", cv, "_id=? ", new String[]{currentID});
            showAll();
        }
    });
    //删除全部数据
    btnDeleteAll.setOnClickListener(new View.OnClickListener() {
```

```
            @Override
            public void onClick(View v) {
                dbWriter.delete("student", null, null);
                showAll();
            }
        });
    }
    //在 ListView 中显示数据表中的全部数据
    private void showAll() {
        Cursor result=dbReader.query("student", null, null, null, null, null,
            "stuId", null);
        if (!result.moveToFirst()) { //判断游标是否为空
            Toast.makeText(getApplicationContext(), "数据表中一个数据也没有!",
                Toast.LENGTH_LONG).show();
        }
        SimpleCursorAdapter listViewAdapter=new SimpleCursorAdapter(
                getApplicationContext(), R.layout.list_item, result,
                new String[]{"_id", "stuId", "stuName", "stuClass"},
                new int[]{R.id.item_id, R.id.itemID, R.id.itemName, R.id.
                    itemClass},
                CursorAdapter.FLAG_REGISTER_CONTENT_OBSERVER);
        listView.setAdapter(listViewAdapter);
    }
    @Override
    protected void onDestroy() {
        super.onDestroy();
        dbReader.close();
        dbWriter.close();
        dbOpenHelper.close();
    }
}
```

9.4 基于 ContentProvider 的数据存取

在 Android 系统中,通过文件和 SQLite 数据库可以存储数据,但是这些数据都是应用程序私有的,如果多个应用程序需要共享同样的数据,那么就需要使用 ContentProvider。

9.4.1 ContentProvider 概述

ContentProvider 提供了应用程序间共享数据的机制和数据存储方式,可用于管理对各种数据存储源的访问,包括结构化数据(如 SQLite 关系数据库)和非结构化数据(如图像文件)。ContentProvider 可以精细控制数据访问权限,如可以配置读取和写入数据的不同权限。

ContentProvider 是一种标准接口，可将一个进程中的数据与另一个进程中运行的代码进行连接，使其他应用安全地访问和修改数据。某个应用程序通过 ContentProvider 暴露了自己的数据操作接口，那么不管该应用程序是否启动，其他应用程序都可以通过这个接口来操作它的内部数据。

如果应用程序有数据需要共享，则可以使用 ContentProvider 为这些数据定义一个 URI，其他的应用程序就可以通过这个 URI 来对数据进行操作。ContentProvider 使用的 URI 通常有两种形式：一种是指定全部数据，如 content://phoneslist/phones 指的是全部联系人数据；另一种是某个指定 id 的数据，如 content://phoneslist/phones/1 指的是 id 列值为 1 的联系人数据。

所有的 URI 均由 3 部分组成，即 scheme、authority/host 和 path，它们的含义如下。

（1）scheme：对于 ContentProvider，Android 规定的 scheme 为“content://”。

（2）authority/host：授权者或主机名称，用于在系统内唯一标识一个 ContentProvider。外部应用程序可以根据这个标识来找到相应的共享数据。一般 authority 由类的小写全称组成，以保证唯一性。

为避免与系统中其他的 ContentProvider 发生冲突，建议将授权字符串定义为包含该提供程序的软件包名称的字符串。例如，如果软件包名称为 com.example.<appname>，则授权字符串定义为 com.example.<appname>.provider。

（3）path：要操作的数据路径，用于确定请求的是哪个数据集。ContentProvider 使用内容 URI 的路径部分选择需要访问的表。通常，ContentProvider 会为其公开的每个表显示一条路径。例如 content://user_dictionary/words，words 字符串是数据表的路径。

ContentProvider 与 Service、BroadcastReceiver 等组件一样，在 AndroidManifest.xml 清单文件里声明后调用者才可以使用。

9.4.2　定义 ContentProvider

应用程序可以定义自己的 ContentProvider，其主要步骤如下。

步骤 1：创建自己的数据存储，如数据库、文件或其他。

步骤 2：创建一个继承自 android.content.ContentProvider 的子类。

在 Android Studio 环境中新建 ContentProvider 的方法：选择菜单命令 File→New→Other→ContentProvider，弹出如图 9-11 所示的 New Android Component 对话框。在其中填入类名称和 URI 授权名称，单击 Finish 按钮。

在子类中重写 ContentProvider 的 6 个抽象方法 query()、insert()、update()、delete()、getType()和 onCreate()，实现查询数据、插入数据、修改数据、删除数据、返回数据的 MIME 类型等功能的接口，完成 ContentProvider 初始化操作。其中的前 4 个抽象方法分别对应于 ContentResolver 的 query()、insert()、update()、delete()方法，当调用 ContentResolver 的这 4 个方法时，也就间接调用了 ContentProvider 的 4 个方法。所有形式的访问最终都会调用 ContentResolver 接口，而 ContentResolver 通过调用 ContentProvider 的具体方法来获取数据

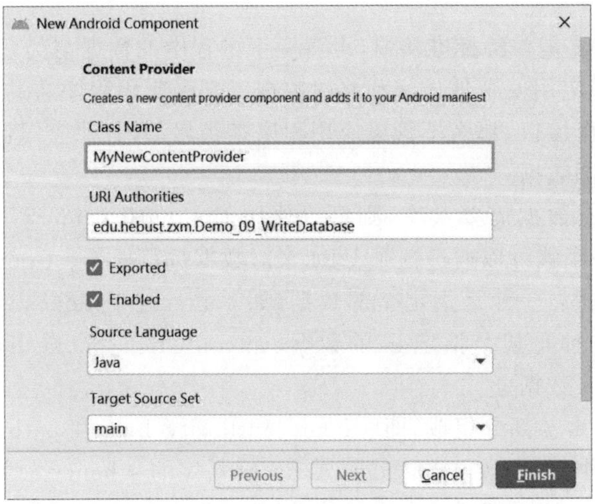

图 9-11　新建 ContentProvider

的访问权限。

尽管这些抽象方法都必须要实现,但只需返回要求的数据类型,而不是必须要执行数据操作。例如,要想防止其他应用向某些表插入数据,可以忽略 insert()调用并返回 0。

步骤 3: 在 AndroidManifest.xml 文件中声明新定义的 ContentProvider 及其对外共享标识 URI。

与 Activity 和 Service 组件类似,ContentProvider 必须在 AndroidManifest.xml 文件中使用<provider>元素声明。如果使用图 9-11 所示的方法新建一个 ContentProvider,则 Android Studio 会自动创建<provider>元素。在<provider>元素中必须给出 android:name 属性值和 android:authorities 属性值,分别是 ContentProvider 类名和授权者名称。此外常用的属性有 android:enabled 和 android:exported,分别是允许系统启动 ContentProvider 的标志和允许其他应用使用此 ContentProvider 的标志。

步骤 4: 为 ContentProvider 定义访问权限。

ContentProvider 默认未设置权限,可以通过<provider>元素的 android:permission 属性指定对其读写访问的权限,也可以通过<provider>元素的 android:readPermission 属性和 android:writePermission 属性指定单独的读写权限。这些权限优先于 android:permission 所需的权限。

以上定义完成后,在其他应用程序中就可以按照权限要求对共享的 ContentProvider 数据进行操作。

9.4.3　通过 ContentProvider 访问数据

应用程序可以通过 ContentResolver 接口存取 ContentProvider 共享数据。在 Activity 中,可以通过调用 getContentResolver()方法得到当前应用的 ContentResolver 实例对象。ContentResolver 提供的接口和 ContentProvider 中需要实现的抽象方法对

应，主要有 query()、insert()、update()、delete()等，分别通过 URI 进行查询、插入、修改、删除。这样做的好处是如果另一个程序需要访问应用的私有数据，只需要知道 ContentProvider 的 URI 和访问权限即可。

Android 系统为常见的一些数据提供了 ContentProvider，包括音频、视频、图片和联系人等，每个 ContentProvider 都会对外提供一个包装成 Uri 对象的公共 URI。这些 ContentProvider 称为系统 ContentProvider。系统 ContentProvider 和自定义的 ContentProvider 在使用上并没有什么区别，需要申请其使用权限并知道它的 URI。例如，要读取手机联系人数据，需要在 AndroidManifest.xml 文件中申请 android.permission.READ_CONTACTS 权限，其 URI 为 content://com.android.contacts/contacts。

【例 9-9】 在例 9-8 的示例工程 Demo_09_WriteDatabase 中将数据库中的数据以 ContentProvider 的方式共享，然后在示例工程 Demo_09_DBContentProvider 中以 ContentProvider 的方式访问此数据。

以 Content-Provider 方式共享数据

首先在 Demo_09_WriteDatabase 中，创建 ContentProvider 的子类 MyContentProvider，重写 ContentProvider 类的抽象方法 query()、insert()、update()、delete()、getType()和 onCreate()，如代码段 9-18 所示。

代码段 9-18　定义 ContentProvider

```
//package 和 import 语句略
public class MyContentProvider extends ContentProvider {
    private MyDBOpenHelper dbOpenHelper;
    public MyContentProvider() {
    }
    @Override
    public boolean onCreate() {
        dbOpenHelper=new MyDBOpenHelper(getContext(), "SC_Database.db", null, 1);
        return true;
    }
    //获得数据库对象，并进行删除操作，返回删除的行数
    @Override
    public int delete(Uri uri, String selection, String[] selectionArgs) {
        SQLiteDatabase db=dbOpenHelper.getWritableDatabase();
        return db.delete("student", selection, selectionArgs);
    }
    @Override
    public String getType(Uri uri) {
        throw new UnsupportedOperationException("Not yet implemented");
    }
    //获得数据库对象，并进行插入操作，返回插入最新行的 Uri
    @Override
    public Uri insert(Uri uri, ContentValues values) {
        SQLiteDatabase db=dbOpenHelper.getWritableDatabase();
```

```
        long i=db.insert("student", "stuId", values);
        uri=ContentUris.withAppendedId(uri, i);
        return uri;
    }
    //获得数据库对象,并进行查询操作,返回 Cursor 对象
    @Override
    public Cursor query(Uri uri, String[] projection, String selection, String[]
        selectionArgs, String sortOrder) {
        SQLiteDatabase db=dbOpenHelper.getReadableDatabase();
        Cursor c=db.query("student", projection, selection,
                selectionArgs, null, null, sortOrder);
        return c;
    }
    //获得数据库对象,并进行修改操作,返回被修改的行数
    @Override
    public int update(Uri uri, ContentValues values, String selection, String[]
        selectionArgs) {
        SQLiteDatabase db=dbOpenHelper.getWritableDatabase();
        return db.update("student", values, selection, selectionArgs);
    }
}
```

完成了 ContentProvider 子类的创建及方法重写后,需要在 AndroidManifest.xml 清单文件中声明这个 ContentProvider,如代码段 9-19 所示。

代码段 9-19 声明 ContentProvider

```
<provider
    android:name=".MyContentProvider"
    android:authorities="edu.hebust.zxm.demo_09_WriteDatabase.provider"
    android:enabled="true"
    android:exported="true">
</provider>
```

代码中的 name 值.MyContentProvider 是程序中对应的 ContentProvider 子类的名称;authorities 的值就是这个 ContentProvider 对外公开的 URI。其他应用程序使用这些数据就是根据这个 URI 来找到它。

示例工程的运行结果如图 9-12 所示,界面中列出了数据表中的全部数据,在下方的输入框中输入新数据后点击“添加数据”按钮,就会添加一条新数据并显示到上方的列表中。

本例与例 9-8 的不同之处在于访问数据库的方式,不是使用 SQLiteDatabase 对象,而是通过 ContentResolve 对象使用 URI 的方式访问 ContentProvider 中的共享数据,如代码段 9-20 所示。代码中通过调用 getContentResolver()方法得到 ContentResolve 对

图 9-12　利用 ContentProvider 操纵数据库示例

象，然后调用该对象的 query()方法对 ContentProvider 进行查询。

代码段 9-20　使用 ContentProvider 查询数据

```
String uri="content://edu.hebust.zxm.demo_09_WriteDatabase.provider";
private void showAll() {
    Cursor result=getContentResolver().query(Uri.parse(uri),
            new String[]{"_id","stuId", "stuName", "stuClass"}, null, null,"stuId");
    if (!result.moveToFirst()) {        //判断游标是否为空
      Toast.makeText(getApplicationContext(), "数据表中一个数据也没有!",
                    Toast.LENGTH_LONG).show();
    }
    listViewAdapter = new SimpleCursorAdapter(getApplicationContext(), R.
        layout.list_item, result,
            new String[]{"_id","stuId", "stuName", "stuClass"},
            new int[]{R.id.item_id,R.id.itemID, R.id.itemName, R.id.itemClass},
            CursorAdapter.FLAG_REGISTER_CONTENT_OBSERVER);
    listView.setAdapter(listViewAdapter);
}
```

调用 ContentResolve 对象的 insert()方法插入数据，如代码段 9-21 所示。

代码段 9-21　使用 ContentProvider 对象的 insert()方法插入数据

```
btnDataAdd.setOnClickListener(new View.OnClickListener() {
```

```
    public void onClick(View v) {
        ContentValues cv=new ContentValues();
        cv.put("stuId", Integer.parseInt(studentIdEdit.getText().toString()));
        cv.put("stuName", nameEdit.getText().toString());
        cv.put("stuClass", classEdit.getText().toString());
        getContentResolver().insert(Uri.parse(url), cv);
        showAll();
    }
});
```

需要注意的是,由于本例是进程间的共享数据,对于 Android 11.0(API30)及以上版本的设备,需要在 AndroidManifest.xml 清单文件中声明要交互的组件,才能够正确访问 ContentProvider 接口的数据。方法是在的根节点<manifest>中添加如下所示的子元素。

```
<queries>
    <provider android:authorities="edu.hebust.zxm.demo_09_WriteDatabase.
provider"/>
</queries>
```

9.5 本章小结

本章介绍了在 Android 中如何实现数据的持久化存储和数据读写操作,以及如何在应用程序之间利用 ContentProvider 共享数据存储。其中,SharedPreferences 是一种轻量级的数据存储机制,以键-值对的方式将数据存储在 XML 文件中,适用于存储应用程序的配置信息。而文件和 SQLite 数据库都可以存储大容量的数据,它们具有不同的存储机制和操作方法。学习本章要熟练掌握各种数据存取方法,并能在应用程序设计中灵活运用这些方法。

习题

1. Android 系统提供了哪些数据存储和访问方式?

2. 设计一个应用程序,界面中有一个 TextView,其中显示若干文字。为 Activity 添加菜单,包括"红""绿""蓝"3个菜单项,用户选择一个菜单项,即将 TextView 中的文字设为相应的颜色,同时将颜色信息写入 SharedPreferences 中,下次启动该程序时,文字的颜色默认为上一次关闭程序时文字的颜色。

3. 设计一个进入应用的欢迎界面,界面中显示若干用户条款,下方有"同意条款"复选框和"进入"按钮,当复选框没有勾选时按钮不可用。要求用户条款从 raw 文件夹中的文本文件读出。

4. 设计一个用于注册的 Activity。要求界面中的注册项包括用户名、账号、密码、性别、出生年月日、爱好。界面中有一个"注册"按钮，用户点击"注册"按钮后，将注册信息写入 SharedPreferences，写入完成后将 SharedPreferences 信息读出并回显到 Activity 中。

5. 将第 4 题的注册信息写入应用程序的私有文件，文件中每行存储一项注册信息，文件名为 count.txt，写入完成后将文件中的信息读出并回显到 Activity 中。

6. 将第 4 题的注册信息写入应用程序的私有数据库中，数据表名称为 users，写入完成后将数据库中的信息读出并回显到 Activity 中。

7. 设计一个程序，继承自 SQLiteOpenHelper 实现下述功能：创建一个版本为 1 的 diary.db 数据库，同时创建一个 diary 表，包含一个_id 主键并自增长、topic 字段（字符型，最大长度为 100 个字符）、content 字段（字符型，最大长度为 1000 个字符），在数据库版本变化时删除 diary 表，并重新创建 diary 表。

8. 设计一个利用 SQLite 数据库存储和操纵数据的应用程序，创建一个商品基本信息表（product），包含商品编号、名称、价格、描述 4 个字段，实现表数据的添加、删除、修改、查询。

9. 简述 ContentProvider 是如何实现数据共享的，并尝试设计一个属于自己的 ContentProvider。

10. Android 系统为联系人数据提供了 ContentProvider 及其 query()方法。设计一个应用程序，利用这个 ContentProvider 获取手机中的联系人信息，将其显示到 ListView 中。

第10章 多媒体和网络应用

本章首先介绍在Android系统中如何处理和使用音频、视频和照片等资源，包括音频和视频的播放及录制、照片的摄取等。然后介绍如何利用Internet资源，主要包括如何利用URLConnection与服务器远程交互，如何使用WebView等。本章还介绍了基于百度地图应用的基本方法。

10.1 多媒体应用开发

10.1.1 基于MediaPlayer的音频和视频播放

Android系统提供了对常用音频和视频文件格式的支持，包括MP3、WAV、OGG、M4A等音频格式和MP4、3GPP等视频格式。通过Android API提供的相关方法，可以实现音频和视频文件的播放和控制。

播放音频和视频文件通常使用android.media.MediaPlayer类，该类提供了对音频和视频操作的一些重要方法，如播放、停止、暂停、重复播放等。播放的音频和视频文件可以来自raw源文件、本地文件系统和通过网络传送的文件流。

MediaPlayer的运行是基于状态的。当一个MediaPlayer对象刚刚被new操作符创建或是调用了reset()方法后，它就处于Idle(空闲)状态。当调用了release()方法后，它就处于End(结束)状态。这两种状态之间是MediaPlayer对象的生命周期。MediaPlayer的状态及其转换如图10-1所示。

调用setDataSource()方法会使处于Idle状态的MediaPlayer对象迁移到Initialized(已初始化)状态，之后开始准备播放。在开始播放之前，MediaPlayer对象必须要进入Prepared(就绪)状态。有同步和异步两种方法可以使MediaPlayer对象进入Prepared状态：调用prepare()方法(同步)，此方法返回就表示该MediaPlayer对象已经进入了Prepared状态；或调用prepareAsync()方法(异步)，此方法会使MediaPlayer对象进入Preparing状态并返回，而内部的播放引擎会继续未完成的准备工作。当同步的prepare()方法返回或异步的准备工作完全完成时，就会触发Prepared事件，回调该事件监听器的onPrepared()方法。可以调用MediaPlayer对象的setOnPreparedListener(MediaPlayer.OnPreparedListener)方法来注册这个事件监听器。当MediaPlayer对象处于Prepared状态的时候，可以调整音频或视频的属性，如音量、播放时是否一直亮屏、循环播放等。

要开始播放，必须调用 start()方法。当此方法成功返回时，MediaPlayer 对象进入 Started(播放)状态。可以调用 isPlaying()方法来测试某个 MediaPlayer 对象是否在 Started 状态。当处于 Started 状态时，内部播放引擎会调用客户端程序提供的 OnBufferingUpdateListener.onBufferingUpdate()回调方法，此回调方法允许应用程序追踪播放流缓冲的状态。

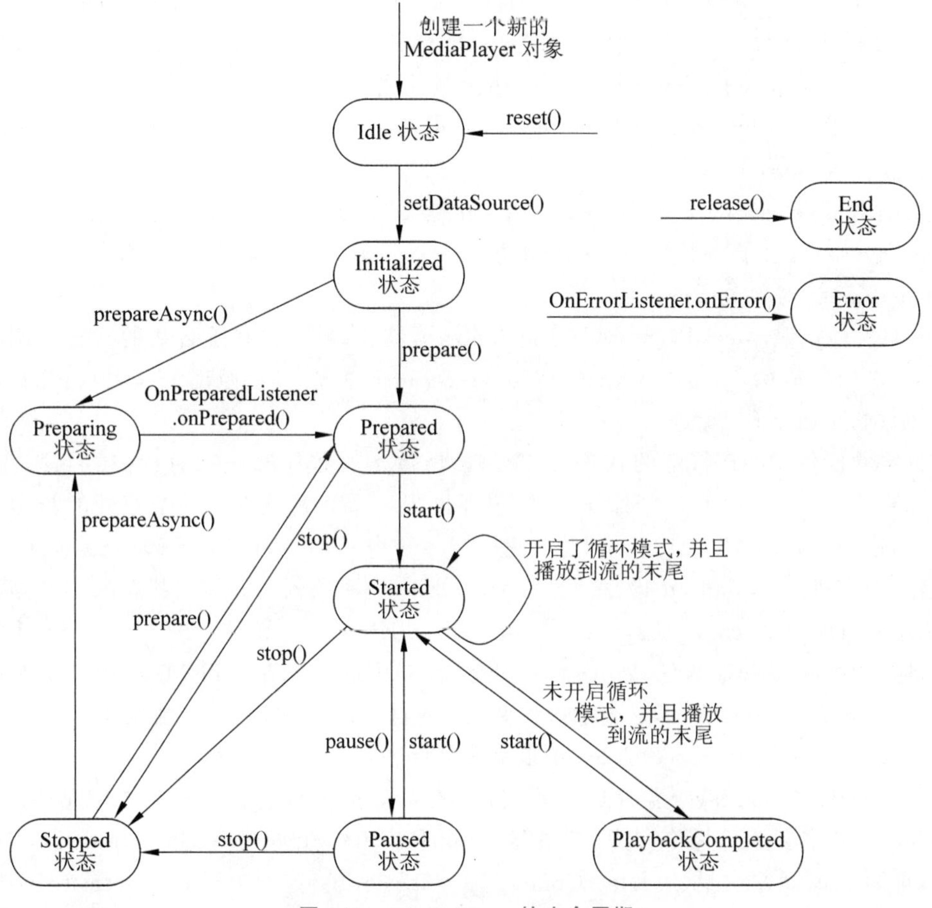

图 10-1　MediaPlayer 的生命周期

播放可以被暂停、停止，以及调整当前播放位置。当调用 pause()方法并返回时，会使 MediaPlayer 对象进入 Paused(暂停)状态。调用 start()方法会让一个处于 Paused 状态的 MediaPlayer 对象从之前暂停的地方恢复播放，MediaPlayer 对象的状态又会变成 Started 状态。

调用 stop()方法会停止播放，并且还会让一个处于 Started、Paused、Prepared 或 PlaybackCompleted 状态的 MediaPlayer 进入 Stopped(停止)状态。

调用 seekTo()方法可以调整播放的位置。seekTo()方法是异步执行的，所以它可以马上返回，但是实际的定位播放操作可能需要一段时间才能完成，尤其是播放流形式的音频和视频文件。seekTo()方法可以在其他状态下调用，如 Prepared、Paused 和 PlaybackCompleted

状态。此外,当前的播放位置可以通过调用 getCurrentPosition()方法得到,它可以用于帮助播放应用程序不断更新播放进度。

当播放到流的末尾,播放就完成了。如果调用了 setLooping()方法开启了循环模式,那么这个 MediaPlayer 对象会重新进入 Started 状态;如果没有开启循环模式,那么内部的播放引擎会触发 Completion 事件,回调该事件监听器的 onCompletion()方法。可以通过调用 MediaPlayer 对象的 setOnCompletionListener(MediaPlayer.OnCompletionListener)方法来注册这个事件监听器。内部的播放引擎一旦调用了 onCompletion()方法,说明这个 MediaPlayer 对象进入了 PlaybackCompleted(播放完成)状态。

当处于 PlaybackCompleted 状态时,可以再调用 start()方法来让这个 MediaPlayer 对象再次进入 Started 状态。

当调用了 release()方法后,MediaPlayer 对象就处于 End(结束)状态。一旦一个 MediaPlayer 对象不再被使用,应立即调用 release()方法来释放在内部播放引擎中与这个 MediaPlayer 对象关联的资源。

一旦发生错误,MediaPlayer 对象会进入 Error(错误)状态。在不合法的状态下调用某些方法,如 prepare()、prepareAsync()或 setDataSource()方法,会抛出 IllegalStateException 异常,使 MediaPlayer 对象进入 Error 状态。

特定的操作只能在特定的状态时才有效,所以编写程序时必须时刻注意它的变化。如果在错误的状态下执行一个操作,系统可能抛出一个异常或导致一个意外的行为。例如,当创建一个新的 MediaPlayer 对象,它处于 Idle 状态时,应调用 setDataSource()方法初始化,使它进入 Initialized 状态。若当 MediaPlayer 对象处于其他的状态(非 Idle 状态)时,调用 setDataSource()方法,会抛出 IllegalStateException 异常。进入 Initialized 状态之后,应调用 prepare()方法或 prepareAsync()方法进行准备。当 MediaPlayer 准备完成,它将进入 Prepared 状态,这表示可以调用 start()方法来播放了。当调用了 stop()方法后,注意不能再调用 start()方法,除非使其重新进入 Prepared 状态。

如果使用 MediaPlayer 类播放视频文件,还需要在界面中定义一个 SurfaceView 对象作为输出设备。具体操作方法:首先继承 SurfaceView 并实现 SurfaceHolder.Callback 接口,重写它的 3 个方法:surfaceCreated()、surfaceChanged()和 surfaceDestroyed()。surfaceCreated()方法在 surface 创建的时候调用,一般在该方法中启动绘图的线程;surfaceChanged()方法在 surface 尺寸发生改变的时候调用;surfaceDestroyed()方法在 surface 被销毁的时候调用,一般在该方法中停止绘图线程。

为了简化播放视频文件的处理过程,Android 框架提供了 VideoView 类来封装 MediaPalyer。VideoView 在 android.widget 包中,继承自 android.view.SurfaceView 类,实现了 MediaController.MediaPlayerControl 接口,用于播放视频和播放过程的控制。VideoView 通过与 MediaController 类结合使用,编程者可以不用自己控制播放与暂停,它的使用过程比利用 SurfaceView 结合 MediaPlayer 播放视频更直接、更简单。

在使用 MediaPlayer 之前,可能还需要在 AndroidManifest.xml 清单文件中声明相关的权限。例如,如果播放的文件在外部存储中,需要在 AndroidManifest.xml 清单文件中声明外存的读权限 android.permission.READ_EXTERNAL_STORAGE;如果应用程序在播放过程中需要阻止屏幕变暗或阻止处理器睡眠，还必须声明对睡眠加锁的权限 android.permission.WAKE_LOCK；如果使用 MediaPlayer 来播放网络流中的内容，还必须声明网络访问权限 android.permission.INTERNET。

【例 10-1】 示例工程 Demo_10_MediaPlayerForAudio 实现了一个简易的音频文件播放器，播放 Raw 文件夹下的音频文件。播放过程中可以进行暂停、继续、停止的控制。

播放 raw 文件夹下的音频文件

MainActivity 的布局如图 10-2 所示，工程运行后会自动播放音频文件。点击 3 个按钮，分别暂停、继续、停止音频文件的播放。

图 10-2　简易播放器的界面

步骤 1：创建 MediaPlayer 对象，装载音频文件。

可以通过调用 MediaPlayer 的静态方法 create()来创建 MediaPlayer 对象，也可以通过它的构造方法用 new 操作符来创建 MediaPlayer 对象。代码段 10-1 分别用两种方法创建了 MediaPlayer 对象 mpRaw 和 mpLocal，并且分别装载了音频文件。MediaPlayer 播放的音频文件可以是 raw 资源文件、本地文件系统或网络中的音频文件。

代码段 10-1　创建 MediaPlayer 对象，装载音频文件

```
MediaPlayer mpRaw=MediaPlayer.create(this, R.raw.musicname);
//创建 Mediaplayer 对象 mpRaw 并装载 raw 文件夹中的 musicname.mp3 音频文件
MediaPlayer mpLocal=new MediaPlayer();//创建 Mediaplayer 对象
mpLocal.setDataSource(getExternalStorageDirectory()+"/music/music01.mp3");
mpLocal.prepare()                        //装载本地外部存储的音频文件 music01.mp3
```

需要注意的是，当使用 setDataSource()方法时，必须捕获和传递 IllegalArgumentException 和 IOException，因为引用的文件可能不存在。使用 setDataSource()方法设置要装载的音频文件后，MediaPlayer 并没有真正装载这个文件，因此需要调用 MediaPlayer 的 prepare()方法装载这个文件，之后才能播放。

步骤 2：调用 MediaPlayer 对象的 start()方法播放音频文件。

步骤 3：播放过程的控制。

如果想停止音频文件的播放，可以调用 MediaPlayer 对象的 stop()方法；暂停播放调用 pause()方法；重复播放则需要先调用 reset()方法初始化 MediaPlayer 状态，然后调用 prepare()方法准备播放，最后调用 start()方法播放媒体文件。当文件暂停播放后，如果要继续播放，可以重新调用 start()方法。示例工程的具体实现如代码段 10-2 所示。

代码段 10-2　音频文件播放器程序

```
//package 和 import 语句略
public class MainActivity extends AppCompatActivity {
    MediaPlayer mp;
    @Override
```

```
    protected void onCreate(Bundle savedInstanceState) {
        super.onCreate(savedInstanceState);
        setContentView(R.layout.activity_main);
        final TextView text=(TextView) this.findViewById(R.id.text);
        Button btnPau=(Button) this.findViewById(R.id.btnPau);
        Button btnCon=(Button) this.findViewById(R.id.btnCon);
        Button btnStop=(Button) this.findViewById(R.id.btnStop);
        text.setText("正在播放 Raw 资源文件 music01.mp3");
        mp=MediaPlayer.create(this, R.raw.music01);
                                    //创建 Mediaplayer 对象 mp,并关联音频文件
        mp.start();                 //播放音频文件
        btnPau.setOnClickListener(new View.OnClickListener() {
            @Override
            public void onClick(View v) {
                mp.pause();
                text.setText("播放暂停");
            }
        });
        btnCon.setOnClickListener(new View.OnClickListener() {
            @Override
            public void onClick(View v) {
                mp.start();
                text.setText("继续播放 Raw 资源文件 music01.mp3");
            }
        });
        btnStop.setOnClickListener(new View.OnClickListener() {
            @Override
            public void onClick(View v) {
                mp.stop();
                text.setText("播放停止");
            }
        });
    }
}
```

10.1.2 基于 MediaRecorder 的音频和视频文件录制

MediaRecorder 类用于录制音频和视频文件。与 MediaPlayer 类似,它的运行也是基于状态的。

使用 new 方法创建一个新的 MediaRecorder 对象,它处于 Initial(初始)状态。在 Initial 状态时设定视频源或音频源之后就会转换为 Initialized(已初始化)状态。通过调用 reset()方法可以回到 Initial 状态。

MediaRecorder 对象在 Initialized 状态时，可以通过设置输出格式转换为 DataSourceConfigured(数据源配置)状态。这期间可以设定编码方式、输出文件、屏幕旋转、预览显示等。它仍然可以通过调用 reset()方法回到 Initial 状态。MediaRecorder 对象在 DataSourceConfigured 状态时，可以通过调用 prepare()方法进入 Prepared(就绪)状态。

MediaRecorder 对象在 Prepared 状态下，通过调用 start()方法可以进入 Recording(录制)状态。它可以通过停止或者重新启动回到 Initial 状态。可以通过调用 release()方法进入 Released(释放)状态，这时将会释放所有和 MediaRecorder 对象绑定的资源。

当错误发生的时候进入 Error(错误)状态，可以调用 reset()方法把这个对象恢复成 Initial 状态。

使用 MediaRecorder 类可以实现音频和视频的录制功能。使用 MediaRecorder 类录制音频和视频的方法类似，所不同的是录制视频需要设置更多的参数，如设置用来录制视频的 Camera、视频图像的输出尺寸、视频的编码格式等。另外，还需要在 AndroidManifest.xml 清单文件中声明相关权限。

使用 MediaRecorder 录制音频和视频的一般步骤如下。

步骤 1：在 AndroidManifest.xml 清单文件中声明相关权限。录制音频需要获得录音权限 android.permission.RECORD_AUDIO，录制视频需要获得 Camera 的相关权限，如果要将录制的文件写入外部存储中，则还需要外存的写入权限。

步骤 2：定义 MainActivity 类，创建 MediaRecorder 实例。可以用 MediaRecorder 的默认构造方法创建一个 MediaRecorder 的实例对象。

步骤 3：设置 MediaRecorder 对象的数据源。音频录制需要调用 MediaRecorder 对象的 setAudioSource()方法设置音频源。例如，下面的语句指定音频源为 MIC，即从麦克风获取音频，这是最常用的音频源。

```
myRecorder.setAudioSource(MediaRecorder.AudioSource.MIC);
```

类似地，如果进行视频录制，需要调用 MediaRecorder 对象的 setVideoSource()方法设置视频源。例如，下面的语句指定从照相机(简称相机)采集视频。

```
myRecorder.setVideoSource(MediaRecorder.VideoSource.CAMERA);
```

步骤 4：设置音频或视频的输出格式和编码格式。例如，下面的代码段指定了视频输出格式为 3GPP，音频编码方式为 AMR_NB，视频编码格式为 H263。

```
myRecorder.setOutputFormat(MediaRecorder.OutputFormat.THREE_GPP);
myRecorder.setAudioEncoder(MediaRecorder.AudioEncoder.AMR_NB);
myRecorder.setVideoEncoder(MediaRecorder.VideoEncoder.H263);
```

如果是录制视频，还需要设置视频的分辨率和视频帧率，例如：

```
myRecorder.setVideoSize(960, 544);
myRecorder.setVideoFrameRate(4);
```

MediaRecorder.OutputFormat.THREE_GPP 是 MediaRecorder 视频输出格式的一种，其他的还有 AMR_NB、AMR_WB、DEFAULT、MPEG_4、RAW_AMR 等，详情请查看 MediaRecorder.OutputFormat 类的 API 文档。Android 支持的音频编码格式有 DEFAULT、AMR_NB、AMR_WB、AAC 等。详情请查看 MediaRecorder.AudioEncoder 类的 API 文档。

Android 2.2 及其以后版本采用下面方式设置输出格式和编码格式：

```
myRecorder.setProfile(CamcorderProfile.get(CamcorderProfile.QUALITY_HIGH));
```

步骤 5：调用 MediaRecorder 对象的 setOutputFile()方法设置 MediaRecorder 的输出文件名称。例如：

```
File videoFile=new File(getExternalFilesDir(null)+"myrecord.3gp");
myRecorder.setOutputFile(videoFile.getAbsolutePath());
```

在配置 MediaRecorder 的过程中，需要注意参数设置的顺序，否则应用程序可能会抛出 java.lang.IllegalStateException 异常。

步骤 6：配置完成以后，调用 prepare()方法准备录制。这个方法执行完后 MediaRecorder 就准备好了捕捉、编码音频和视频数据。

调用 start()方法开始录制。录制完成后，可以调用 stop()方法停止录制。当 MediaRecorder 对象完成音频和视频录制，并且不再使用时，调用 release()方法对 MediaRecorder 资源进行释放。

录制音频

【例 10-2】 示例工程 Demo_10_MediaRecorderForAudio 演示了利用 MediaRecorder 对象录制音频，并将录制的音频存储成文件。

录制音频需要获得录音权限，在 AndroidManifest.xml 清单文件中添加权限声明：

```
<uses-permission android:name="android.permission.RECORD_AUDIO" />
```

定义 MainActivity，界面如图 10-3 所示。界面中设置了 4 个按钮，点击“开始录音”按钮，开始录音；点击“停止录音”按钮，录音结束，存储录音文件；点击“录音回放”按钮，则播放先前录制的文件；点击“结束”按钮，则关闭 Activity。本例需要在真实设备上测试。

(a) 点击“开始录音”按钮

(b) 点击“停止录音”按钮

图 10-3 录制音频文件

MainActivity 的实现如代码段 10-3 所示。

代码段 10-3 利用 MediaRecorder 对象录制音频

```
//package 和 import 语句略
public class MainActivity extends AppCompatActivity implements View.
    OnClickListener {
    private TextView stateView, saveView;
    private Button btnStart, btnStop, btnPlay, btnFinish;
    private MediaRecorder myRecorder;
    private MediaPlayer player;
    private File audioFile;
    public void onCreate(Bundle savedInstanceState) {
       super.onCreate(savedInstanceState);
       setContentView(R.layout.activity_main);
       stateView=(TextView) this.findViewById(R.id.view_state);
       saveView=(TextView) this.findViewById(R.id.view_save);
       stateView.setText("准备开始");
       btnStart=(Button) this.findViewById(R.id.btn_start);
       btnStop=(Button) this.findViewById(R.id.btn_stop);
       btnPlay=(Button) this.findViewById(R.id.btn_play);
       btnFinish=(Button) this.findViewById(R.id.btn_finish);
       btnStart.setOnClickListener(this);
       btnStop.setOnClickListener(this);
       btnFinish.setOnClickListener(this);
       btnPlay.setOnClickListener(this);
    }
    public void onClick(View v) {
       int id=v.getId();
       switch (id) {
           case R.id.btn_start:                            //开始录制
              myRecorder=new MediaRecorder();
              myRecorder.setAudioSource(MediaRecorder.AudioSource.MIC);
              myRecorder.setOutputFormat(MediaRecorder.OutputFormat.DEFAULT);
              myRecorder.setAudioEncoder(MediaRecorder.AudioEncoder.DEFAULT);
              audioFile=new File(getExternalFilesDir(null), +System.
                  currentTimeMillis()+"录音.m4a");
              myRecorder.setOutputFile(audioFile.getAbsolutePath());
              try {
                  myRecorder.prepare();
              } catch (Exception e) {
                  e.printStackTrace();
                  saveView.setText(e1.toString());
              }
              myRecorder.start();
              stateView.setText("正在录制");
```

```
                saveView.setText("录音文件保存在:"+audioFile.getAbsolutePath());
                btnStart.setEnabled(false);
                btnPlay.setEnabled(false);
                btnStop.setEnabled(true);
                btnFinish.setEnabled(true);
                break;
            case R.id.btn_stop:    //录制结束,实例化一个 MediaPlayer 对象,准备回放
                myRecorder.stop();
                myRecorder.release();
                player=new MediaPlayer();
                player.setOnCompletionListener(new MediaPlayer.
                    OnCompletionListener() {
                    @Override
                    public void onCompletion(MediaPlayer arg0) {
                                                        //播放结束,更新按钮的状态
                        btnPlay.setEnabled(true);
                        btnStart.setEnabled(true);
                        btnStop.setEnabled(false);
                    }
                });
                try {
                    player.setDataSource(audioFile.getAbsolutePath());
                    player.prepare();
                } catch (Exception e) {
                    e.printStackTrace();
                }
                stateView.setText("准备回放");
                btnPlay.setEnabled(true);
                btnStart.setEnabled(true);
                btnStop.setEnabled(false);
                break;
            case R.id.btn_play:
                player.start();
                stateView.setText("正在播放");
                btnStart.setEnabled(false);
                btnStop.setEnabled(false);
                btnPlay.setEnabled(false);
                break;
            case R.id.btn_finish:
                this.finish();
                break;
        }
    }
}
```

10.1.3　基于 Camera 的图片摄取

Android 框架包含对各种相机和设备上可用相机功能的支持，使应用程序能够捕获照片和视频。Android 5.0（API 21）之前的应用程序使用 android.hardware.Camera 类完成图像预览、捕获图片和录制视频等。Android 5.0 引入了新的相机框架 Camera2 API，其相关包路径是 android.hardware.camera2，其中的常用类如表 10-1 所示。

表 10-1　Camera2 常用类

类　名	说　明
CameraManager	管理手机上的所有相机设备，它的作用主要是获取相机列表和打开指定的相机
CameraDevice	具体的相机设备，它有一系列参数（预览尺寸、拍照尺寸等），可以通过 CameraManager 的 getCameraCharacteristics()方法获取。它的作用主要是创建 CameraCaptureSession 和 CaptureRequest
CameraCaptureSession	相机捕获会话，用于处理拍照和预览
CameraCharacteristics	描述相机设备的属性类
CaptureRequest	捕获请求，定义输出缓冲区以及显示界面（TextureView 或 SurfaceView）等
CameraRequest.Builder	描述捕获图片的各种参数设置，包括捕获硬件、对焦模式、曝光模式、处理流水线、控制算法和输出缓冲区的配置等
CaptureResult	描述从图像传感器捕获单个图像的结果的子集。当 CaptureRequest 被处理之后由 CameraDevice 生成

本节主要介绍使用 Camera2 API 实现相机预览和拍照的方法。在应用程序中操作相机需要在 AndroidManifest.xml 清单文件中声明 android.permission.CAMERA 等有关相机的权限。

1. 设置预览界面

通常在应用程序的界面定义一个 TextureView 对象作为预览界面，然后监听其 SurfaceTexture 事件。当 SurfaceTexture 准备好后会回调 SurfaceTextureListener 的 onSurfaceTextureAvailable()方法，在这个方法里设置相机参数和开启相机。

2. 获取 CameraManager 对象

Camera2 API 使用 CameraManager 对象来管理相机、设置相关参数。通过该对象可以获取全部的 cameraId 列表，CameraCharacteristics、StreamConfigurationMap 等对象。其中 StreamConfigurationMap 对象用于管理相机支持的所有输出格式和尺寸。调用 getSystemService(Context.CAMERA_SERVICE)可以获取系统的 CameraManager 对象。

3. 开启相机

调用 CameraManager 对象的 openCamera()方法可以开启相机，方法定义如下：

```
public void openCamera (String cameraId, CameraDevice.StateCallback callback,
    Handler handler)
```

该方法有 3 个参数。第 1 个参数是要启动的相机 id。第 2 个参数是 CameraDevice.StateCallback 接口对象。一旦相机成功打开,就会回调该接口对象的 onOpened()方法,并将打开的相机设备传入。相机设备用一个 android.hardware.camera2.CameraDevice 对象表示。然后,可以通过调用 CameraDevice.createCaptureSession()和 CameraDevice.createCaptureRequest()来设置相机设备以进行操作。如果该方法返回后,相机在初始化过程中断开连接,就会回调 CameraDevice.StateCallback 接口对象的 onDisconnected()方法,onOpened()方法则会被跳过。如果打开相机设备失败,则回调 CameraDevice.StateCallback 接口对象的 onError()方法,并且对相机设备的后续调用会引发 CameraAccessException 异常。第 3 个参数代表执行 callback 的 Handler 对象,如果希望在当前线程中执行 callback,则可将此参数改为 null。

4. 预览

调用 openCamera()方法需要实现 CameraDevice.StateCallback 接口,并在其 onOpened()方法中开启预览。预览和拍照数据都是使用 CameraCaptureSession 会话来请求的。

调用 CameraDevice 对象的 createCaptureSession()方法创建 CameraCaptureSession 会话对象,方法的定义如下:

```
public abstract void createCaptureSession(List<Surface> outputs,
    CameraCaptureSession.StateCallback callback, Handler handler)
```

该方法有 3 个参数。第 1 个参数是捕获数据的输出 Surface 列表;第 2 个参数是 CameraCaptureSession 的状态回调接口,当它创建好后会回调其 onConfigured()方法,传入 CameraCaptureSession 对象;第 3 个参数用来确定 StateCallback 在哪个线程执行,为 null 时在当前线程执行。

调用 CameraCaptureSession 对象的 setRepeatingRequest()方法,反复捕获数据的请求,这样预览界面就会一直有数据显示。该方法定义如下:

```
public abstract int setRepeatingRequest (CaptureRequest request,
    CameraCaptureSession.CaptureCallback listener, Handler handler)
```

该方法有 3 个参数。第 1 个参数 CaptureRequest 标识当前捕获请求的属性,如请求一个 Camera 还是多个 Camera,是否复用之前的请求等;第 2 个参数是 CameraCaptureSession 的捕获回调接口,监听每次 Capture 状态;第 3 个参数用来确定 CaptureCallback 在哪个线程执行,为 null 时在当前线程执行。

如果要关闭预览,可以通过调用 CameraCaptureSession.stopRepeating()方法停止不断重复执行的 Capture 操作。

5. 拍照

如果要实现拍照操作，需要首先创建请求拍照的 CaptureRequest 对象，设置拍照参数，如方向、尺寸等。然后调用 CameraCaptureSession 对象的 capture()方法实现拍照，该方法定义如下：

```
public abstract int capture (CaptureRequest request, CameraCaptureSession.
    CaptureCallback listener, Handler handler)
```

该方法提交一个由相机设备拍摄的图像的请求，请求定义了捕捉单个图像的所有参数，包括传感器、镜头、闪光灯和后处理设置。Camera2 拍照是通过 ImageReader 实现的，可以通过它获取各种各样格式的图像数据。该程序可以通过 ImageReader.newInstance()方法创建一个 ImageReader 对象作为捕获目标，捕捉图像时会回调 ImageReader 对象的 onImageAvailable()方法，在这个方法里进行保存文件的操作。

【例 10-3】 示例工程 Demo_10_GetPhotoByCamera 演示了采用基于 Camera2 的方法实现拍照功能。

拍摄照片

该程序运行后，首先显示预览画面，点击“拍摄”按钮就会摄取照片并将照片存储在媒体库中，如图 10-4 所示。由于涉及 Camera 硬件的支持，最好在真实设备上运行。

图 10-4 预览和拍摄照片

步骤 1：定义 TextureView 对象作为预览界面，监听其 SurfaceTexture 事件，相关代码如代码段 10-4 所示。

代码段 10-4 监听 TextureView 对象的 SurfaceTexture 事件

```
textureView=(TextureView) findViewById(R.id.myCameraView);
TextureView.SurfaceTextureListener textureListener=new TextureView.
    SurfaceTextureListener() {
    @Override
    public void onSurfaceTextureAvailable(@NonNull SurfaceTexture surface,
        int width, int height) {
        //当 SurfaceTexture 可用时,设置相机参数并打开相机
        setupCamera(width, height);
        openCamera();
    }
};
textureView.setSurfaceTextureListener(textureListener);
```

步骤 2：设置相机参数。Camera2 API 使用 CameraManager 来管理相机，相关代码如代码段 10-5 所示。

代码段 10-5 设置相机参数

```
private void setupCamera(int width, int height) {
    CameraManager manager=(CameraManager) getSystemService(Context.CAMERA_
        SERVICE);
    try {
        //遍历所有相机
        for (String cameraId : manager.getCameraIdList()) {
            CameraCharacteristics characteristics=manager.
                getCameraCharacteristics(cameraId);
            //获取 StreamConfigurationMap,它管理相机支持的所有输出格式和尺寸
            StreamConfigurationMap map=characteristics.get
                (CameraCharacteristics.SCALER_STREAM_CONFIGURATION_MAP);
            //获取相机支持的预览尺寸,设置界面的预览尺寸
            Size previewSizes[]=map.getOutputSizes(ImageReader.class);
            mPreviewSize=previewSizes[0];
            mCameraId=cameraId;
            break;
        }
    } catch (CameraAccessException e) {
        e.printStackTrace();
    }
}
```

步骤 3：开启相机。通过调用 CameraManager 对象的 openCamera()方法开启相机，相关代码如代码段 10-6 所示。

代码段 10-6　开启相机

```
private void openCamera() {
    CameraManager manager= (CameraManager) getSystemService(Context.CAMERA_
        SERVICE);
    try {
      manager.openCamera(mCameraId, stateCallback, null);  //打开相机
    } catch (CameraAccessException e) {
      e.printStackTrace();
    }
}
//实现 StateCallback 接口,当相机打开后会回调 onOpened 方法,在这个方法里面开启预览
private final CameraDevice.StateCallback stateCallback=new CameraDevice.
    StateCallback() {
    @Override
    public void onOpened(CameraDevice camera) {
      mCameraDevice=camera;
      startPreview();                                          //开启预览
    }
};
```

步骤 4：开启相机预览。通过 CameraCaptureSession 会话请求，在 TextureView 中显示相机预览数据，相关代码如代码段 10-7 所示。

代码段 10-7　开启相机预览

```
private void startPreview() {
    mImageReader= ImageReader.newInstance(mPreviewSize.getWidth(),
        mPreviewSize.getHeight(), ImageFormat.JPEG, 1);
        //监听 ImageReader 的事件,当有图像流数据可用时会回调 onImageAvailable()
        //方法,它的参数就是预览帧数据,可以对这帧数据进行处理
    mImageReader.setOnImageAvailableListener(new ImageReader.
        OnImageAvailableListener() {
      @Override
      public void onImageAvailable(ImageReader reader) {
          Image image=reader.acquireLatestImage();
              ImageSave(image);              //保存图片
          }
      }, null);
      SurfaceTexture mSurfaceTexture=textureView.getSurfaceTexture();
      //设置 TextureView 的缓冲区大小
      mSurfaceTexture.setDefaultBufferSize(mPreviewSize.getWidth(),
          mPreviewSize.getHeight());
      //获取 Surface 显示预览数据
      mPreviewSurface=new Surface(mSurfaceTexture);
```

```
        try {
            //创建 CaptureRequestBuilder,TEMPLATE_PREVIEW 表示预览请求
            mCaptureRequestBuilder=mCameraDevice.createCaptureRequest
                (CameraDevice.TEMPLATE_PREVIEW);
            //设置 Surface 作为预览数据的显示界面
            mCaptureRequestBuilder.addTarget(mPreviewSurface);
            //创建相机捕获会话。第 1 个参数是捕获数据的输出 Surface 列表;第 2 个参数
            //是 CameraCaptureSession 的状态回调接口,当它创建好后会回调 onConfigured()
            //方法;第 3 个参数为 null,在当前线程执行
            mCameraDevice.createCaptureSession(
                Arrays.asList(mPreviewSurface, mImageReader.getSurface()),
                new CameraCaptureSession.StateCallback() {
                    @Override
                    public void onConfigured(CameraCaptureSession session) {
                        try {
                            mCaptureSession=session;
                            mCaptureRequest=mCaptureRequestBuilder.build();
                            //设置反复捕获数据的请求,这样预览界面就会一直有数据显示
                            mCaptureSession.setRepeatingRequest(mCaptureRequest,
                                mPreviewCaptureCallback, null);
                        } catch (CameraAccessException e) {
                            e.printStackTrace();
                        }
                    }
                    @Override
                    public void onConfigureFailed(CameraCaptureSession session) {
                    }
                }, null);
        } catch (CameraAccessException e) {
            e.printStackTrace();
        }
    }
    //实现 CameraCaptureSession.CaptureCallback 接口
    private CameraCaptureSession.CaptureCallback mPreviewCaptureCallback=new
        CameraCaptureSession.CaptureCallback() {
        :    //重写抽象方法,代码略
    };
```

步骤 5:实现拍照操作。相关代码如代码段 10-8 所示。

代码段 10-8 实现拍照操作

```
private void capture() {
    try {
```

```
        //首先创建请求拍照的 CaptureRequest
        final CaptureRequest.Builder mCaptureBuilder=mCameraDevice.
            createCaptureRequest(CameraDevice.TEMPLATE_STILL_CAPTURE);
        mCaptureBuilder.addTarget(mPreviewSurface);
        mCaptureBuilder.addTarget(mImageReader.getSurface());
        CameraCaptureSession.CaptureCallback captureCallback=new
            CameraCaptureSession.CaptureCallback() {
        //mCaptureBuilder 设置 ImageReader 作为 target,所以会自动回调 ImageReader
        //的 onImageAvailable()方法
            @Override
            public void onCaptureCompleted(@NonNull CameraCaptureSession session,
                @NonNull CaptureRequest request, @NonNull TotalCaptureResult result) {
            }
        };
        mCaptureSession.capture(mCaptureBuilder.build(), captureCallback,
            null);
    } catch (CameraAccessException e) {
        e.printStackTrace();
    }
}
private void ImageSave(Image mImage) {
    ByteBuffer buffer=mImage.getPlanes()[0].getBuffer();
    byte[] data=new byte[buffer.remaining()];
    buffer.get(data);
    Uri imageUri=MainActivity.this.getContentResolver().insert(
            MediaStore.Images.Media.EXTERNAL_CONTENT_URI, new ContentValues());
    OutputStream os=null;
    try {
        os=MainActivity.this.getContentResolver().openOutputStream(imageUri);
        os.write(data);
        os.flush();
        os.close();
    } catch (IOException e) {
        e.printStackTrace();
    }
}
```

10.2　Web 应用开发

10.2.1　基于 HTTP 的网络资源访问

HTTP(Hypertext Transfer Protocol),即超文本传送协议,是移动设备连网常用的协议之一。HTTP 是建立在传输控制协议(Transmission Control Protocol,TCP)之上的一种协议,主要用于 Web 浏览器和 Web 服务器之间的数据交换。HTTP 连接最显著的特点是客户端发送的每次请求都需要服务器回送响应,在请求结束后,会主动释放连接。客户向服务器请求服务时,只需传送请求方法和路径,常用的请求方法有 GET、POST、HEAD 等。有关 HTTP 的详细介绍,读者可以查阅 RFC2616 或 http://www.chinaw3c.org/。

Android SDK 提供了多个类来帮助处理网络通信。Java.net.* 提供与连网有关的类和接口,包括流和数据包套接字、Internet 协议、常见 HTTP 处理。这些类和接口提供了访问 HTTP 服务的基本功能,包括创建 URL 对象和 URLConnection(或 HttpURLConnection)对象、设置连接参数、连接到服务器、向服务器写入数据以及从服务器读取数据等。

URLConnection 是抽象类,无法直接实例化对象,主要通过 URL 对象的 openConnection() 方法获得。通常的操作方式是,先通过 URL 对象的 openConnection() 方法获取一个 URLConnection 对象,然后调用其 getInputStream() 方法打开一个 Internet 数据流,读入数据。

HttpURLConnection 是 URLConnection 的子类,对大部分工作进行了包装,屏蔽了不需要的细节,体积较小。另外,HttpURLConnection 直接在系统层面做了缓存策略处理,可以加快重复请求的速度,其压缩和缓存机制也可以有效地减少网络访问的流量,提升了速度并且更省电。

获取网络数据

【例 10-4】 示例工程 Demo_10_HttpGetConnection 演示了使用 HTTP 的 GET 方式从网络中获取数据。

本例从有道翻译网站提供的数据接口获取数据。在访问数据接口之前需要在有道智云 AI 开放平台(https://ai.youdao.com/)注册成为开发者用户,并且为自己的应用申请一个 API key,具体操作方法可查阅该平台的开发指南文档。

有道翻译 API 的网址是 http://fanyi.youdao.com/openapi? path=data=mode,其 API 的主要功能是提供中英互译的服务,可以获得一段文本的翻译结果或者查词结果。API 的请求方式为 GET,编码方式为 UTF-8,数据接口格式如下:

```
http://fanyi.youdao.com/openapi.do? keyfrom=<keyfrom>&key=<key>&type=
    data&doctype=<doctype>&version=1.1&q=要翻译的文本
```

其中,<keyfrom>是应用名称;<key>是从有道智云 AI 开放平台申请的 API key;<doctype>是返回结果的数据格式,可选 xml、json 或 jsonp;要翻译的文本必须是 UTF-8 编码,字符长度不能超过 200 个字符。

返回的数据包含 errorCode 字段,其中,0 表示正常,20 表示要翻译的文本过长,30 表示无法进行有效的翻译,40 表示不支持的语言类型,50 表示无效的 key,60 表示无词典结果。

本例中使用的 API key 为 846100214,返回数据格式为 json,要查询的单词是由界面的输入框输入的,从网络中获取的返回数据显示到 TextView 中,运行结果如图 10-5 所示。MainActivity.java 的主要代码如代码段 10-9 所示。

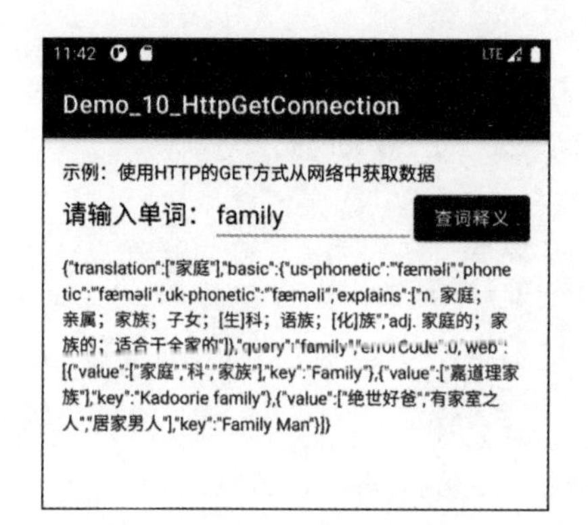

图 10-5　使用 HTTP 的 GET 方式从网络中获取数据

代码段 10-9　使用 HTTP 的 GET 方式从网络中获取数据

```
//package 和 import 语句略
public class MainActivity extends AppCompatActivity {
    @Override
    protected void onCreate(Bundle savedInstanceState) {
        super.onCreate(savedInstanceState);
        setContentView(R.layout.activity_main);
        findViewById(R.id.btnSearch).setOnClickListener(new View.
            OnClickListener() {
            @Override
            public void onClick(View v) {
                String word=((EditText) findViewById(R.id.etWord)).getText().
                    toString();
                String urlString="https://fanyi.youdao.com/openapi.do? keyfrom=
                    DemoHttpURLTest&key=846100214&type=data&doctype=
                    json&version=1.1&q="+word;
                new ReadSomething().execute(urlString);
            }
        });
    }
    class ReadSomething extends AsyncTask<String, Void, String> {
        @Override
        protected String doInBackground(String... params) {
            String strResults="";
            HttpURLConnection conn=null;
            try {
                URL myUrl=new URL(params[0]);
                conn=(HttpURLConnection) myUrl.openConnection();    //创建 URL 连接
                conn.setConnectTimeout(10000);
                InputStream inputStream=conn.getInputStream();    //读数据
```

```
                InputStreamReader inputStreamReader=new InputStreamReader
                    (inputStream, "utf-8");
                BufferedReader bufferedReader=new BufferedReader(inputStreamReader);
                String strLine="";
                while ((strLine=bufferedReader.readLine()) != null) {
                    strResults=strResults+strLine+"\n";
                }
                bufferedReader.close();
                inputStreamReader.close();
                inputStream.close();
            } catch (IOException e) {
                e.printStackTrace();
            } finally {
                conn.disconnect();
            }
            return strResults;
        }
        @Override
        protected void onPostExecute(String string) {
            TextView tvResult=findViewById(R.id.tv_result);
            if (!string.isEmpty()) {
                tvResult.setText(string);
            } else {
                tvResult.setText("没有读取到数据");
            }
        }
    }
}
```

需要注意的是,Android 4.0 之后系统强制性地不允许在主线程访问网络,否则会出现 android.os.NetworkOnMainThreadException 异常,所以应该在子线程中访问网络。另外,由于需要访问网络,本例需要在 AndroidManifest 清单文件中声明访问网络的权限:

```
<uses-permission android:name="android.permission.INTERNET"/>
```

10.2.2 WebView 及其应用

在 Android 中,有两种形式访问网页数据:一种是使用移动设备上的浏览器直接访问,这种情况用户不需要额外安装其他应用,只要有浏览器即可;另一种方式则是在用户的移动设备上安装客户端应用程序,并在此客户端程序中嵌入 WebView 控件来显示从服务器端下载的网页数据。

WebView 在 Android.webkit 包中,继承自 Android.widget.AbsoluteLayout 类,用于

加载和显示 Web 网页。WebView 控件可以被嵌入应用程序中，实现一个基于 WebKit 浏览器的功能。

首先在布局文件中声明 WebView，如代码段 10-10 所示，然后在 Activity 中获取该 WebView 实例。也可以在 Activity 中直接使用 new 操作符实例化一个 WebView 对象。

代码段 10-10　在布局文件中声明 WebView

```
<WebView
    android:id="@+id/webview"
    android:layout_width="match_parent"
    android:layout_height="match_parent" />
```

取得 WebView 实例后，就可以调用 WebView 对象的 loadUrl()方法加载网页，如代码段 10-11 所示。

代码段 10-11　加载网页

```
WebView mywebview=(WebView)findViewById(R.id.webview);
//获取 WebView 控件实例
mywebview.loadUrl("https://m.baidu.com/");
//加载需要显示的网页
webview.requestFocusFromTouch();
//如果 WebView 中需要用户手动输入用户名、密码或其他，则必须设置支持获取手势焦点
```

调用 WebView 对象的 getSettings()方法可以取得一个 WebSettings 对象，该对象用于设置 WebView 属性。WebSettings 的常用方法如表 10-2 所示。

表 10-2　WebSettings 的常用方法

方　法　名	功能说明
setJavaScriptEnabled(true);	支持 JavaScript，能够执行 JavaScript 脚本
setPluginsEnabled(true);	支持插件
setUseWideViewPort(true);	将图片调整到适合 WebView 的大小
setLoadWithOverviewMode(true);	缩放至屏幕的大小，这样打开页面时，可以自适应屏幕
setSupportZoom(true);	支持缩放，默认为 true
setBuiltInZoomControls(true);	设置内置的缩放控件。setSupportZoom(true)时该设置才有效
setDisplayZoomControls(false);	隐藏原生的缩放控件
setLayoutAlgorithm(LayoutAlgorithm.SINGLE_COLUMN);	支持内容重新布局
supportMultipleWindows();	多窗口
setCacheMode(WebSettings.LOAD_CACHE_ELSE_NETWORK);	关闭 WebView 中的缓存

续表

方 法 名	功能说明
setAllowFileAccess(true);	设置可以访问文件
setLoadsImagesAutomatically(true);	支持自动加载图片
setDefaultTextEncodingName("utf-8");	设置编码格式
setPluginState(PluginState.OFF);	设置是否支持 Flash 插件
setDefaultFontSize(20);	设置默认字体大小

如果需要在 WebView 中使用 JavaScript,则需要设置 WebView 属性使其能够支持 JavaScript。然后,将 JavaScript 与 Android 客户端代码进行绑定,这样就可以由 JavaScript 调用 Android 代码中的方法。例如,JavaScript 代码想利用 Android 的代码来显示一个 Dialog,而不用 JavaScript 的 alert()方法,这时就需要在 Android 代码和 JavaScript 代码间创建接口,从而可以在 Android 代码中实现显示对话框的方法,然后 JavaScript 调用此方法。绑定的具体方法如下。

创建 Android 代码和 JavaScript 代码的接口,即创建一个类,类中的方法将被 JavaScript 调用,如代码段 10-12 所示。

代码段 10-12 JavaScript 代码的接口

```
public class JavaScriptInterface {
    Context mContext;
    JavaScriptInterface(Context c) {
        //初始化 Context,供 makeText 方法中的参数来使用
        mContext=c;
    }
    public void showToast(String toast) {
        //创建一个方法,实现显示对话框的功能,供 JavaScript 中的代码来调用。
        Toast.makeText(mContext, toast, Toast.LENGTH_SHORT).show();
    }
}
```

然后在 Activity 中通过调用 WebView 对象的 addJavascriptInterface(new JavaScriptInterface(this), "Android_Toast")方法,把前面创建的接口类与运行在 WebView 上的 JavaScript 进行绑定。其中,第 2 个参数是这个接口对象的名字,以方便 JavaScript 调用。

在 HTML 中的 JavaScript 部分调用 showToast()方法,就可以显示对话框,如代码段 10-13 所示。

代码段 10-13 在 HTML 中的 JavaScript 部分调用 showToast()方法

```
<script type="text/javascript">
```

```
        function showAndroidToast(toast) {
            Android_Toast.showToast(toast);
        }
    </script>
    <input type="button" value="hello" onClick="showAndroidToast('Hello
        Android!')"/>
```

另外,应用程序中嵌入 WebView 控件,通常会涉及 WebViewClient 类和 WebChromeClient 类。WebViewClient 类是一个专门辅助 WebView 处理各种通知、请求等事件的类。通过继承 WebViewClient 类并重载它的方法可以实现不同功能的定制,如浏览器中的按键事件的处理、开始载入页面、页面加载结束、加载页面资源时的处理、报告错误信息、更新历史记录等。WebChromeClient 类专门用来辅助 WebView 处理 JavaScript 的对话框、网站图标、网站标题、加载进度等。通过继承 WebChromeClient 并重载它的方法也可以实现不同功能的定制。

【例 10-5】 示例工程 Demo_10_WebView 演示了在 Activity 中嵌入 WebView 的用法。

首先定义布局文件 activity_main.xml,其内容如代码段 10-14 所示。

代码段 10-14 界面布局

```
<?xml version="1.0" encoding="utf-8"?>
<LinearLayout xmlns:android="http://schemas.android.com/apk/res/android"
    android:orientation="vertical"
    android:layout_width="match_parent"
    android:layout_height="match_parent"
    android:padding="16dp">
    <TextView
        android:layout_width="wrap_content"
        android:layout_height="wrap_content"
        android:text="WebView 示例"/>
    <WebView
        android:id="@+id/webview"
        android:layout_width="match_parent"
        android:layout_height="match_parent"/>
</LinearLayout>
```

定义 MainActivity.java 文件,如代码段 10-15 所示。重写 onCreate()方法,调用 findViewById()方法获得 Webview 的实例对象。然后调用 getSettings()方法取得一个 WebSettings 对象,将 WebView 的 JavaScript 设置成可用。如果加载到 WebView 中的网页使用了 JavaScript,就需要在 WebSettings 中开启对 JavaScript 的支持,因为 WebView 中默认的是 JavaScript 未启用。最后,调用 loadUrl(String)加载一个网页。

代码段 10-15 MainActivity.java 的主要源代码

```
//package 和 import 语句略
public class MainActivity extends AppCompatActivity {
    private WebView myWebView;
    @Override
    public void onCreate(Bundle savedInstanceState) {
        super.onCreate(savedInstanceState);
        setContentView(R.layout.activity_main);
        myWebView=(WebView) findViewById(R.id.webview);
        myWebView.getSettings().setJavaScriptEnabled(true);//设置 WebView 属性
        myWebView.loadUrl("https://www.baidu.com/"); //加载需要显示的网页
        myWebView.setWebViewClient(new HelloWebViewClient ());
        //设置 Web 视图,启用 Activity 处理自己的 URL 请求
    }
    @Override
    public boolean onKeyDown(int keyCode, KeyEvent event) {
        if ((keyCode==KeyEvent.KEYCODE_BACK) && myWebView.canGoBack()) {
            myWebView.goBack();                         //返回 WebView 的上一页面
            return true;
        }
        return false;
    }
    private class HelloWebViewClient extends WebViewClient {
        @Override
        public boolean shouldOverrideUrlLoading(WebView view, String url) {
            view.loadUrl(url);
            return true;
        }
    }
}
```

在 MainActivity 中添加一个继承自 WebViewClient 的内部类 HelloWebViewClient,其作用是启用 Activity 处理自己的 URL 请求。否则,当点击网页中的一个链接时,默认的 Android 浏览器会处理这个 Intent 来显示一个网页,而不是由 Activity 自己来处理。WebView 对象初始化之后,通过调用 setWebViewClient(new HelloWebViewClient ())为 WebViewClient 设置一个 HelloWebViewClient 的实例。

本例中重写了 Activity 类的 onKeyDown()方法。用 WebView 显示网页,如果不做任何处理,按设备的返回键时整个浏览器会调用 finish()方法结束自身,而不是回退到上一页面。为了让 WebView 支持回退功能,需要重写 Activity 类的 onKeyDown()方法,在此方法中处理 Back 事件。这样当 WebView 有历史记录时,按设备的返回键就会调用 goBack()方法在 WebView 历史中回退一步。

示例工程的运行结果如图 10-6 所示。

图 10-6　在 Activity 中嵌入 WebView

10.3　地图应用开发

10.3.1　百度地图 Android SDK

百度地图 Android SDK 是一套基于 Android 4.0 及以上版本设备的应用程序接口，支持地图标注、几何图形覆盖、POI(Point of Interest)检索、路线规划、步行和骑行导航等功能。通过调用地图 SDK 接口，可以访问百度地图服务和数据，构建功能丰富、交互性强的地图类应用程序，实现地图的展示和地图交互，包括通过接口或手势控制来实现地图的点击、长按、缩放、旋转、改变视角等操作。

百度地图开放平台的网址为 https://lbsyun.baidu.com/，可以下载相关 SDK、查看用户指南文档、使用在线工具等。

10.3.2　显示地图

在自己的应用程序中显示地图需要完成以下步骤。

步骤 1：注册百度账户并获取开发密钥。

申请百度地图开发密钥

使用百度地图 SDK 需要首先注册百度账户并认证为开发者，然后获取百度地图移动版开发密钥 AK(API Key)。该密钥与百度账户相关联，并且与引用 SDK 的程序包名有关。创建好的密钥会永久保存在百度地图开放平台的控制台，如图 10-7 所示。单击界面中的"创建应用"按钮,然后在创建应用页面中填写应用名称、选择 Android SDK 应用类型,正确填写安全码,提交后系统会自动生成相应的开发密钥,具体操作过程可查阅百度地图开放平台上的操作指南。地图初始化时需要用到该密钥。

图 10-7　获取百度地图移动版开发密钥

接下来需要在应用的 AndroidManifest.xml 文件中配置 AK。具体方法是为<application>添加<meta-data>子元素,代码如下所示。

```
<meta-data
    android:name="com.baidu.lbsapi.API_KEY"
    android:value="百度地图开放平台申请的 Android 端 API KEY"/>
```

配置 Android Studio 工程

步骤 2:下载百度地图开发包,配置 Android Studio 工程。

开发包下载网址为 http://lbsyun.baidu.com/index.php?title=androidsdk/sdkandev-download。下载后的文件包里 BaiduLBS_Android.jar 文件就是包含了所需功能的 jar 包,armeabi 等文件夹里是针对不同手机 CPU 架构的.so 文件。

将下载的地图 SDK 的 jar 包复制到工程的 libs 目录下,如图 10-8 所示。

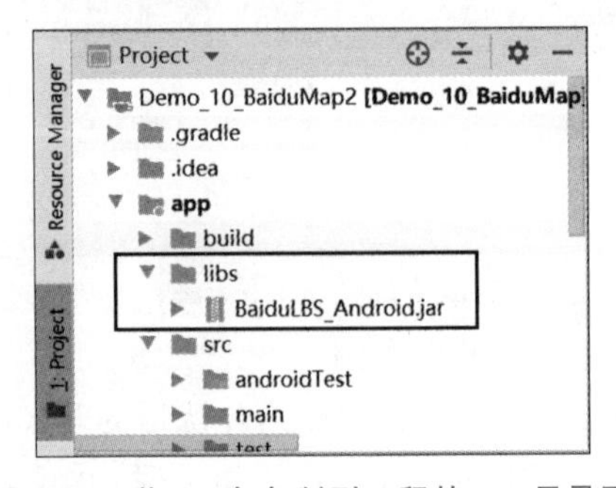

图 10-8　将 jar 包复制到工程的 libs 目录下

工程配置还需要把 jar 包集成到自己的工程中，对于每个 jar 文件，右击选择 Add As Library 命令，导入工程中。同时在 build.gradle 中会生成工程依赖对应的 jar 文件说明，代码如下所示。

```
dependencies {
    implementation files('libs\\BaiduLBS_Android.jar')
    ⋮
}
```

然后添加.so 库。百度地图支持 5 种 CPU 架构，即 arm64-v8a、armeabi、armeabi-v7a、x86、x86_64，开发者可根据实际使用需求放置所需.so 文件到对应的工程文件夹内。具体方法是在 src/main/目录下新建 jniLibs 目录，将开发包中的.so 文件复制到对应的架构下，其目录结构如图 10-9 所示。如果该目录已经存在，直接复制文件即可。这是默认配置，不需要修改 build.gradle，工程会自动加载 src 目录下的.so 动态库。

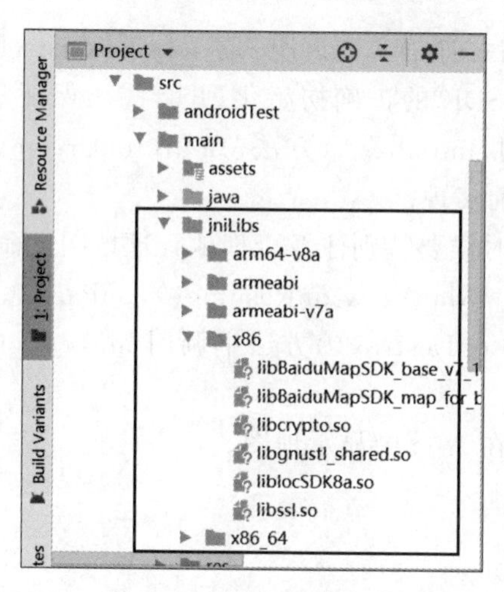

图 10-9 配置.so 动态库

步骤 3：添加所需权限。

使用地图 SDK 之前，需要在 AndroidManifest.xml 文件中进行相关权限设置，确保地图功能可以正常使用。例如，显示地图需要声明以下权限：

```
<!-- 访问网络,进行地图相关业务数据请求,包括地图数据、路线规划、POI 检索等 -->
<uses-permission android:name="android.permission.INTERNET" />
<!-- 获取网络状态,根据网络状态切换进行数据请求网络转换 -->
<uses-permission android:name="android.permission.ACCESS_NETWORK_STATE" />
```

步骤 4：显示基础地图。

首先在 XML 布局文件中添加地图控件 MapView，如代码段 10-16 所示。

显示基础地图

代码段 10-16 在 XML 布局文件中添加地图控件 MapView

```
<com.baidu.mapapi.map.MapView
```

```
    android:id="@+id/bmapView"
    android:layout_width="match_parent"
    android:layout_height="match_parent"
    android:clickable="true"/>
```

然后在应用程序创建时初始化 SDK 引用的 Context 全局变量,加载含有 MapView 的布局文件,获取地图控件引用,如代码段 10-17 所示。

代码段 10-17 获取地图控件引用

```
//在使用 SDK 各组件之前初始化 Context 信息,传入 ApplicationContext
SDKInitializer.initialize(getApplicationContext());
setContentView(R.layout.activity_main);
//获取地图控件引用
mMapView=(MapView) findViewById(R.id.bmapView);
```

地图的各功能组件使用之前,都需要调用 SDKInitializer.initialize(getApplicationContext())初始化。组件功能依赖于 SDK 的正确初始化,并且为了保证整个 App 的生命周期里地图 SDK 都存活、功能可用,initialize()方法应该在 onCreate()方法中调用,并且要在 setContentView()方法之前实现。

在项目中使用地图的时候要特别注意合理地管理地图生命周期。通常在 Activity 的 onResume() 方法中调用 mMapView.onResume(),onPause()方法中调用 mMapView.onPause (),在 Activity 的 onDestroy()方法中调用 mMapView.onDestroy(),实现地图生命周期管理。

完成以上步骤就可以在 App 中显示地图。

10.3.3 切换地图类型

目前百度地图 SDK 所提供的地图缩放等级为 4～21 级,卫星地图支持缩放到 20 级,室内图可以缩放到 22 级,所包含的信息有建筑物、道路、河流、学校、公园等。地图提供了 3 种预置的类型,包括普通矢量地图、卫星地图、空白地图。另外还提供了两种常用图层,分别为实时路况图和百度城市热力图。

BaiduMap 类提供了图层类型常量,MAP_TYPE_NORMAL 表示普通地图,MAP_TYPE_SATELLITE 表示卫星地图,MAP_TYPE_NONE 表示空白地图。开发者可以利用 BaiduMap 的 setMapType()方法来设置地图类型,如下面的代码将地图类型设置为卫星地图。

```
MapView mMapView=(MapView) findViewById(R.id.bmapView);
BaiduMap mBaiduMap=mMapView.getMap();
mBaiduMap.setMapType(BaiduMap.MAP_TYPE_SATELLITE);
```

路况图依据实时路况数据渲染,目前已支持绝大部分城市实时路况查询。普通地图和卫星地图均支持叠加实时路况图,通过调用 BaiduMap.setTrafficEnabled(true)开启。

百度城市热力图根据实时的人群分布密度和变化趋势，用热力图的形式展现。热力图的使用方式和实时路况图类似，通过调用 BaiduMap.setBaiduHeatMapEnabled(true) 开启。

10.3.4　POI 检索

POI 检索

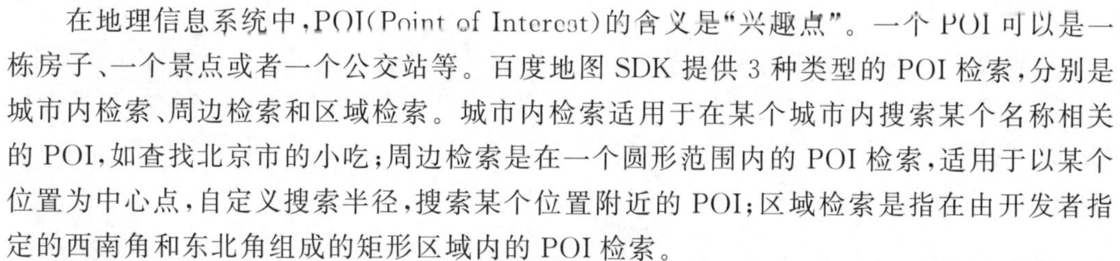

在地理信息系统中，POI(Point of Interest)的含义是"兴趣点"。一个 POI 可以是一栋房子、一个景点或者一个公交站等。百度地图 SDK 提供 3 种类型的 POI 检索，分别是城市内检索、周边检索和区域检索。城市内检索适用于在某个城市内搜索某个名称相关的 POI，如查找北京市的小吃；周边检索是在一个圆形范围内的 POI 检索，适用于以某个位置为中心点，自定义搜索半径，搜索某个位置附近的 POI；区域检索是指在由开发者指定的西南角和东北角组成的矩形区域内的 POI 检索。

实现 POI 检索，需要首先调用 PoiSearch.newInstance()方法创建一个 POI 实例。然后创建一个 POI 检索监听器 GetPoiSearchResultListener，并为这个 POI 实例设置检索监听器。监听器接口的回调方法 onGetPoiResult()会传入检索结果，通常在这个方法中完成处理或显示检索结果的操作。完成上述操作后就可以设置 PoiCitySearchOption 并发起检索请求。例如代码段 10-18 发起了 POI 城市内检索的请求，在北京市内检索与美食相关的地点。

代码段 10-18　POI 城市内检索

```
PoiSearch mPoiSearch=PoiSearch.newInstance();          //创建 POI 检索实例
mPoiSearch.setOnGetPoiSearchResultListener(listener); //为 POI 实例设置检索监听器
mPoiSearch.searchInCity(new PoiCitySearchOption()     //发起检索请求
        .city("北京")
        .keyword("美食")
        .pageNum(1));                                   //分页编号，从 0 开始
```

发起周边检索请求调用 PoiSearch 实例的 searchNearby()方法，如代码段 10-19 以天安门为中心，搜索半径 1000m 以内的餐厅。

代码段 10-19　POI 周边检索

```
mPoiSearch.searchNearby(new PoiNearbySearchOption()
        .location(new LatLng(39.915446, 116.403869))
        .radius(1000);
        .keyword("餐厅")
        .pageNum(0));                                   //返回检索结果的首页
```

发起 POI 区域检索请求调用 PoiSearch 实例的 searchNearby()方法，如代码段 10-20 检索(39.92235，116.380338)到(39.947246，116.414977)矩形区域内的餐厅。

代码段 10-20　POI 区域检索

```
LatLngBounds searchBounds=new LatLngBounds.Builder()
```

```
            .include(new LatLng(39.92235, 116.380338))
            .include(new LatLng(39.947246, 116.414977))
            .build();
mPoiSearch.searchInBound(new PoiBoundSearchOption()
            .bound(searchBounds)
            .keyword("餐厅"));
```

得到检索结果后,通常需要在地图上做出标记。开发者可以根据自己实际业务需求,利用标注覆盖物,在地图指定的位置上添加标注信息。可以通过 MarkerOptions 类设置 Marker 的属性实现点标记的绘制,如代码段 10-21 将 drawable 文件夹下的图标 icon_mark.png 绘制在坐标点(39.963175, 116.400244)。

代码段 10-21　在地图上添加点标记

```
LatLng point=new LatLng(39.963175, 116.400244);  //定义 Marker 坐标点
BitmapDescriptor bitmap = BitmapDescriptorFactory.fromResource(R.drawable.
        icon_marka);                               //构建 Marker 图标
OverlayOptions option=new MarkerOptions()          //构建 MarkerOption,用于在地
                                                   //图上添加 Marker
        .position(point)
        .icon(bitmap);
mBaiduMap.addOverlay(option);                      //在地图上添加 Marker,并显示
```

当不再需要检索时,应该调用 Destroy()方法释放检索实例。

【例 10-6】 示例工程 Demo_10_BaiduMap 实现了一个百度地图应用程序,可以显示普通地图、卫星地图、城市热力图和实时路况,并可以按用户的要求在指定城市内进行 POI 检索。

示例工程的运行结果如图 10-10 所示,相关源代码如代码段 10-22 所示。

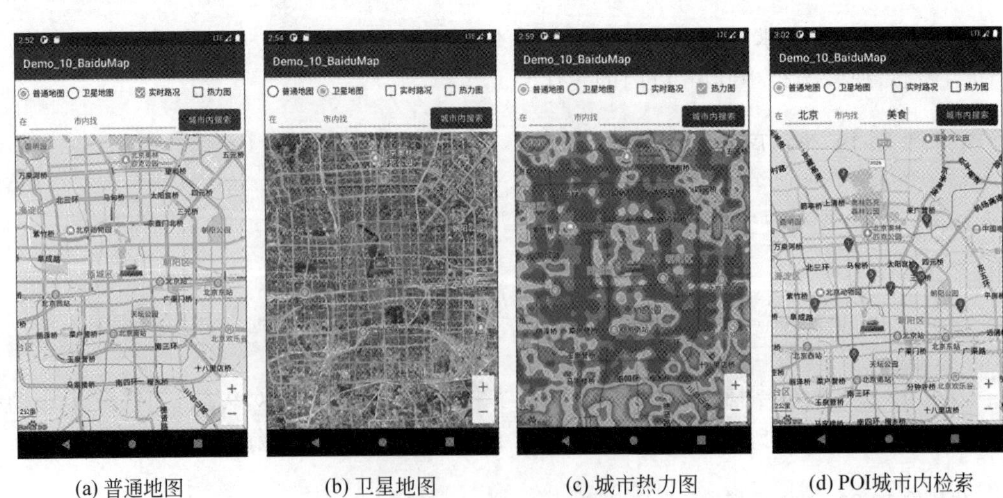

(a) 普通地图　(b) 卫星地图　(c) 城市热力图　(d) POI城市内检索

图 10-10　示例工程运行结果

代码段 10-22　MainActivity 源代码

```
//package 和 import 语句略
public class MainActivity extends AppCompatActivity {
    MapView mMapView;
    PoiSearch mPoiSearch;
    BaiduMap mBaiduMap;
    @Override
    protected void onCreate(Bundle savedInstanceState) {
      super.onCreate(savedInstanceState);
      //在使用地图各组件之前初始化 context 信息,注意要在 setContentView 方法之前
      //实现
      SDKInitializer.initialize(getApplicationContext());
      setContentView(R.layout.activity_main);
      RadioGroup rgMapType=(RadioGroup) findViewById(R.id.rg_maptype);
      mMapView=(MapView) findViewById(R.id.bmapView);      //获取地图控件引用
      mBaiduMap=mMapView.getMap();
      MapStatusUpdate u=MapStatusUpdateFactory.zoomTo(13);
      mBaiduMap.animateMapStatus(u);                        //对地图状态做更新
      rgMapType.setOnCheckedChangeListener(new RadioGroup.
          OnCheckedChangeListener() {
          @Override
          public void onCheckedChanged(RadioGroup group, int checkedId) {
              if (checkedId==R.id.rb_normal) {
                  mBaiduMap.setMapType(BaiduMap.MAP_TYPE_NORMAL);    //普通地图
              } else if (checkedId==R.id.rb_satellite) {
                  mBaiduMap.setMapType(BaiduMap.MAP_TYPE_SATELLITE); //卫星地图
              }
          }
      });
      CheckBox cbTraffic=(CheckBox) findViewById(R.id.cb_traffic);
      CheckBox cbHot=(CheckBox) findViewById(R.id.cb_hot);
      cbTraffic.setOnCheckedChangeListener(new CompoundButton.
          OnCheckedChangeListener() {
          @Override
          public void onCheckedChanged(CompoundButton buttonView, boolean
              isChecked) {
              if (isChecked) {
                mBaiduMap.setTrafficEnabled(true);           //开启实时路况
              } else {
                mBaiduMap.setTrafficEnabled(false);          //关闭实时路况
              }
          }
      });
```

```
cbHot.setOnCheckedChangeListener(new CompoundButton.
    OnCheckedChangeListener() {
    @Override
    public void onCheckedChanged(CompoundButton buttonView, boolean
        isChecked) {
        if (isChecked) {
            mBaiduMap.setBaiduHeatMapEnabled(true);   //开启城市热力图
        } else {
            mBaiduMap.setBaiduHeatMapEnabled(false); //关闭城市热力图
        }
    }
});
OnGetPoiSearchResultListener listener=new
    OnGetPoiSearchResultListener() {
                                                   //创建 POI 检索监听器
    @Override
    public void onGetPoiResult(PoiResult poiResult) {
        if (poiResult.error==SearchResult.ERRORNO.NO_ERROR) {
                                                   //得到结果
            List<PoiInfo> poiInfos=poiResult.getAllPoi();
            MapStatus mMapStatus=new MapStatus.Builder()
                    .target(poiInfos.get(4).location)
                    .zoom(13)
                    .build();
            MapStatusUpdate mMapStatusUpdate = MapStatusUpdateFactory.
                newMapStatus(mMapStatus);
            mBaiduMap.setMapStatus(mMapStatusUpdate);
            mBaiduMap.clear();
            int i=0;
            for (PoiInfo p : poiInfos) {
                i++;
                //创建一个图层选项,检索的结果位置放一个图标
                BitmapDescriptor bd=BitmapDescriptorFactory.fromAsset
                    ("Icon_mark"+i+".png");
                OverlayOptions options=new MarkerOptions().position
                    (p.location).icon(bd);
                mBaiduMap.addOverlay(options);
            }
        } else if (poiResult==null || poiResult.error==SearchResult.
            ERRORNO.RESULT_NOT_FOUND) {
            Toast.makeText(MainActivity.this, "在指定范围内没有找到搜索结
                果!", Toast.LENGTH_SHORT).show();
            mBaiduMap.clear();
```

```
            } else {
                Log.e("百度地图检索错误", poiResult.error.toString());
                mBaiduMap.clear();
            }
        }
        //其他抽象方法省略
    };
    mPoiSearch=PoiSearch.newInstance();                         //创建 POI 检索实例
    mPoiSearch.setOnGetPoiSearchResultListener(listener);  //设置检索监听器
  }
  public void searchButtonProcess(View view) {     //点击界面搜索按钮回调此方法
    String cityStr=((EditText) findViewById(R.id.city)).getText().toString();
                                                              //获取检索城市
    String keyWordStr=((EditText) findViewById(R.id.searchkey)).getText().
        toString();                                           //获取检索关键字
    mPoiSearch.searchInCity((new PoiCitySearchOption())   //发起检索请求
            .city(cityStr)
            .keyword(keyWordStr)
            .pageNum(0)                                       //分页编号
            .cityLimit(true)  //区域数据召回限制为 true 时,仅召回 city 对应区域内数据
            .scope(1));       //检索结果详细程度:1 返回基本信息; 2 返回详细信息
  }
}
```

10.4　本 章 小 结

本章介绍了在 Android 系统使用音频、视频、图片等资源,音频和视频的播放、录制方法,Web 应用程序的相关技术和设计方法,如何利用 HTTP 获取网络中的资源,在 Activity 中嵌入 WebView 显示网页数据,以及百度地图应用的设计方法。本章涉及的知识点较多,有一定的难度,读者在学习的过程中要注意基本概念的理解,并将概念正确应用在程序设计中。

习　　题

1. 设计一个用于注册的 Activity。要求界面中的注册项包括用户名、密码、照片,界面中有"拍照"和"注册"两个按钮。点击"拍照"按钮,开始拍摄照片,并将照片存储为外部文件,同时回显到界面中。当用户点击"注册"按钮后,将用户名、密码和照片的 URI 路径存储到 SharedPreferences。

2. 设计一个音乐播放器程序,能显示媒体库全部音乐的列表,点击列表中的某个文件即开始播放,播放过程中能显示音乐文件的名称。

3. 设计一个应用程序，该程序的菜单项为若干歌手的名字，用户选择一个菜单项，就在主界面中显示该歌手的照片、简介和代表歌曲，点击歌曲的名字则播放该歌曲。

4. 使用 URLConnection 从 Internet 上获取一个图片资源，并将其显示在 Activity 中。

5. 在示例工程 Demo_10_WebView 的基础上，增加一个文本框用于输入网址，增加"前进""后退""转到"3 个按钮，分别实现网页按照历史记录向前、向后跳转，以及按照文本框中输入的网址直接跳转。

6. 设计一个用于显示地图的 Activity，要求在地图中标注用户的当前位置，并以此位置为中心点显示地图。

7. 设计一个 Activity，要求界面中有文本输入框和地图，实现周边搜索。实现的功能是在用户当前位置周围 1000m 半径范围内搜索用户输入的 POI，并将搜索结果标注在地图上。

第11章 综合应用实例

本章介绍两个综合应用的实例，读者通过学习这两个实例，可加深对基本知识的理解，提高 Android 系统各个功能综合应用的能力。

11.1 计算器 App

【例 11-1】 示例工程 Demo_11_Calculator 实现了一个自定义的计算器程序，实现整数和小数的加减乘除运算。

工程中使用了用户界面(UI)控件、菜单、对话框、提示信息等，涉及的知识点包括 XML 布局文件的设计、样式和主题背景、对按钮点击事件的捕获与响应、基于 SharedPreferences 的数据存取、文本文件的读取、菜单和子菜单的设计与实现、对话框 AlertDialog 的应用、在对话框中加载布局、Toast 提示信息的应用等。

11.1.1 功能和界面

本例实现一个计算器 App，实现的计算功能是整数和小数的加减乘除。程序只允许使用界面中提供的按钮，包括 0～9 数字按钮、小数点按钮、括号按钮、加减乘除运算符输入按钮、“清零”按钮和“回退”按钮，以及输出结果的“=”按钮。这些按钮以外的字符全部是非法字符。

按照常规计算器的布局，界面上部是输入和输出区域，下部是功能按钮区域。输入和输出区域不显示光标，没有焦点。文字包括两行，第二行文字较大，实时显示按钮生成的算式。当用户点击“=”按钮时，显示两行文字。第一行文字较小，显示用户生成的算式；第二行文字较大，显示运算结果。当输入的算式不合法时，文本框给出错误提示。

点击“清零”按钮，显示区域显示“0”；点击“回退”按钮，删除最后一次输入的数字或运算符；点击数字按钮、小数点按钮、括号按钮或加减乘除按钮，则在文本框中实时回显生成的算式。

本例 Activity 的界面布局如图 11-1 所示，对应的布局文件为 res/layout/activity_main.xml。界面采用 GridLayout 布局，包含 2 个 TextView 和 20 个按钮，用于显示算式、计算结果和功能按钮。为使软件能适应不同分辨率的移动设备，所有按钮的大小通过设置 layout_rowWeight 和 layout_columnWeight 属性值来控制，这样做的好处是控件的大小只和屏幕大小、控件占屏幕的比例有关。

图 11-1　Activity 的界面

11.1.2　应用样式和主题背景

本例中使用了样式(Style)和主题背景(Theme)。借助样式和主题背景可以将应用设计的细节与界面的结构和行为分开,类似于网页设计中的样式表。

样式是一个属性集合,用于指定单个 View 对象的外观。样式可以指定字体颜色、字号、背景颜色等属性。主题背景是一种应用于整个应用、Activity 或视图层次结构的样式,而不仅仅应用于单个 View 对象。如果将样式作为主题背景来应用,应用或 Activity 中的每个 View 对象都会应用其支持的每个样式属性。主题背景还可以将样式应用于非视图元素,如状态栏和窗口背景。

样式和主题背景在 res/values/中的样式资源文件中声明,该文件通常命名为 styles.xml。使用<style>元素声明样式,每个<style>元素要有唯一的名称。每个样式属性由其<item>子元素声明,<item>子元素的 name 属性指定原本会在布局中作为 XML 属性来使用的属性。<item>元素的值即为该属性的值。例如,本例中为按钮定义了 BtnStyle_Calculator 样式,如代码段 11-1 所示。

代码段 11-1　在 styles.xml 文件中定义样式

```
<style name="BtnStyle_Calculator" >
    <item name="android:textSize">28sp</item>
    <item name="android:textStyle">bold</item>
    <item name="android:layout_height">0dp</item>
```

```
        <item name="android:layout_width">0dp</item>
        <item name="android:layout_columnWeight">1</item>
        <item name="android:layout_rowWeight">1</item>
        <item name="android:layout_marginStart">6dp</item>
        <item name="android:layout_marginEnd">6dp</item>
</style>
```

然后在布局文件中将样式应用到 View 对象，如代码段 11-2 所示。

代码段 11-2　在 activity_main.xml 文件中使用样式

```
<Button
    android:id="@+id/button_add"
    style="@style/BtnStyle_Calculator"
    android:text="+" />
```

只要可接受，样式中指定的每个属性都会应用于该 View 对象。View 对象只会忽略其不接受的任何属性。

应用主题背景的方式与应用样式不同，通常是对 AndroidManifest.xml 文件中的 <application></application>标签或<activity></activity>标签设置 android:theme 属性。例如，将 Android 支持库的 Material Design 深色主题背景应用于整个应用，如代码段 11-3 所示。

代码段 11-3　在 AndroidManifest.xml 文件中使用主题背景

```
<manifest … >
    <application
            android:theme="@style/Theme.AppCompat"
            … >
    </application>
</manifest>
```

本例自定义了主题背景，对支持库的主题背景进行扩展，替换了应用栏等界面元素所用的颜色属性，如代码段 11-4 所示。在程序中调用 setTheme(R.style.Theme_Calculator_Blue)方法应用该主题背景。

代码段 11-4　在 styles.xml 文件中自定义主题背景

```
<style name="Theme.Calculator.Blue" parent="Theme.MaterialComponents.
        DayNight.DarkActionBar">
    <item name="colorPrimary">#C8F7FC</item>          <!--应用栏的颜色-->
    <item name="colorPrimaryVariant">#97F1FB</item>
    <item name="android:statusBarColor" tools:targetApi="l">?attr/
        colorPrimaryVariant </item>                   <!--状态栏的颜色-->
    <item name="colorOnPrimary">@color/CalculatorBlue</item>
                                                      <!--按钮上文字的颜色-->
```

```
        <item name="android:windowBackground">#FFFFFF</item>
                                                   <!--窗口背景的颜色-->
    </style>
```

11.1.3 功能类

除了控制主界面的 MainActivity.java 外,本例新建了两个类文件 Calculate.java 和 PreferencesService.java。

1. 实现运算的类

Calculate 类的功能是计算用字符串表示的表达式的值。本例利用堆栈处理用字符串表示的计算式,其基本过程如下:首先创建两个堆栈,一个用来放数据(numStack),一个用来放运算符(chStack);然后读取算式,将相应的字符转换为正确的数据格式,压入堆栈。

压栈的过程是从左到右读入算式,如果读到的是数字,则压入 numStack 栈中。若读到的是运算符,则先判断 chStack 栈顶元素,若栈顶元素优先级大于读到的运算符,则先将栈顶元素和 numStack 栈中两个数拿出来计算,再将读到的运算符压入 chStack 栈中,若读到的运算符优先级大于栈顶元素,则将读到的运算符压入 chStack 栈中。

如果读到了算式的最后,则将两堆栈中的内容全拿出来计算,最后结果放在 numStack 栈中。加号和减号的优先级较低,乘号和除号的优先级较高。因为用到了堆栈,需要在代码之前使用 import 语句引入 java.util.Stack。限于篇幅,Calculate 类的详细代码请查阅本书电子资源。

2. 实现基于 SharedPreferences 的数据存取

PreferencesService 类的功能是实现应用配置参数的存取,参数采用 SharedPreferences 方式存储,文件名为 params_file.xml,如代码段 11-5 所示。存储的数据 themeID 用于设置应用的主题背景样式。

代码段 11-5 PreferencesService 类的代码

```
//package 和 import 语句略
public class PreferencesService {
    private Context context;
    public PreferencesService(Context context) {
      this.context=context;
    }
    public void save(int themeID) {
      SharedPreferences preferences=context.getSharedPreferences("params_
          file", Context.MODE_PRIVATE);
      Editor editor=preferences.edit();
      editor.putInt("themeID", themeID);
```

```
        editor.commit();        //将数据提交到 XML 文件中
    }
    public  int getThemeID(){
        SharedPreferences preferences=context.getSharedPreferences("params_
            file", Context.MODE_PRIVATE);
        int themeID=preferences.getInt("themeID", 0);
        return themeID;
    }
}
```

11.1.4　界面功能的实现

1. 按钮功能的实现

MainActivity 实现计算器程序的主界面，该类继承自 AppCompatActivity 类，同时实现了 OnClickListener 接口。类中设置了一个字符串变量 tem，用于暂存输入的计算式。当用户点击"＝"按钮时，将依据这个字符串的内容进行计算。同时它也是计算器的输入输出区域中显示的算式。

首先重写 onCreate()方法，实例化布局中的各控件。接下来对各个按钮绑定监听器，实现算式的输入功能和计算输出算式值的功能。"清零"按钮、"回退"按钮、"＝"按钮的功能较特殊，需要单独分别处理。其他的按钮作为基本算式的输入按钮，可看作一类，处理方式类似。

1）"清零"按钮

"清零"按钮的功能是清空输入和输出区域中的内容，其点击事件的主要处理如代码段 11-6 所示。

代码段 11-6　处理"清零"按钮的点击事件

```
public void onClick(View v) {
    switch (v.getId()) {
        case R.id.button_clean:                          //清除功能
            tvInput.setText("0");
            tvEquation.setText("");
            tem="";
            ifEqu=false;
            break
    }
}
```

2）"回退"按钮

"回退"按钮的功能是删除最后一次输入的数字或运算符，即当前表达式的最后一个字符，其点击事件的主要处理如代码段 11-7 所示。

代码段 11-7　处理“回退”按钮的点击事件

```
public void onClick(View v) {
    switch (v.getId()) {
      case R.id.button_delete:        //回退功能,删除最后一个字符
         if (tem.length()==0 || tem.length()==1) {
                                      //tvInput 中没有数据,或只有一个数或运算符
            tvInput.setText("0");
         } else {
            tem=tem.substring(0, tem.length()-1);      //删除最后一个字符
            tvInput.setText(tem);
         }
         ifEqu=false;
         break;
    }
}
```

3) “=”按钮

“=”按钮的功能是计算输入算式的值,并将结果显示在文本框中,同时将算式显示在文本框上方的 TextView 控件中。处理其点击事件时调用 handleInputEqu()方法,该方法的内容如代码段 11-8 所示。

代码段 11-8　处理“=”按钮的点击事件

```
private void handleInputEqu() {                          //处理点击“等号”按钮
    str_calculate=tvInput.getText().toString();       //获得输入的算式
    Calculate ep=new Calculate(str_calculate);        //计算表达式的值
    try {
      double result=ep.result();
      String result_str=String.valueOf(result);
      tvEquation.setText(str_calculate + "=   ");
      result_str=handleLargeNumber(result);
                                   //为了显示完整的结果,太大数和太小数要处理一下
      tvInput.setText(result_str); //显示结果
      tem=result_str;
    } catch (Exception e) {
      e.printStackTrace();
      tvInput.setText("非法的输入算式!");
    }
    ifEqu=true;
}
```

4) 其他按钮

如果点击数字按钮或加减乘除运算符按钮,则根据按钮的内容在字符串 tem 的末尾增加相应的字符,同时将字符串显示在输出区域,如代码段 11-9 所示。

代码段 11-9　处理数字按钮的点击事件

```
public void onClick(View v) {
    switch (v.getId()) {
      case R.id.button0:
            handleInputNumber(0);
            break;
    }
    ⋮                                          //其余类似,省略
}
private void handleInputNumber(int n) {    //处理点击数字按钮
    if (ifEqu==true) {                  //上一个点击的是"="按钮,下一个数字重新开始
      tem="";
    }
    this.firstzero();
    tem=tem+n;
    edittext.setText(tem);
    ifEqu=false;
}
```

其中,firstzero()方法用于处理当数字的第一个字符为 0 时的情况,如果出现这种情况,并且 0 后面不是小数点,这个输入的 0 就不会计入算式中。

5）设计界面的容错功能

为了增强应用程序的可用性,对于加减乘除运算符输入按钮要设置一定的容错功能,以避免生成非法的算式。本例中设置的容错控制包括不能连续输入两个小数点,不能连续输入两个运算符,第一个输入的不能是"＋""－""×""÷",小数点的输入控制等。当出现上述这些情况时,输入的内容不会被添加到算式中,并弹出一个 Toast 提示信息,提醒用户。具体代码不再赘述,详见本书电子资源中的源程序。

2. 菜单功能的实现

本例使用菜单实现更换皮肤、查看帮助信息、查看版权信息以及退出的功能,界面如图 11-2 所示。

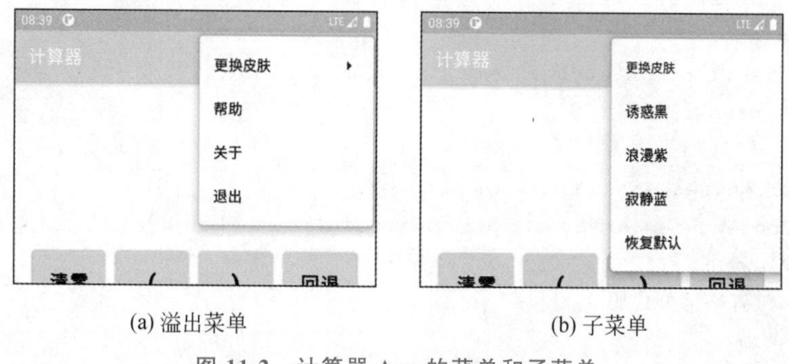

(a) 溢出菜单　　(b) 子菜单

图 11-2　计算器 App 的菜单和子菜单

菜单采用 XML 方式实现。在 res/menu 文件夹中新建 menu.xml 文件,在其中添加菜单项。重写 MainActivity 中的 onCreateOptionsMenu()和 onOptionsItemSelected()方法,实现各个菜单项的功能。

选择"更换皮肤"菜单项下的子菜单,则会将对应颜色主题的编号存入 SharedPreferences 文件,如代码段 11-10 所示。在 Activity 启动时,根据 SharedPreferences 中的标志引用不同的主题背景,实现界面风格的切换,如代码段 11-11 所示。

代码段 11-10 保存界面风格的参数值

```
public boolean onOptionsItemSelected(MenuItem item) {
    if (item.getItemId()==R.id.skin_black) {   //更换计算器的外观皮肤,黑色外观
      preferencesService.save(1);  //使用 SharedPreferences 保存用户的配置参数
      Builder exitAlert=new Builder(MainActivity.this);
      exitAlert.setTitle("提示")
              .setMessage("主题颜色已经更改,重启软件才能生效!")
              .setPositiveButton("确定", null)
              .show();
    }
    ⋮                                             //其余代码类似,省略
    return super.onOptionsItemSelected(item);
}
```

代码段 11-11 设置界面风格

```
public void onCreate(Bundle savedInstanceState) {
    //设定主题颜色,读取主题。如果读取失败,则设置为系统默认的主题
    preferencesService=new PreferencesService(this);
    int theme=preferencesService.getThemeID();
    switch (theme) {
      case 1:
          setTheme(R.style.Theme_Calculator_Black);
          break;
      case 2:
          setTheme(R.style.Theme_Calculator_Purple);
          break;
      case 3:
          setTheme(R.style.Theme_Calculator_Blue);
          break;
    }
    super.onCreate(savedInstanceState);
    setContentView(R.layout.activity_main);
    getView();
    ⋮   //省略部分代码
}
```

选择“帮助”菜单项，则创建并显示“帮助”对话框，如图 11-3 所示。为了提高程序的可维护性，帮助信息存储在文本文件中，程序读出帮助文件的内容并将其显示在对话框中。对话框引用的布局中使用了 ScrollView，这样当文本较长的时候就可以利用滚动条显示完整内容。

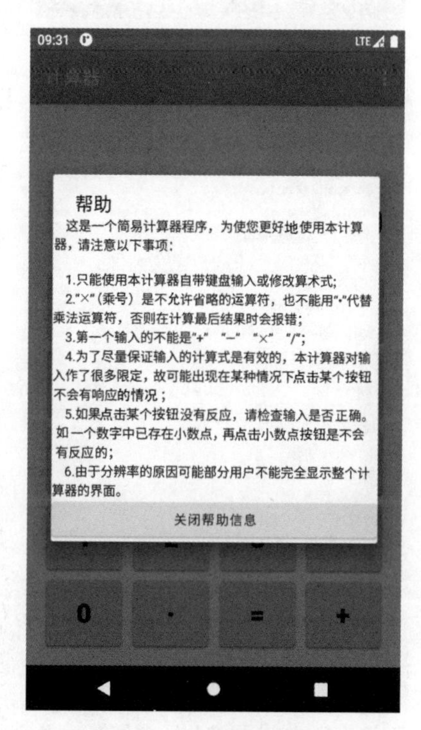

图 11-3　“帮助”对话框

11.2　待办事项提醒小助手

【例 11-2】 示例工程 Demo_11_ToDoReminder 实现了一个用于待办事项提醒的 App 程序。

工程中使用了 UI 控件、Fragment、菜单、对话框等，涉及的知识点包括 XML 布局文件的设计、资源的引用、基于 Fragment 的界面切换和数据传递、自定义 ListView 列表项的布局以及利用 SimpleAdapter 实现 ListView 的多列显示、对 ListView 列表项点击和长按事件的捕获和响应、对按钮点击事件的捕获与响应、溢出菜单和子菜单、在 AlertDialog 对话框中加载布局、日期和时间选择对话框的使用、基于 SQLite 数据库的数据存取、文本文件的读取、Notification 通知的定时推送等。

11.2.1　功能和界面

本例实现一个用于待办事项提醒的 App 程序。该程序的主界面按时间顺序列出今天、明天、后天，以及之后的待办事项，如图 11-4 所示。在程序中可以添加、修改和删除待办事项,可以设置每个待办事项的提醒时间。当到了预设的待办事项提醒时间时,在状态栏推送一个 Notification 通知。

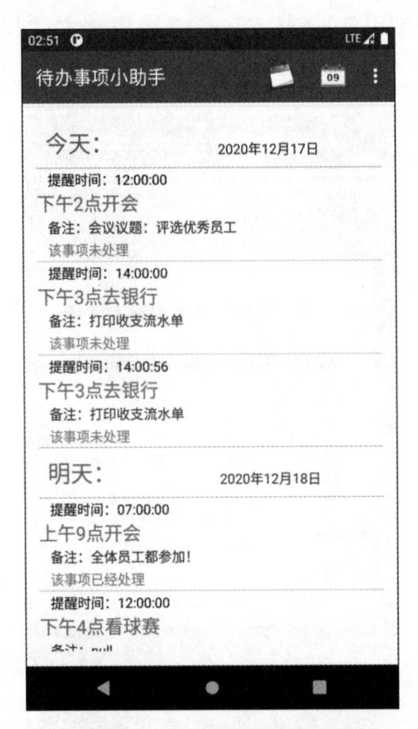

图 11-4　主页面的显示效果

为了实现程序的功能,定义了启动界面 MainActivity 类和 7 个 Fragment 类,其类名和相应的功能如表 11-1 所示。MainActivity 通过加载这些 Fragment 类实现相应的用户界面及其功能。

表 11-1　Fragment 类及其功能

类　　名	功能及其说明
RemindListFragment	主页面,按照待办时间顺序分别列出今天、明天、后天,以及之后的待办事项
TodayListFragment	仅显示今日提醒事项
UndoListFragment	仅显示未处理事项
AllListByCreateTimeFragment	按创建时间列出全部提醒事项
AllListByToDoTimeFragment	按待办时间列出全部提醒事项
AddNewFragment	添加新提醒事项
UpdateFragment	修改提醒事项

RemindListFragment 类用于实现主页面,按照待办时间顺序分别列出今天、明天、后天,以及之后的待办事项,包括提醒时间、标题、备注和处理状态,如图 11-4 所示。布局中使用

了 4 个 ListView 控件，分别用于显示今天、明天、后天，以及之后的待办事项列表。为了让这 4 个 ListView 同时使用一个滚动条，需要重新设置 ListView 高度。设置 ListView 高度通过调用自定义方法 setListViewHeight()实现，该方法的定义如代码段 11-12 所示。

代码段 11-12　重新设置 ListView 高度

```
public static void setListViewHeight(ListView listview) {
    int totalHeight = 0;
    ListAdapter adapter= listview.getAdapter();
    if(null != adapter) {
        for (int i = 0; i <adapter.getCount(); i++) {
            View listItem = adapter.getView(i, null, listview);
            if (null != listItem) {
                listItem.measure(0, 0);
                                //注意 listview 子项必须为 LinearLayout 才能调用该方法
                totalHeight += listItem.getMeasuredHeight();
            }
        }
        ViewGroup.LayoutParams params = listview.getLayoutParams();
        params.height = totalHeight + (listview.getDividerHeight() *
            (listview.getCount() - 1));
        listview.setLayoutParams(params);
    }
}
```

本例使用菜单实现界面切换、查看版权信息、退出的功能，菜单的显示效果如图 11-5 所示。菜单采用 XML 方式实现，其中菜单项“添加新事项”和“今日提醒”的 app:showAsAction 属性值分别是 always 和 ifRoom，将其设置为应用栏操作项，如图 11-6 所示。重写 MainActivity 中的 onCreateOptionsMenu()方法，在界面中添加菜单。

图 11-5　待办事项小助手的菜单

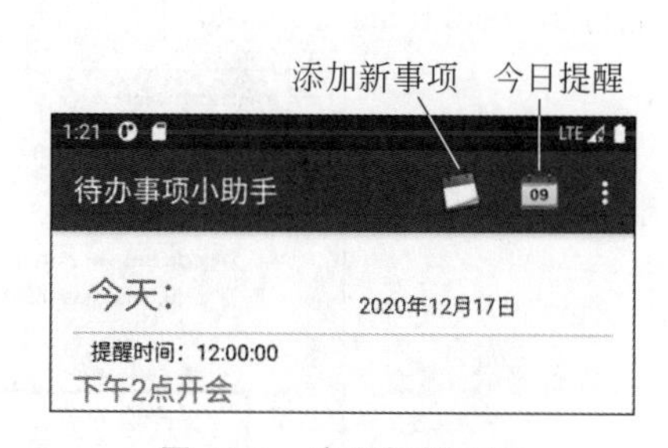

图 11-6　应用栏操作项

重写 MainActivity 中的 onOptionsItemSelected()方法，实现菜单功能，其中前四项菜单通过加载不同的 Fragment 实现界面切换，如代码段 11-13 所示。

代码段 11-13 实现菜单功能

```
public boolean onOptionsItemSelected(MenuItem item) {
  switch (item.getItemId()) {
    case R.id.menu_add:                                    //添加新事项
      getSupportFragmentManager().beginTransaction()
          .replace(R.id.fragment_container, new AddNewFragment())
          .addToBackStack(null)
          .commit();
      return true;
    case R.id.menu_today:                                  //列出今日提醒
      getSupportFragmentManager().beginTransaction()
          .replace(R.id.fragment_container, new TodayListFragment())
          .commit();
      return true;
    case R.id.menu_undo:                                   //列出未处理事项
      getSupportFragmentManager().beginTransaction()
          .replace(R.id.fragment_container, new UndoListFragment())
          .commit();
      return true;
      ⋮                                                    //其余代码类似,省略
  }
  return super.onOptionsItemSelected(item);
}
```

11.2.2 创建数据库

程序中使用 SQLite 数据库存储待办事项的日期和内容。每项待办事项都对应数据表中的一行数据,有一个唯一的 id 号标识。

新建一个类 MyDBOpenHelper,继承自 SQLiteOpenHelper。重写其构造方法和 onCreate() 方法。数据库文件存储在/data/data/edu.hebust.zxm.demo_11_todoreminder/databases 目录中,数据库名称为 todoDatabase.db,如图 11-7 所示。

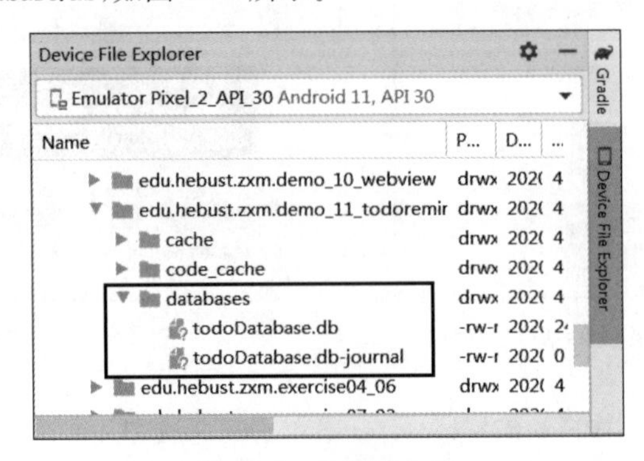

图 11-7 数据库文件

数据表 tb_ToDoItem 用于存储待办事项信息，其结构如表 11-2 所示。本例使用 SimpleAdapter 适配器将数据表中的数据绑定到 ListView 控件中。

表 11-2　数据表 tb_ToDoItem 的结构

列　　名	数据类型	说　　明
_id	integer	每个待办事项的 id，主键，自动增加
remindTitle	text	待办事项的标题，不能为 null
createDate	text	待办事项的创建日期和时间
modified	boolean	是否曾经修改，默认值为 false
modifyDate	text	最后修改的日期和时间
remindText	text	待办事项的注释说明
remindDate	text	待办事项的提醒日期和时间
haveDo	boolean	待办事项的处理状态，默认值为 false

MyDBOpenHelper 类的主要代码如代码段 11-14 所示。实例化这个类，就可以创建相应的数据库和数据表。

代码段 11-14　定义 SQLiteOpenHelper

```
//package 和 import 语句略
public class MyDBOpenHelper extends SQLiteOpenHelper {
   public MyDBOpenHelper(Context context) {
      super(context, "DB_ToDoList", null, 1);  //创建数据库 DB_ToDoList
   }
   @Override
   public void onCreate(SQLiteDatabase db) {
       String sql = "create table tb_ToDoItem(
           _id integer primary key autoincrement, " +
                                                   //每个待办事项的 id,主键,自动增加
           "remindTitle text not null, " +        //待办事项的标题文本
           "createDate text, " +                   //待办事项的创建日期和时间
           "modified boolean DEFAULT(0), " +       //是否已修改,默认值为 false
           "modifyDate text, " +                   //最后修改日期和时间
           "remindText text, " +                   //待办事项的注释说明
           "remindDate text, " +                   //待办事项的提醒日期和时间
           "haveDo boolean DEFAULT(0));";          //是否已处理,默认值为 false
      db.execSQL(sql);                             //执行 SQL 语句
   }
   public void onUpgrade(SQLiteDatabase db, int oldVersion, int newVersion) {
      _db.execSQL("DROP TABLE IF EXISTS tb_ToDoItem");
      onCreate(_db)
   }
}
```

11.2.3 添加新事项

点击应用栏操作项“添加新事项”图标,则打开“添加新事项”界面,如图 11-8 所示。该界面的布局与修改界面类似,通过 AddNewFragment 类实现。界面中把一小时后设置为默认的提醒时间,如果要修改提醒时间,点击“设置提醒日期”或“设置提醒时间”的文本框,会弹出日期或时间的选择框供用户选择。点击“确认添加”按钮,则将文本框中输入的数据提交到数据库,在 tb_ToDoItem 表中添加一条新记录,并按照提醒时间设置定时推送通知,然后返回主界面。实现添加的主要代码如代码段 11-15 所示。

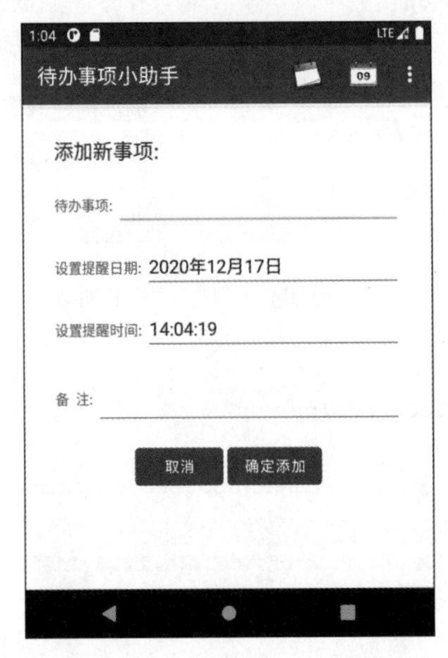

图 11-8 “添加新事项”界面

代码段 11-15 添加新事项

```
btnAdd.setOnClickListener(new View.OnClickListener() {
    public void onClick(View v) {
        //从文本框中获得相应的属性值
        SimpleDateFormat longDateFormatter = new SimpleDateFormat("yyyy-MM-dd
            HH:mm:ss");
        SQLiteDatabase dbWriter = dbOpenHelper.getWritableDatabase();
        ContentValues cv = new ContentValues();
        cv.put("remindTitle", remindTitleEdit.getText().toString());
        cv.put("createDate", longDateFormatter.format(new Date(System.
            currentTimeMillis())));
        cv.put("modifyDate", longDateFormatter.format(new Date(System.
            currentTimeMillis())));
        cv.put("remindDate", longDateFormatter.format(remindDate.
            getTimeInMillis()));
```

```
        cv.put("remindText", remindTextEdit.getText().toString());
        dbWriter.insert("tb_ToDoItem", null, cv);        //向数据库添加数据
        dbWriter.close();
        //启动服务,定时推送 Notification 提醒
        startTimeService(remindDate.getTimeInMillis() - System.currentTimeMillis(),
                remindTitleEdit.getText().toString(), remindTextEdit.getText().
                    toString());
        //回到事项列表首页面
        getSupportFragmentManager().beginTransaction()
              .replace(R.id.fragment_container, new RemindListFragment())
              .commit();
    }
});
```

11.2.4　定时推送状态栏通知

当添加一条新事项或修改事项的提醒时间后，要设置一个定时推送的状态栏通知。这样，每个事项预设的提醒时间到了之后，应用程序在状态栏就会推送 Notification 通知，提醒用户有需要处理的待办事项，如图 11-9 所示。

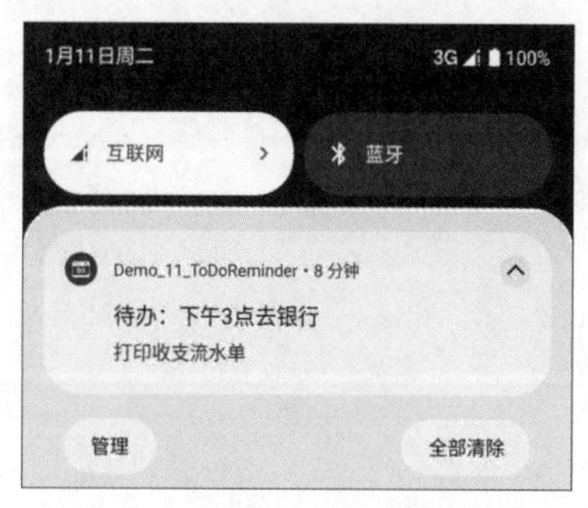

图 11-9　定时推送的状态栏通知

定时推送 Notification 通知的功能通过启动服务来实现。首先要定义实现提醒定时推送的服务类 TimeService，如代码段 11-16 所示。该服务类需要在 AndroidManifest.xml 文件中声明。当需要设置一个定时推送的 Notification 通知时，就启动这个服务。

代码段 11-16　TimeService 类的主要代码

```
//package 和 import 语句省略
public class TimeService extends Service {
   private Timer timer;
   NotificationCompat.Builder notificationBuilder;
   NotificationManagerCompat notificationManager;
   private final String CHANNEL_ID = "zxm";
   @Override
   public IBinder onBind(Intent intent) {
      return null;
   }
   @Override
   public void onCreate() {
      super.onCreate();
```

```
        timer = new Timer(true);                                       //创建 Timer 对象
    }
    @Override
    public int onStartCommand(Intent intent, int flags, int startId) {
        final String notificationTitle = intent.getStringExtra("title");
        final String notificationText = intent.getStringExtra("text");
        final int notificationID = intent.getIntExtra("notificationID", 0);
        Long waitTime = intent.getLongExtra("time", 0);
        timer.schedule(new TimerTask() {
            @Override
            public void run() {
                createNotificationChannel(CHANNEL_ID);              //创建通知渠道
                notificationManager = NotificationManagerCompat.from
                    (getApplicationContext());
                notificationBuilder = new NotificationCompat.Builder
                    (getApplicationContext(), CHANNEL_ID)
                        .setPriority(NotificationCompat.PRIORITY_DEFAULT)
                        .setSmallIcon(R.mipmap.ic_warning)
                        .setDefaults(Notification.DEFAULT_SOUND)  //定义默认铃声
                        .setContentTitle(getText(R.string.notification_title) +
                            notificationTitle)                     //定义通知标题
                        .setContentText(notificationText)          //定义通知的内容
                notificationManager.notify(notificationID, notificationBuilder.
                    build());
            }
        }, waitTime);
        return super.onStartCommand(intent, flags, startId);
    }
    private void createNotificationChannel(String channelID) { //创建通知渠道
        if (Build.VERSION.SDK_INT >= Build.VERSION_CODES.O) {
            CharSequence name = "待办小助手的通知渠道";
            String description = "这些都是待办小助手的通知";
            int importance = NotificationManager.IMPORTANCE_DEFAULT;
            NotificationChannel channel = new NotificationChannel(channelID,
                name, importance);
            channel.setDescription(description);
            NotificationManager notificationManager = getSystemService
                (NotificationManager.class);
            notificationManager.createNotificationChannel(channel);   //创建渠道
        }
    }
}
```

11.2.5　长按和点击列表项的处理

1. 长按列表项

在主界面中长按列表项可以删除该事项。因为删除操作是不可恢复的，所以删除之前弹出确认删除的对话框，提示用户确定操作，如图 11-10 所示。

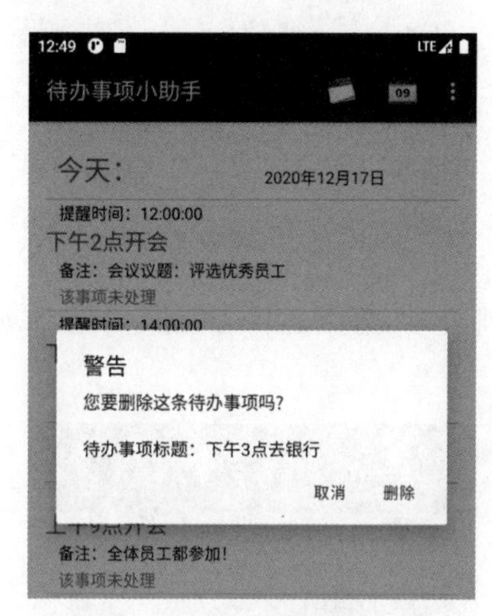

图 11-10　删除列表中的事项

长按列表项的实现代码如代码段 11-17 所示。

代码段 11-17　长按列表项的事件处理

```
toDoList.setOnItemLongClickListener(new AdapterView.OnItemLongClickListener() {
                                                            //长按删除列表项
   @Override
   public boolean onItemLongClick(AdapterView<?> parent, View view, int
       position, long id) {
      HashMap<String, String> temp = (HashMap<String, String>)
          listViewAdapter.getItem(position);
      final String taskID = temp.get("_id");
      String remindTitle = temp.get("remindTitle");
      new AlertDialog.Builder(getActivity())
            .setTitle("警告")
            .setMessage("您要删除这条待办事项吗？" + "\n\n 待办事项标题：" +
                remindTitle)
            .setPositiveButton("删除", new DialogInterface.OnClickListener() {
                public void onClick(DialogInterface arg0, int arg1) {
                    SQLiteDatabase dbWriter = dbOpenHelper.getWritableDatabase();
                    dbWriter.delete("tb_ToDoItem", "_id=?", new String[]{taskID});
                    dbWriter.close();
```

```
                    getSupportFragmentManager().beginTransaction()
                        .replace(R.id.fragment_container, new RemindListFragment())
                        .commit();
                }
            })
            .setNegativeButton("取消", null)
            .show();
        return true;
    }
});
```

2. 点击列表项

在主界面中点击某个列表项，则弹出对话框，显示该事项的详细信息，如图 11-11 所示。

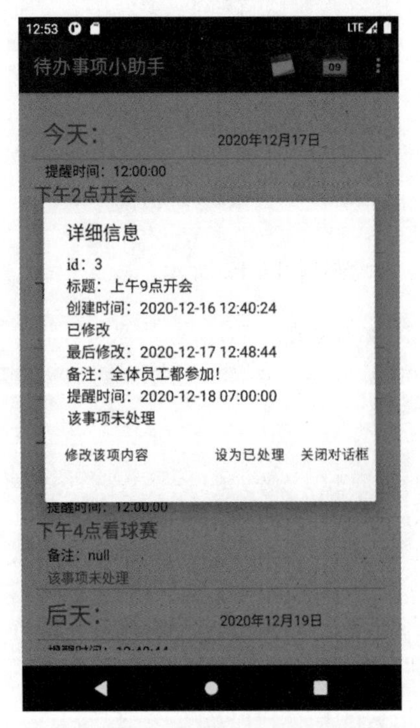

图 11-11　点击列表项显示该事项详细信息

图 11-11 所示对话框设置了 3 个按钮，分别用于修改该项内容、将提醒事项设置为已处理状态、关闭对话框。点击某个列表项的事件处理如代码段 11-18 所示。

代码段 11-18　点击列表项的事件处理

```
toDoList.setOnItemClickListener(new AdapterView.OnItemClickListener() {
    @Override
```

```
public void onItemClick(AdapterView<? > adapterView, View view, int position,
    long l) {
    HashMap<String, String> temp = (HashMap<String, String>)
        listViewAdapter.getItem(position);
    final String taskID = temp.get("_id");              //获取点击的事项 id
    Cursor result=dbRead.query("tb_ToDoItem",null,"_id=?",new String[]
        {taskID},null,null,null,null);
    result.moveToFirst();
    HashMap<String,String> itemFindByID = new HashMap<String,String>();
    itemFindByID.put("id", "id:"+String.valueOf(result.getInt(0))+"\n");
    itemFindByID.put("remindTitle", "标题:"+result.getString (1)+"\n");
    itemFindByID.put("createDate", "创建时间:"+result.getString (2)+"\n");
    itemFindByID.put("modified", result.getInt(3)==0?"未修改\n":"已修改\n");
    itemFindByID.put("modifyDate", "最后修改:"+result.getString (4)+"\n");
    itemFindByID.put("remindText", "备注:" + result.getString(5)+"\n");
    itemFindByID.put("remindDate", "提醒时间:"+result.getString (6)+"\n");
    itemFindByID.put("haveDo", result.getInt(7)==0?"该事项未处理":"该事项
        已经处理");
    new AlertDialog.Builder(getActivity())
        .setTitle("详细信息")
        .setMessage(itemFindByID.get("id")+itemFindByID.get("remindTitle")
            +itemFindByID.get("createDate")+itemFindByID.get("modified")
            +itemFindByID.get("modifyDate")+itemFindByID.get("remindText")
            +itemFindByID.get("remindDate")+itemFindByID.get("haveDo"))
        .setNegativeButton("设为已处理", new DialogInterface.
            OnClickListener() {
             public void onClick(DialogInterface arg0, int arg1) {
                SQLiteDatabase dbWriter = dbOpenHelper.getWritableDatabase();
                ContentValues cv = new ContentValues();
                cv.put("haveDo",1);
                dbWriter.update("tb_ToDoItem", cv,"_id=? ", new String[]
                    {taskID});
                dbWriter.close();
                getSupportFragmentManager().beginTransaction()
                    .replace(R.id.fragment_container, new RemindListFragment())
                    .commit();
            }
         })
        .setNeutralButton("修改该项内容", new DialogInterface.
            OnClickListener() {
             public void onClick(DialogInterface arg0, int arg1) {
                SQLiteDatabase dbWriter = dbOpenHelper.getWritableDatabase();
                final Bundle bundle = new Bundle();
```

```
                    bundle.putString("taskID", taskID);
                    UpdateFragment updateFragment = new UpdateFragment();
                    updateFragment.setArguments(bundle);
                    getSupportFragmentManager().beginTransaction()
                        .replace(R.id.fragment_container, updateFragment)
                        .addToBackStack(null)         //为了支持"回退"按钮
                        .commit();
                }
            })
            .setPositiveButton("关闭对话框", null)
            .show();
    }
});
```

当用户在图 11-11 所示界面中点击“修改该项内容”按钮时，切换到修改界面，如图 11-12 所示，修改列表中的事项通过 UpdateFragment 类实现。

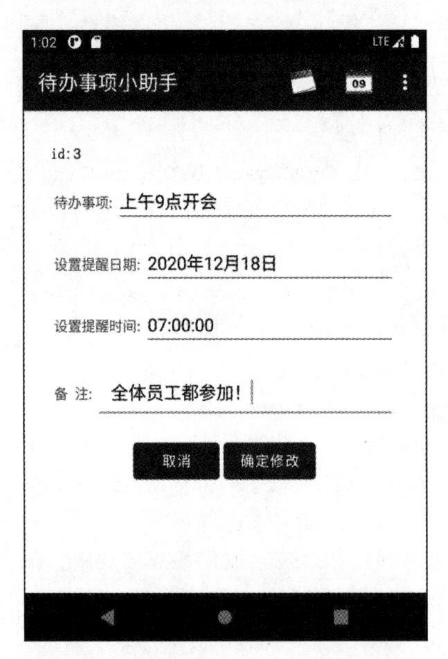

图 11-12 修改列表项的详细信息

首先获取用户所选列表项对应的记录 id，然后到数据库查询这条记录，逐项显示到界面中的 EditText 控件中，用户修改其中的内容后点击“确定修改”按钮，则将修改后的数据提交到数据库，返回上一界面。实现修改的代码如代码段 11-19 所示。

代码段 11-19 修改待办事项

```
btnUpdate.setOnClickListener(new View.OnClickListener() {
    public void onClick(View v) {
        //从文本框中获得相应的属性值
```

```
        SQLiteDatabase dbWriter=dbOpenHelper.getReadableDatabase();
        ContentValues cv = new ContentValues();
        cv.put("remindTitle", taskEdit.getText().toString());
        cv.put("modified", 1);
        cv.put("modifyDate", longDateFormatter.format(System.currentTimeMillis()));
        cv.put("remindDate", longDateFormatter.format(newRemindDate.
            getTimeInMillis()));
        cv.put("remindText", remarkEdit.getText().toString());
        dbWriter.update("tb_ToDoItem", cv, "_id=? ", new String[]{updateID});
                                                            //修改数据库中的数据
        getSupportFragmentManager().popBackStack();
    }
});
```

11.3　本章小结

本章介绍了两个 Android 综合应用程序的设计思路和实现方法，这些应用涉及了前几章学习过的界面组件、对话框、菜单、Fragment、启动服务、SQLite 数据库等。读者通过这些实例可以加深对基本知识的理解，提高综合应用能力。由于篇幅的限制，本章仅介绍了设计思路和关键代码，完整源代码可查阅随书电子资源。

习　　题

1. 编写一个存款管理程序，用户将每笔存款的金额、存入银行的时间、存期、支取金额和时间记录在一个数据库中，存期种类和利率如表 11-3 所示。要求每笔存款到期后都要给用户一个 Notification 提醒；用户随时可查当前能支取到的存款总额（定期存款随时可支取，但不到期的以活期计算利率）；给用户提供参数设置界面，当银行的存款利率发生变化时，能及时设置新的存款利率。利率变化日之前存入的存款按旧利率计算，利率变化日之后存入的存款按新利率计算。

表 11-3　银行存期种类和利率表

存　　期	年利率/%
活期	0.35
三个月	2.85
六个月	3.05
一年	3.25
两年	3.75
三年	4.25
五年	4.75

2. 编写一个个人记账软件,实现对支出和收入的记录。要求能够查询当前余额、按月查询和统计支出和收入情况,能够根据不同的类别查看自己的支出记录。

3. 编写一个餐馆点餐软件,包括用户的点餐和餐馆销售数据的统计。当客户选择好各餐品的数量后,点击"提交"按钮,回显其桌号、订单内容和订单总金额。客户的餐品上齐后提示该订单已完成。每日营业结束后统计餐馆的销售额和各餐品的销售情况。

4. 编写一个厨房小助手软件,可以查询食材的营养和搭配建议、各类菜谱的制作方法、记录和分享自己的美食作品。